Memoirs of My Nervous Illness

Daniel Paul Schreber

[德]丹尼尔·保罗·施瑞伯　著

苏子滢　译

一名神经疾病患者的回忆录

上海三联书店

丹尼尔·保罗·施瑞伯博士／法官

目　录

回忆录

“回忆录”补充说明

附　录

补　遗

（关于取消监护诉讼的官方文件）

总序：翻译之为精神分析家的任务

无意识只能通过语言的纽结来翻译。

——雅克·拉康

自弗洛伊德发现无意识以来，精神分析思想的传播及其文献的翻译在历史上就是紧密交织的。事实上，早在20世纪初弗洛伊德携其弟子荣格访美期间，或许是不满于布里尔（美国第一位精神分析家）对其文本的“背叛”——主要是因为布里尔的英语译本为了“讨好”美国读者而大量删减并篡改了弗洛伊德原文中涉及“无意识运作”（即凝缩与移置）的那些德语文字游戏——弗洛伊德就曾亲自将他在克拉克大学的讲座文稿《精神分析五讲》从德语译成了英语，从而正式宣告了精神分析话语作为“瘟疫”的到来。后来，经由拉康的进一步渲染和“杜撰”，这一文化性事件更是早已作为“精神分析的起源与发展”的构成性“神话”而深深铭刻在精神分析运动的历史之中。时至今日，这场精神分析的“瘟疫”无疑也在当代世界的“文明及其不满”上构成了我们精神生活中不可或缺的一部分，借用法国新锐社会学家爱娃·伊洛兹的概念来说，精神分析的话语在很大程度上已然塑造并结构了后现代社会乃至超现代主体的“情感叙事风格”。

然而，我们在这里也不应遗忘精神分析本身所不幸罹难的一个根本的“创伤性事件”，也就是随着欧陆精神分析共同体因其“犹太性”而在第二次世界大战期间遭到德国纳粹的迫害，大量德语精神分析书籍惨遭焚毁，大批犹太分析家纷纷流亡英美，就连此前毅然坚守故土的弗洛伊德本人也在纳粹占领奥地利前夕被迫离开了自己毕生工作和生活的维也纳，并在“玛丽公主”的外交斡旋下从巴黎辗转流亡至伦敦，仅仅度过了其余生的最后一年便客死他乡。伴随这场“精神分析大流散”的灾难，连同弗洛伊德作为其“创始人”的陨落，精神分析的话语也无奈丧失了它诞生于其中的“母语”，不得不转而主要以英语来流通。因此，在精神分析从德语向英语（乃至其他外语）的“转移”中，也就必然牵出了“翻译”的问题。在这个意义上，我们甚至可以说，精神分析话语的“逃亡”恰恰是通过其翻译才得以实现了其“幸存”。不过，在从“快乐”的德语转向“现实”的英语的翻译转换中——前者是精神分析遵循其“快乐原则”的“原初过程”的语言，而后者则是遵循其“现实原则”的“次级过程”的语言——弗洛伊德的德语也不可避免地变成了精神分析遭到驱逐的“失乐园”，而英语则在分析家们不得不“适应现实”的异化中成为精神分析的“官方语言”，以至于我们现在参照的基本是弗洛伊德全集的英语《标准版》，而弗洛伊德的德语原文则几乎变成了那个遭到压抑而难以触及的“创伤性原物”，作为弗洛伊德的幽灵和实在界的残余而不断坚持返回精神分析文本的“翻译”之中。

由于精神分析瘟疫的传播是通过“翻译”来实现的，这必然会牵出翻译本身所固有的“忠实”或“背叛”的伦理性问题，由此便产生了“正统”和“异端”的结构性分裂。与之相应的结果也导致精神分析在英美世界中的发展转向了更多强调“母亲”的角色（抱持和涵容）而非“父亲”的作用（禁止和阉割），更多强调“自我”

的功能而非“无意识”的机制。纵观精神分析的历史演变，在弗洛伊德逝世之后，无论是英国的“经验主义”传统还是美国的“实用主义”哲学，都使精神分析丧失了弗洛伊德德语原典中浓厚的“浪漫主义”色彩：大致来说，英国客体关系学派把精神分析变成了一种体验再养育的“个人成长”，而美国自我心理学派则使之沦为一种情绪再教育的“社会控制”。正是在这样的历史大背景下，以拉康为代表的法国精神分析思潮可谓是一个异军突起的例外。就此而言，拉康的“回到弗洛伊德”远非只是一句挂羊头卖狗肉的口号，而实际上是基于德语原文（由于缺乏可靠的法语译本）而对弗洛伊德思想的系统性重读和创造性重译。举例来说，拉康将弗洛伊德的箴言“Wo Es war, soll Ich werden”（它之曾在，吾必往之）译作“它所在之处，我必须在那里生成”而非传统上理解的“本我在哪里，自我就应该在哪里”或“自我应该驱逐本我”。在弗洛伊德的基本术语上，拉康将德语“Trieb”（驱力）译作“冲动”（pulsion）而非“本能”，从而使之摆脱了生物学的意涵；将“Verwerfung”（弃绝）译作“除权”（forclusion）而非简单的“拒绝”（rejet），从而将其确立为精神病的机制。另外，他还极具创造性地将“无意识”译作“大他者的话语”，将“凝缩”和“移置”译作“隐喻”和“换喻”，将“表象代表”译作“能指”，将“俄狄浦斯”译作“父性隐喻”，将“阉割”译作“父名”，将“创伤”译作“洞伤”，将“力比多”译作“享乐”……凡此种种，不胜枚举。拉康曾说：“倘若没有翻译过弗洛伊德，便不能说真正读懂了弗洛伊德。”相较于英美流派主要将精神分析局限于心理治疗的狭窄范围而言，拉康派精神分析则无可非议地将弗洛伊德思想推向了社会思想文化领域的方方面面。据此，我们便可以说，正是通过拉康的重译，弗洛伊德思想的“生命之花”才最终在其法语的“父版倒错”（père-version）中得到了最繁盛的绽放。

回到精神分析本身来说，我甚至想要在此提出，翻译在很大程度上构成了精神分析理论与实践的“一般方法论”：首先，就其理论而言，弗洛伊德早在 1896 年写给弗利斯的名篇《第 52 封信》中就已经谈到了“翻译”作为从“无意识过程”过渡至“前意识 – 意识过程”的系统转换，这一论点也在其 1900 年的《释梦》第 7 章的“心理地形学模型”里得到了更进一步的阐发，而在其 1915 年《论无意识》的元心理学文章中，“翻译”的概念更是成为从视觉性的“物表象”（Sachvorstellung）过渡至听觉性的“词表象”（Wortvorstellung）的转化模型，因而我们可以说，“精神装置”就是将冲动层面上的“能量”转化为语言层面上的“意义”的一部“翻译机器”；其次，就其实践而言，精神分析临床赖以工作的“转移”现象也包含了从一个场域移至另一场域的“翻译”维度——这里值得注意的是，弗洛伊德使用的“Übertragung”一词在德语中兼有“转移”和“翻译”的双重意味——而精神分析家所操作的“解释”便涉及对此种转移的“翻译”。从拉康的视角来看，分析性的“解释”无非就是通过语言的纽结而对无意识的“翻译”。因而，在精神分析的语境下，“翻译”几乎就是“解释”的同义词，两者在很大程度上共同构成了精神分析家必须承担起来的责任和义务。

说翻译是精神分析家的“任务”，这无疑也是在回应瓦尔特·本雅明写于 100 年前的《译者的任务》一文。在这篇充满弥赛亚式论调的著名“译论”中，本雅明指出，“译者的任务便是要在译作的语言中创造出原作的回声”，借由不同语言之间的转换来“催熟纯粹语言的种子”。在本雅明看来，每一门“自然语言”皆在其自身中携带着超越“经验语言”之外的“纯粹语言”，更确切地说，这种纯粹语言是在“巴别塔之前”的语言，即大他者所言说的语言，而在“巴别塔之后”——套用美国翻译理论家乔治·斯坦纳的名著标题来说——翻译的行动便在于努力完成对于永恒失落的纯粹语言的“哀悼工作”，从而使译作成为原作的“转世再生”。如此一来，悲剧的译者才能在保罗·利柯所谓的“语言的好客性”中寻得幸福。与译者的任务相似，分析家的任务也是要在分析者的话语文本中听出纯粹能指的异声，借由解释的刀口来切出那个击中实在界的“不可译之脐”，拉康将此种旨在聆听无意识回响和共鸣的努力称作精神分析家的“诗性努力”，对分析家而言，这种诗性努力就在于将语言强行逼成“大他者的位点”，对译者而言，则是迫使语言的大他者成为“译（异）者的庇护所”。

继本雅明之后，法国翻译理论家安托瓦纳·贝尔曼在其《翻译宣言》中更是大声疾呼一门“翻译的精神分析学”。他在翻译的伦理学上定位了“译者的欲望”，正是此种欲望的伦理构成了译者的行动本身。我们不难看出，“译者的欲望”这一措辞明显也是在影射拉康在精神分析的伦理学上所谓的“分析家的欲望”，即旨在获得“绝对差异”的欲望。与本雅明一样，在贝尔曼看来，翻译的伦理学目标并非旨在传递信息或言语复述：“翻译在本质上是开放、是对话、是杂交、是对中心的偏移”，而那些没有将语言本身的“异质性”翻译出来的译作都是劣质的翻译。因此，如果搬出“翻译即背叛”（traduttore-traditore）的老生常谈，那么与其说译者在伦理上总是会陷入“忠实”或“背叛”的两难困境，不如说总是会有一股“翻译冲动”将译者驱向以激进的方式把“母语”变得去自然化，用贝尔曼的话说，“对母语的憎恨是翻译冲动的推进器”，所谓“他山之石，可以攻玉”便是作为主体的译者通过转向作为他者的语言而对其母语的复仇！贝尔曼写道：“在心理层面上，译者具有两面性。他需要从两方面着力：强迫自我的语言吞下‘异’，并逼迫另一门语言闯入他的母语。”在翻译中，一方面，译者必须考虑到如何将原文语言中的“他异性”纳入译文；另一方面，译者必须考虑到如何让原文语言中受到遮蔽而无法道说的“另一面”在其译文中开显出来，此即贝尔曼所谓的“异者的考验”（l’épreuve de l’étranger）。

就我个人作为“异者”的考验来说，翻译无疑是我为了将精神分析的“训练”与“传递”之间的悖论扭结起来而勉力为之的“症状”，在我自己通过翻译的行动而承担起“跨拉康派精神分析者（家）”（psychanalystant translacanien）的命名上，说它是我的“圣状”也毫不为过。作为症状，翻译精神分析的话语无异于一种“译症”，它承载着“不满足于”国内现有精神分析文本的癔症式欲望，而在传播精神分析的瘟疫上，我也希望此种“译症”可以演变为一场持续发作的“集体译症”，如此才有了与拜德雅图书工作室合作出版这套“精神分析先锋译丛”的想法。

回到精神分析在中国发展的历史来说，20世纪八九十年代的“弗洛伊德热”便得益于我国老一辈学者自改革开放以来对弗洛伊德著作的大规模翻译，而英美精神分析各流派在21世纪头二十年于国内心理咨询界的盛行也是因为相关著作伴随着各种系统培训的成批量引进，但遗憾的是，也许是碍于版权的限制和文本的难度，国内当下的“拉康热”却明显绕开了拉康原作的翻译问题，反而是导读类的“二手拉康”更受读者青睐，故而我们的选书也只好更多偏向于拉康派精神分析领域较为基础和前沿的著作。对我们来说，拉康的原文就如同他笔下的那封“失窃的信”一样，仍然处在一种“悬而未决／有待领取／陷入痛苦”（en souffrance）的状态，但既然“一封信总是会抵达其目的地”，我们就仍然可以对拉康精神分析在中国的“未来”抱以无限的期待，而这可能将是几代精神分析译者共同努力完成的任务。众所周知，弗洛伊德曾将“统治”“教育”“分析”并称为三种“不可能的职业”，而“翻译”则无疑也是命名此种“不可能性”的第四种职业，尤其是在精神分析的意义上对不可能言说的实在界“享乐”的翻译（从“jouissance”到“joui-sens”再到“j’ouis sens”），根据拉康的三界概念，我们可以说，译者的任务便在于经由象征界的语言而从想象界的“无能”迈向实在界的“不可能”。拉康曾说，解释的目的在于“掀起波澜”（faire des vagues），与之相应，我们也可以说，翻译的目的如果不在于“兴风作浪”的话，至少也在于“推波助澜”，希望这套丛书的出版可以为推动精神分析在中国的发展掀起一些波澜。

当然，翻译作为一项“任务”必然会涉及某种“失败”的维度，正如本雅明所使用的德语“die Aufgabe”一词除了“任务”之意，也隐含着一层“失败”和“认输”的意味，毕竟，诚如贝尔曼所言：“翻译的形而上学目标便在于升华翻译冲动的失败，而其伦理学目标则在于超越此种失败的升华。”就此而言，译者必须接受至少两种语言的阉割，才能投身于这场“输者为赢”的游戏。这也意味着译者必须在翻译中承担起“负一”（moins-un）的运作，在译文对原文的回溯性重构中引入“缺失”的维度，而这是通过插入注脚和括号来实现的，因而译文在某种意义上也是对原文的“增补”。每当译者在一些不可译的脐点上磕绊之时，译文便会呈现出原文中所隐藏的某种“真理”。因此，翻译并不只是对精神分析话语的简单搬运，而是精神分析话语本身的生成性实践，它是译者在不同语言的异质性之间实现的“转域化”操作。据此，我们便可以说，每一次翻译在某种程度上都是译者的化身，而译者在这里也是能指的载体，在其最严格的意义上，在其最激情的版本中，精神分析的“文字”（lettre）就是由译者的身体来承载的，它是译者随身携带的“书信”（lettre），因此希望译文中在所难免的“错漏”和“误译”（译者无意识的显现）可以得到广大读者朋友的包容和指正。

延续这个思路，翻译就是在阉割的剧情内来复现母语与父法之间复杂性的操作。真正的翻译都是以其“缺失”的维度而朝向“重译”开放的，它从一开始就服从于语言的不充分性，因而允许重新修订和二次加工便是承担起阉割的翻译。从这个意义上说，翻译总是复多性和复调性的，而非单一性和单义性的，因为“不存在大他者的大他者”且“不存在元语言”，因而也不存在任何“单义性”（意义对意义）的标准化翻译。标准化翻译恰恰取消了语言中固有的歧义性维度，如果精神分析话语只存在一种翻译的版本，那么它就变成了“主人话语”。作为主人话语的当代倒错性变体，“资本主义话语”无疑以其商品化的市场版本为我们时代症状的“绝对意义”提供了一种“推向同质化”的现成翻译：反对大他者的阉割，废除实在界的不可能，无限加速循环的迷瘾，不惜一切代价的享乐。诚如《翻译颂》的作者和《不可译词典》的编者法国哲学家芭芭拉·卡辛所言：“翻译之于语言，正如政治之于人类。”因此，在无意识的政治中，如果我们可以说翻译是一种“知道如何处理差异”（savoir-y-faire avec les différences）的“圣状”，那么资本主义的全球化则导致了抹除语言差异的扁平化，它是“对翻译的排除，这与维持差异并沟通差异的姿态截然相反”。因而，在文明及其不满上，如果说弗洛伊德的遗产曾通过翻译而从法西斯主义的磨难中被拯救出来，那么今日精神分析译者的任务便是要让精神分析话语从晚期资本主义对无意识的驱逐中幸存下来！

最后，让我们再引用一句海德格尔的话来作结：“正是经由翻译，思想的工作才会被转换至另一种语言的精神之中，从而经历一种不可避免的转化。但这种转化也可能是丰饶多产的，因为它会使问题的基本立场得以在新的光亮下显现出来。”谨在此由衷希望这套译丛的出版可以为阐明“精神分析问题的基本立场”带来些许新的光亮。

李新雨

2024 年夏于南京百家湖畔

法译版序言

译按：本文是拉康应雅克–阿兰·米勒的邀请为保罗·杜肯纳（Paul Duquenne）翻译的施瑞伯《回忆录》的法文译本所作的序言，该文在1966年率先发表于巴黎高师的“认识论圈子”所创办的《分析手册》（*Cahier pour l'analyse*）杂志的第5期，尔后又在2001年收录于拉康的《著作别集》（*Autres Écrits*），至于杜肯纳译本的部分节选则在米勒的安排下连载于《分析手册》杂志的第5—8期，但其完整译本却一直拖到1975年才最终由瑟伊出版社正式出版，并收录于拉康主编的“弗洛伊德场域”（Champs freudien）丛书。

为了澄清拉康在这篇序言中的基本立场，我们必须首先交待一些历史背景：施瑞伯大法官的《一名神经疾病患者的回忆录》在1903 年以德语出版，其中主要描述了他从 1893—1902 年的第二次患病经历，并简要提及了他从 1884—1885 年的第一次精神病发作。众所周知，弗洛伊德在 1911 年施瑞伯刚刚去世后不久便出版了《关于一例偏执狂案例的自传性说明的精神分析评论》，正是他对施瑞伯个案的“缺席分析”使《回忆录》成为了精神分析乃至精神病学史上最具影响力的病案文献。但遗憾的是，在精神分析的内部，我们也不得不说弗洛伊德对“施瑞伯个案”的解读在其影响上远远盖过了施瑞伯本人的话语。直到 1955 年，拉康才在其《精神病》研讨班上重新回到了施瑞伯的文本（注意：这里不是重新回到弗洛伊德的文本），从而在尊重“临床事实”（亦即让个案说话！）的基础上开创了他自己关于“父名能指除权”导致“父性隐喻失败”的经典精神病理论。同年，英国精神病学史家艾达·麦卡尔平（Ida Macalpine）也在其儿子理查德·亨特（Richard Hunter）的帮助下正式出版了施瑞伯《回忆录》的英文译本。

在这篇序言中，拉康特别强调了施瑞伯文本对精神分析的重要价值及其在翻译出版上的时间延误之间的这个巨大落差，他将其称为分析家的“故意过失行动”，并将其与神经症的“成功过失行动”区分了开来。由此，他更是犀利地直接指出了分析家群体在面对精神病话语时所遭遇的“阻抗”，这一阻抗不仅在精神分析的理论与临床上有着一些极其恶劣的影响，而且也在精神分析家的训练问题上构成了一种隐含权力的政治，正是这一点在精神分析共同体的内部导致了那些永无休止的“分裂”。施瑞伯的《回忆录》在英国是由精神分析群体之外的一个边缘人来翻译，而在法国则是由精神分析群体之外的一本边缘杂志来刊载，其法文译者保罗·杜肯纳与妮可儿·赛尔斯（Nicole Sels）也都是文学界的知识分子而非精神分析的圈内人，这一切都是极其说明问题的！在写作这篇序言的时候，拉康已经遭到了“国际精神分析协会”（IPA）的除名，正在他自己创建的“巴黎弗洛伊德学派”（EFP）中为“分析家训练”的问题寻找出路，在某种意义上，我们也可以说他在这篇序言中的思考预期了他在1967年提出的“通过”（passe）制度。

另外值得一提的是，除了弗洛伊德和拉康的贡献之外，有关施瑞伯文本的最重要评论却也都是来自于精神分析的外部，其中最具代表性的就是德勒兹与加塔利的《反俄狄浦斯》，他们对《回忆录》的解读更多突显了施瑞伯文本中的政治因素和种族因素，并以此来批判精神分析的“神圣家庭”模型，在他们看来，施瑞伯的精神病体验及其精神病书写仅仅因为如实反映了晚期资本主义中的权力关系才被当作是“不正常”的。无独有偶，保加利亚犹太裔德语文学大师埃利亚斯·卡内蒂在其耗费34年心血所写就的人文思想巨著《群众与权力》中也通过分析施瑞伯的《回忆录》而着重探讨了统治者与偏执狂之间的关系，并以此回应了纳粹意识形态所造就的“群体精神病”对人类现实的影响，足见其分量之重。而在大众流行文化上，除了被改编成小说、电影、戏剧、广播剧和纪录片之外，就连大家熟知的日本动漫《新世纪福音战士》中的两大组织名称“NERV”（神经）和“SEELE”（灵魂）也都是直接取材于施瑞伯的宇宙观，足见其影响之大。

今天，距离施瑞伯的《回忆录》出版已经过去了一个多世纪，而距离拉康的《精神病》研讨班也已经过去了大半个世纪，直到现在我们才终于拥有了《回忆录》的首个中文译本，这还要多亏了本书译者苏子滢多年来挣扎在精神分析边缘的努力。谨此希望施瑞伯的文本和拉康的序言能够重新唤醒我们沉睡的耳朵，如果继续对精神病人的“疯言疯语”保持无动于衷和漠不关心的阻抗，等待着我们的决不会仅仅是精神分析的危机……！

这个译本一直都是备受期待的。恰恰是自我们在1955—1956年的研讨班以来。我们都还记得，我们曾经看到艾达·麦卡尔平女士在听说它的通告时竖起了她的耳朵，她当时无疑是在其儿子的帮助下加速完成了她用英语所给出的译本：让我们指出，她本来可以多花些时间。

或许，一个如此没有理由的延误值得我们对其保持更长时间的关注，或者也值得我们对其返回。

无论如何，这期研讨班——作为我们教学的第5期研讨班和在圣安娜屋檐下的第 3 期研讨班——都向我们展示了很多主题，正如我们在参考这些记录文本时所发生的那样，这些主题在当时不仅对于拓展在我们的听众中受到接纳的一些范畴而言是必不可少的，而且对于其中的某些主题来说也是如此，从那时起，它们就应该继续跟上现在让它们登上杂志的历程，让我们说是那些“文人雅士”（bel air）的杂志，或者如果我们愿意的话，也可以说是那些“风流才子”（bel esprit）的杂志。

如果说有什么东西会出现在这篇简短的序言中，与之伴随的还有我们的朋友杜肯纳博士后续将在这里给出的介绍，那么这也只能根据在此产生的文本之光来加以阐明。

因为，让我们不要忘记，除了这则文本之外，弗洛伊德对“施瑞伯个案”一无所知。而这则文本也在其自身中携带着他能够从这例个案中抽取出来的一切启发性的东西。

这就是为什么以所谓的弗洛伊德五大精神分析案例中的第四例为标题的这期研讨班，只有通过依托于给它充当对象的这则文本本身，才能更好地延展它的基座。据我们所知，能够做到如此的程度，我们还是第一个。

当然，这并不是说艾达·麦卡尔平女士没有在其前言和后记中对这则文本提交一种旨在纠正弗洛伊德的精神分析。但它的到来却只是为了在我们当年的最后两次研讨班（1956 年 6 月 27 日—7 月 4 日）上让我们给弗洛伊德恢复其应有的权利，以便在仅仅两年之后的那篇文章里重新回到弗洛伊德，在这篇文章中，我们将差不多是当年所涵盖的三分之二材料凝练成了对后续而言非常具有决定性的一种建构。它涉及的就是我们可以参考的那篇关于《精神病的任何可能治疗的先决问题》的文章。[a]

让我们说，施瑞伯的文本是一部伟大的弗洛伊德主义文本，在某种意义上，与其说是弗洛伊德阐明了它，不如说是它阐明了弗洛伊德所锻造的那些范畴的相关性，他无疑是为了其他对象，而在某种程度上也是为了一则定义而打造了它们，但就这则定义而言，仅仅唤起天才是不够的，除非我们由此想说的是对于知识所保持的一种长期的游刃有余。

当然，弗洛伊德可能不会排斥将这则文本记在他自己的账上，当他在自己的文章中将其抬升至个案的行列之时，他宣称说，他看不出让自己受到一部如此光彩夺目的文本所指引有什么可耻甚至有什么风险，即便他会给自己招来跟病人一同妄想的指责，这似乎也没怎么使他动摇。

弗洛伊德在此显示出来的这种泰然自若，仅仅是为了引入这个主体本身，就此而言它是决定性的，这即意味着不再根据功能的缺陷和解离来评价疯子。因而，只要阅读一下这则文本便会清楚地表明，在此例个案中没有任何类似的东西。

然而，天才在这里还是不够的，哪怕是这种泰然自若的天才。因为要从无意识出发而将主体恰如其分地建构起来，它所涉及的是一个逻辑问题，因为只要翻开弗洛伊德的任何一本书籍便足以对此有所觉察，而关于此种逻辑，仍然是我们第一个对其进行了评论。

在此种情况下将功劳归于精神病人，无非是让剩下的所有其他人都将得到同样宽大的处理：撞破一扇敞开的门，绝对不会知道它开向怎样的空间。

当我们稍后在施瑞伯的笔下读到，正是通过让上帝或大他者享乐于他的被动存在，只要他努力做到永远不让那种铰链式的思索在他这里弯折退却，他才能给其自身赋予支撑，只要他放弃自己不做任何思考，便足以让上帝——这个由无限的话语所构成的大他者——溜走，而从他自己所变成的这个被撕碎的文本中，升起了他称之为奇迹的嚎叫，仿佛是为了证明他所流露的痛苦不再与任何主体有关——我们难道没有在这里发现要仅仅根据拉康关于弗洛伊德的话语所提供的那些精确术语来为自己指明方向的暗示吗？

我们以精神分析领域所要求的耐心来衡量的主题——在此领域中，我们必须在最近推动起来的从享乐的主体到总是由能指为另一能指所代表的主体的两极性中让人听到这个主题——难道在这里不就是将会允许我们能够把偏执狂更加明确地定义作在这个大他者的位点本身中识别出享乐的东西吗？

难道施瑞伯的文本在这里就没有显得是一部要在拉康式话语中来铭写的文本吗？在经过一个漫长的迂回之后，我们必须这么说，在这个迂回中，此种话语从别处重新集结了其术语。但是对于此种话语的确认却显出了与弗洛伊德的话语从中接收的价值相同的成色，这几乎不会令人惊讶，因为它们是同一种话语。

说真的，这个译本正好阐明了这个最为新近的话语，恰恰就仿佛它是弗洛伊德的最初话语一样。

就我们而言，它将使我们或许能够重拾曾经把我导向弗洛伊德式冒险的那条线索。也就是由我的博士论文所开辟的那条沟堑，我们没有将那例“埃梅个案”收录在我们刚刚出版的《著作集》里。

实际上，我们也许将会注意到我们的这个反思阶段，在我的文集中对此也有多处提及，它首先是我作为一名精神科医生的反思，此种反思给自己配备了“偏执狂认识”（connaissance paranoïaque）的主题。为了在这个博士头衔的授予上帮助我们，有人已经指出，我们几乎没有阐明这个概念，而它所留下的痕迹也少得过分。

作为散文家，我本来可以用这个适合于所有美学调制的主题给自己创造出一条多么美好的职业道路啊！让我们仅仅想想看我们的朋友达利能够用它来展开的事情吧。

当然，凡是将自己装扮成认识的东西都是偏执狂的认识，哪怕是最不淫邪的认识，但这却并非是为了减少它的迟钝。

根据我们已经习惯的一种节奏，我的博士论文在十年之后才开始在圣阿尔班精神病院等先锋场所被人阅读，当然还有巴黎医学院的诊所（1932—1942 年）。

必须让精神分析教学的不足暴露于光天化日之下，我们才能投身于这项任务。1956—1966 年也标志着同样的间隔。我们还有两年才能为《先决问题》给出其充分的结果。

如果不是说我们从来都仅仅关心那些能够进入某种经验的主体的构型——我们已经学会要将中心对准它所在之处——那么这又意味着什么呢？

在它所在之处——仿佛它是由主体的真正结构所构成的那样——主体就其本身而言不是完整的，而是分裂的，同时还让一个不可化约的剩余得以跌落，我们对此的逻辑分析正在进行中*。

然而，将思维引入这一结构是非常容易的，就像将一个孩子在相对早熟的年纪上（如果不是在分析阶段上，那么也是在学龄发展上）通过集合论引入数学研究一样容易。

恰恰在数学正在形成的层面上才会开始那些痛苦的折磨。

于是我们便可以给出精神分析家的训练本身所依赖的理论在他们那里所遭遇的阻抗的观念。

只不过在这里，主体构成中的这个不可化约的剩余会通过精神分析家的功能而在最大限度上被带向其生成焦虑的角色。

这是一种过失行动（actes manqués）——或许也是唯一配得上其名称的行动，因为在神经症中，它们都是一些成功的行动——是在精神分析家的训练所隐含的理论性传递中间非常明显地凸显出来的一种“故意过失”的行动（actes “manqués exprès”）。

正如我们对其设想的那样，这里恰恰就是证据在其中最为棘手的领域，但在对于施瑞伯大法官的《回忆录》文本的这种似是而非的漠不关心中，我们又如何不会看到这种故意的过失行动呢？——正是此种漠不关心导致它在英文中是由一位群体之外（hors-groupe）

的边缘人所出版的（作为爱德华·格洛弗[**]的学生，艾达·麦卡尔平女士过于热衷于一些科学要求，以至于她并未在伦敦学会中注册，除非该学会有所革新），而在法国，它也处在相对于一个群体（亦即由我们的教学所保障的群体）来说是极其敏感而边缘的一个地带，《分析手册》便代表着这个地带，我们对其献出如此多关注的《回忆录》最终才得以在其中问世。

希望它们能够提醒那些人吧，他们甚至能够理解我们在关于临床的一次学习日前夕曾就假设知道的主体在症状中的卷入所说的东西，甚至能够将其理解为这样的一个事实，即精神病学障碍的概念/孕育（conception）是临床工作者的事情——只要打开这本令人心碎的文本就能印证这一点。

这是因为所谓的临床工作者必须使其自身顺应于一种主体的概念，由此可见，作为主体，他并不陌生于对施瑞伯而言将他在弗莱希格的名义下置于某种致死的钟情妄想（érotomanie mortifiante）的对象位置上的那种关系，而他在艾达·麦卡尔平的书籍开头的那幅骇人听闻的照片中所处的位置，亦即处在一面挂在墙上的巨幅大脑解剖图的形象面前，在这件事情中也是有其意义的。

这里的问题丝毫不是进入一种神秘主义的禁欲，也不是对病人的亲身经历抱有任何情感迸发式的开放，而是只有治疗的逻辑才能将我们引入的一种位置。

雅克·拉康

（李新雨　译）

注　释

a　拉康《论精神病的任何可能治疗的一个先决问题》（1958），见《著作集》，巴黎：瑟伊出版社，1966：第 531—583 页。

* 这里指涉的是拉康 1966—1967 年的第 13 期研讨班《精神分析的对象》。——译者注

** 爱德华·格洛弗（Edward Glover，1888—1972），英国精神分析家，曾在柏林接受弗洛伊德弟子卡尔·亚伯拉罕的分析，并在 1921 年受到欧内斯特·琼斯的邀请成为“伦敦精神分析学会”的核心成员。他在精神分析诞生后的半个世纪中一直提倡“纯粹弗洛伊德主义”，曾在 1920 年代初支持亚伯拉罕反对费伦齐尤其是兰克所陷入的“科学倒退”，在 1920 年代末支持弗洛伊德捍卫“非专业分析”（lay analysis）的立场，认为“非专业分析家”操作分析治疗并无大碍，但却需要将“治疗与诊断严格区分开来，并将后者保留给具有医学资质的专业人员”，而在 1930—1940 年代，格洛弗则将其矛头对准了克莱因，克莱因也说“自 1934 年起，伦敦精神分析学会内部便存在着敌意”，而主导这场敌意正是时任伦敦学会科学秘书的格洛弗，这场内斗持续了十年，导致格洛弗最终在 1944 年放弃了英国精神分析学会的成员资格并正式退出了伦敦团体，并宣称“英国精神分析学会偏离了精神分析而不再是一个弗洛伊德主义的学会”，次年，他便针对苏珊·艾萨克斯呈现克莱因派基本立场的《幻想》一文展开了公开的抨击，他将其所谓的“克莱因儿童心理学体系”描述为一种妄想体系，认为这是“一种依赖于信仰而非科学的生物宗教体系，是原罪教义的变体”。鉴于艾达·麦卡尔平是格洛弗的弟子，她自然也被排除在了由克莱因派和客体关系理论所主导的英国精神分析群体之外。——译者注

英译版导论

施瑞伯《一名神经疾病患者的回忆录》（下文简称《回忆录》）想必是所有精神病学文献中被评论最多的一部，多年来已经积累了大量的书籍文章，主要以德语和英语文献为主。历代精神病学作者都把这本书当作后继提出的一系列理论的焦点。自从弗洛伊德于1911年发表了他关于此书的著名论文以来[a]，每个人关于施瑞伯都有话要说。

施瑞伯本人相信，他的书向世人传达了一条信息：不仅揭示了他所罹患的疾病的本质，更重要的是，在他看来，这本书也传递了某种隐晦的神启。这些文字直接出自理智与疯狂的边界。本书根据他病情最严重时的笔记整理而成，也结合了在他神志清醒后重新得以运用的思想资源。他希望这本书能广为人知，他也的确做到了，这本书以其生动丰富的细节触及到了我们关于现实、可感世界的结构、时间与空间，以及客观同一性的许多假设。施瑞伯在他痛苦和精神错乱期间见证了这一切的烟消云散，以及它们如何被重塑为神话和噩梦的素材。

《回忆录》在1903年出版时就令人震惊；医学领域的评论家纷纷推荐同行阅读。然而，如果不是因为弗洛伊德也被它深深吸引，施瑞伯的故事现在可能已经被遗忘了。弗洛伊德和荣格都对这本书着迷，早在1910年，弗洛伊德就在信中开玩笑地对荣格说，“了不起的施瑞伯”应该被任命为精神病学教授和疗养院院长。荣格一直对精神病现象尤其感兴趣，是他首先让同行们关注到了这本书。在书信往来中，这两个人常常借用施瑞伯的说法，比如“flüchtige hingemacht”（被草率捏造的［fleetingly-improvised］）。不过，在他们分道扬镳后，荣格表示弗洛伊德从同性恋愿望方面解读施瑞伯个案是“让人很不满意的”。近年来，人们尤其从施瑞伯与他父亲——一位德国著名育儿专家——的著作的关联出发讨论了施瑞伯，这个角度最早是由精神分析家尼德兰（W. G. Niederland）提出的，后来莫顿·沙茨曼（Morton Schatzman）又在他的《灵魂谋杀》（*Soul Murder*，1975）中给出了更通俗的版本。

事实上莫里茨·施瑞伯（Moritz Schreber）曾经很有影响力。我听一个德国朋友说，直到1930年代，如果德国小孩坐得不直，还会被威胁用上莫里茨·施瑞伯的笔直固定架（Geradehalter），一种由木板和绑带制成的奇特装置。莫里茨对一切事物都有相应的系统和手册——冷水健康系统、不健康习惯矫正系统、室内健身操系统、户外游戏系统、终身饮食系统化指南。但是他的两个儿子，一个自杀，一个疯了（即保罗·施瑞伯，《回忆录》的作者）；莫里茨本人在去世前十年就陷入了深重的、与世隔绝的抑郁状态，当时保罗还是个十几岁的孩子。

保罗·施瑞伯生于1842年，长大后先是成为一名律师，后来又当上法官；他结了婚，但夫妻两人经历了死产和流产，没能生出孩子。他42岁时第一次精神崩溃，后来顺利康复了，直到1893年，51岁的他再次严重发病并住院（起初是自愿的），销声匿迹长达9年。《回忆录》是他在松嫩施泰因公共疗养院（Sonnenstein public asylum）住院期间写的，既是对他深信的独特经历的记述，也是他请求出院的辩词。

经过两年的法律斗争后，保罗·施瑞伯出院并回到自己的家，与妻子和收养的女儿一起度过了一段看似风平浪静的时光。但是在他妻子萨宾娜（Sabine）因中风失能之后，他又病倒了，从那时起直到1911年去世，他一直住在疗养院。“几乎不和医生说话”，他的病历里这样写道，“只说他正被他不能吃的食物折磨等等。他一直受幻觉困扰。晚上通常睡得很差。呻吟，站在床上，僵硬地站在窗前，闭着眼睛，露出倾听的表情”。这位可怜的病人时不时地在纸片上涂写一些文字：“奇迹”——“坟墓”——“不吃”。他曾经的愿望是：“在我临终之际，我将不再置身疗养院，而是身处秩序井然的家庭生活，有亲人在身边，因为我大概需要比在疗养院能得到的更多的关爱。”这个愿望未能实现。

弗洛伊德对该个案的基本解释——基于《回忆录》，他从没想过亲自去见施瑞伯——和他当时的观点如出一辙：施瑞伯幻想自己变成女人（他的精神病症状之一）表明了他对父亲——体现在疗养院院长弗莱希格（Flechsig）的形象中——压抑的同性爱，弗莱希格在整部《回忆录》中都是某种恶意的半人半神形象。人们不得不同意荣格的说法：这种解释是非常有限的，弗洛伊德也确实补充说“从这个天赋惊人的偏执狂的幻想及妄想的象征性内容中，还可以提取出更多素材”。当施瑞伯在与世隔绝中开始相信整个世界已被毁灭，只有他自己被上帝选中，以便借他的子宫让人类重新在世上繁衍生息，这体现的无疑是他自身生命的灾难，而不是同性恋的愿望。他和妻子没能生下一个存活的孩子，那么上帝计划从他身体里孕育出的新的施瑞伯种族可以补偿这一点。这与其说是对男性的欲望，不如说是对女性生育力的认同——但弗洛伊德把父子关系置于分析的核心，一如既往地忽视了女性和母亲。

同样，当写到他“两腿之间的那个东西几乎完全不像正常形态的男性器官”，施瑞伯似乎是在总结他在疗养院中遭遇的种种屈辱，他的朋友、职业、婚姻生活的丧失。正如兹维·洛瑟恩（Zvi Lothane）教授重新评估施瑞伯个案的诸多含义时指出的，讨论过施瑞伯个案的所有作者中，只有托马斯·萨斯（Thomas Szasz）批评了弗洛伊德尽管长篇大论地推测施瑞伯疾病的性质，却对他被监禁的痛苦只字未提。[b]

不难看出为什么在施瑞伯的幻想中，他的精神科医生是残忍和全能的。弗莱希格，他入住的第一家疗养院的院长，首先是一位神经解剖学家，他的指导格言是“精神障碍就是大脑障碍”。他的治疗方法是药物加身体束缚——绑带、栏杆和软垫病房；女病人可能会被摘除卵巢或子宫。况且，他曾向一位同事坦白说，他对精神病学没什么真正的兴趣，他认为这是一门“没有希望的学问”。施瑞伯后来被送去的公共疗养院的负责人吉多·韦伯（Guido Weber）同样如此，他强烈反对施瑞伯离开疗养院，也确实把他的出院推迟了一段时间。

然而，尽管弗洛伊德对这一案例的解释在现在看来似乎方向有误，他本人确实将妄想（作为疯狂的典范）看作是人类真实、有意思的创造。在弗洛伊德看来，妄想的创造是一项工作，一个过程——*Wahnbildungsarbeit*，或称“妄想形成工作”。更关键的是，弗洛伊德提出这样一个观点：妄想系统是一种让病人继续生活下去、让世界维系为一体的方式：

> 世界末日是这种内部灾难的投射：在偏执狂撤回他对世界的爱之后，他自己的主观世界也走到了尽头。然后偏执狂又把世界重建起来，并不是把它建得更了不起，但至少足以让他再次生活在其中。他通过妄想的工作建构世界。妄想的形成尽管被我们当做病理性产物，但它实际是一种恢复的尝试，重建的过程。[着重为弗洛伊德所加。]

这样的洞见对许许多多的“弗莱希格”和“韦伯”来说，是相当陌生的。

如果说保罗·施瑞伯在《回忆录》中记述的妄想世界在很大程度上反映了他周遭的真实世界，我们也可以透过它看到那抚养他长大的莫里茨·施瑞伯式育儿系统的结构。正如莫里茨的三十多本书里详细阐述的，它的确是个险恶的东西。它的基调是压制、控制、完全顺从。儿童的“粗野天性”和“低劣成分”要不惜一切代价地予以抹除。服从必须是盲目的：“孩子根本不应该想到他的意愿有可能占上风。”甚至婴儿也要服从：“郑重的威胁性手势”足以让他们安静下来。书里有时还配有特殊器械的插图，这些器械似乎和弗莱希格在疗养院里用到的器械别无二致：头托、床带、下巴带，当然还有笔直固定架。书中无疑也提到过爱的态度：偶尔“一起玩”“一起开玩笑”。但是人们可以感觉到，施瑞伯家庭里的“一起开玩笑”可能也具有某种严肃色彩。

施瑞伯妄想世界中的任性、惩罚性的上帝似乎是按照他父亲的形象塑造的。这个上帝就像育儿手册里的大家长一样，“并不真的理解活人，也不需要理解他，因为按照世界秩序，他只和尸体打交道”；这一点“像一条红线贯穿着我的整个生命”。实际上，莫里茨·施瑞伯也相当于抛弃了他的儿子，因为他陷入抑郁并早早死去了。此外，男孩施瑞伯一定也是在莱因（R. D. Laing）等作家认为是精神分裂患者家庭典型特征的矛盾信息中长大的：孩子听说一切做法都是为了你好，同时接收到的却是愤怒或仇恨的信息。而在疗养院里，一个极不理性的上帝折磨着他。尤其不幸的是，养育他的不仅是一个严厉的父亲，还是个著名的育儿专家，他的矫正机构、他的著作和施瑞伯花园（Schrebergärten）都赫赫有名。他怎么可能错了呢？

埃利亚斯·卡内蒂[c]以及后来的精神分析家海因茨·科胡特[d]都把莫里茨对盲目服从的要求、保罗与之相应的全能妄想和德国极权主义联系起来。也许这个联系过于牵强了。然而，在希特勒一代人成长的时代，莫里茨·施瑞伯的“家庭极权主义”著作——这是沙茨曼（Schatzman）的巧妙说法——依然流行。至少，莫里茨·施瑞伯的系统似乎反映了德国人对极端服从的痴迷，这种服从也是军校灌输给纳粹党卫军的要求。

从某种意义上说，正如兹维·洛瑟恩在《为施瑞伯辩护》一书中指出的，《回忆录》是对莫里茨传达给世人的信息的改写，一个替代版。在疗养院里，保罗发现了一个操纵着整个宇宙的可怕系统，并把破解它当做自己的使命，以“补上”世界的“豁口”为己任。弗莱希格、韦伯和他们的疗养院据说都在照顾他，但传达的消息却与此不同；他的妻子据说爱他，却没有来探望。因此一定有个阴谋……

> 把我转交给一个人类……把我的灵魂交给他，而我的身体——以一种误解了上述提到的世界秩序之基本倾向的方式——将被变成女性身体，被丢给那个人实施性虐待，然后被随意“弃置”（forsaken）*，即任其腐烂。像这样被“弃置”的人将遭遇什么……似乎不完全清楚……当弗莱希格教授作为人类面对我时，当然没有提过这样的事。但在本章开头讲到的神经语中，也就是在他同时作为灵魂与我保持的神经连附中，这个意图表达得很明确。……我与外界彻底隔绝，和家人失联，被丢在那些粗暴的护工手里，内部声音说，我有责任时不时地反抗他们，以证明我的男子气概，我别无他法，一切死法无论多么恐怖，都好过那般屈辱的结局。

弃置是这里的关键词。《回忆录》讲述了被一切熟悉的真实之物弃而不顾，以及取代其位置的妄想世界的发明是怎么一回事。正如弗洛伊德所说，“妄想就像一块补丁，贴在自我与外部世界的关系中最初裂开豁口的地方。”

施瑞伯在他被囚禁期间创造出了一个复杂的神话世界——由光束和奇迹、低阶和高阶上帝、灵魂和灵魂谋杀、神经语的声音、违背“世界秩序”的斗争构成——它涉及到真实与非真实性、同一性与融合、权力与被动性的问题。他自己的身份同一性遭到入侵，被碎片化、扭曲、摧毁，必须找到一个能解释这一切的故事。侵扰越是严重，解释就越宏大。他被弃置；于是“自从世界诞生起就几乎不曾有像我这种情况——某一个人类与全体灵魂……以及上帝全能本身展开了持续的接触……”他被隔绝、遗忘；于是“由于上帝进入了与我单独的神经连附，我在某种意义上变成了对上帝来说唯一的一个人类，或者说是一个一切都要围着他转的人”。没有人关心他是死是活；于是，“在我死后上帝要采取什么具体措施，我想我很难做出预测”。一切意义都从他生命中失落了；于是“我至今依然对其真实性确信不疑——我必须解决人类有史以来遭遇的最为错综复杂的问题，必须为人类的最高福祉做神圣的斗争”。他彻底孤独；于是神秘的形象成群结队地在他的身体里进出（有一次是带领着至少 240 个本笃会修士的耶稣会神父！）。他的头脑空了；于是它被强制性占据——“强制思考的本质在于，一个人必须不停思考；换句话说，人……让他心灵的神经获得必要休息的自然权利在我这里从一开始就被和我接触的光束剥夺了。”他病房的空虚也被折磨人的活动充斥。而当他的困境变得更可怕时，“噩耗从四面八方传来，说就连这颗星、那颗星、这个星座和那个星座都要被‘放弃’了，有一次据说金星也被‘淹没’了，又有一次据说现在整个太阳系都要‘被断连’。”

施瑞伯的妄想系统像是一种对哲学沉思的无意识模仿：他怎么才能知道自己是谁？他人存在吗？时间是什么？是否存在自由意志？尤其是：什么是真实的，什么不真实？他对这些问题的看法是根据他被抛弃的状况形成的。当他被从弗莱希格的私人疗养院转移到韦伯更严酷的公共疗养院，他相信他人真实存在的能力也减弱了，于是他得出了“被草率捏造的”人这个概念。这些造物随机地出现又消失（也许对婴儿来说就是这样），不再具有原本归于他们的稳固性。前往松嫩施泰因公共疗养院的旅途中他瞥见外面的世界，但“我不知道是不是该把我经过的莱比锡街道仅仅当做舞台布景，可能就像传说中波将金王子为俄罗斯皇后叶卡捷琳娜二世布置的那样，在她必经的荒郊沿途搭起布景，为了给她营造一种繁荣乡村的印象”。无论如何，他倾向于相信其他人实际上已经过世，因为“我有一个深刻的印象，这段在人类的计算中只有三四个月的时期持续了无比漫长的一段时间……因此我认为我已经是最后一个真正的人类了，我看到的……那几个人形都只是奇迹创造的‘被草率捏造的人’。”他没有钟表，晚上卷闸窗又被紧锁；于是“我认为星空即使没有彻底熄灭，也基本上已经熄灭了。”

施瑞伯的身份同一性也经历了惊人的变化。这不禁让人想起威廉·詹姆士在《心理学原理》（*Principles of Psychology*）中对精神失常时自我碎片化的描述：

> 一个病人认为有另外一个自己对他复述他所有的想法……还有人有两个身体，躺在不同的床上。有些病人觉得自己像是失去了身体的一部分，失去了牙齿、大脑、胃等等。还有人觉得身体是用木头、玻璃、黄油之类的东西做的。

“还有种种企图，”施瑞伯说，“想尽一切办法来歪曲我的精神个性。”他被投进更低等的身体、不得不与其他灵魂共享头盖骨、被安上好多个脑袋。弗莱希格和韦伯的灵魂潜入他的身体。他的头骨内部甚至被衬上一层外来的脑膜，让他忘记自己是谁。他遭受了数不胜数的折磨：压缩胸腔奇迹（沙茨曼等人把它和佩戴笔直固定架联系起来）、头部勒紧机、胃被偷走、肺虫入侵。他坐着、躺着、站着都不行："光束似乎完全没有意识到，一个真实存在的人类必须存在于某处。"

还有一次，他说，他被注射了毒素，尽管有声音也曾对他说，如果他必须被弃置，他也要作为纯净之躯被弃置。有时，声音说的话听上去像是出自施瑞伯的父亲："不要想你身体的某些部位"，"已经开始的工作必须完成"。有时，就像弗吉尼亚·伍尔夫听到外面的鸟说希腊语一样，他喂鸟的时候也有声音从鸟的身体里面喊道："你不觉得可耻吗？"

弗洛伊德在他关于施瑞伯的论文中没有探讨这些"声音"的奥秘：这些话语，多半是病人头脑中的话语，为何会如此强烈地从外部传来？实际上，弗洛伊德本人也和苏格拉底、圣女贞德一样，亲自体验过这种情况。他在早期的一篇关于失语症的论文中描述道：

> 我记得我有两次面临生命危险，每次都是突然间意识到危险的存在。两次我都感到"结束了"，通常，我的内心语言都只是作为含糊的声音表象和嘴唇的轻微运动展开的，而在紧急情况下，我听到的这几个词就像是有人冲着我的耳朵喊话，同时我也看到它们像是印在一张悬浮在空中的纸上。

在疯狂想象力的丰饶之中，蕴含着一种令人惊赞的文学性。当光束说施瑞伯要转世重生，它先是说他会变成一个"极北女人"，然后是"奥塞格见习耶稣会士"，再是"克拉托维镇长""一个必须在取胜的法国军官面前捍卫自己尊严的阿尔萨斯女孩"，最后是"一个蒙古王子"。一出超现实主义戏剧的演员阵容跃然纸上。如果说不幸的施瑞伯从他的痛苦中得到了什么补偿，那么就是这些图像充盈了他从理性中释放的心灵。他谈到了"描画"（picturing）的乐趣——

> 在我永无止境的乏味生活中，在声音无意义的蠢话对我的

> 精神折磨中，“描画”确实经常是一种慰藉和安抚。能够在心眼中重新描画关于旅行、景色的往事是多么愉快啊——在光束比较配合的时候，它们逼真得惊人，有真实的色彩。

山川、人物、整部歌剧都可以被任意唤起。他自主的描画成为对抗不自主的幻觉的武器：“看见图画可以净化光束……然后它们进入我身体时就不再有通常的破坏力。因此，反奇迹经常试图遮蔽我‘描画’的东西；但我通常都能获胜……”

还有另外一些想象性工作在施瑞伯恢复岌岌可危的理智、最终成功出院的过程中起了作用。首先是弹钢琴。他的房间里有一台钢琴专门供他使用，他引用了一段出自《唐怀瑟》（*Tannhäuser*）的台词来表达他看到钢琴时的感受：“我只记得，我已失去再次向你问好、或是再次抬眼看见你的一切希望。”他开始想起自己忘记了多少东西。音乐有它自己的回忆法则，也能击退光束：“弹钢琴的时候，那些对我说话的声音无意义的蠢话被盖过了……所有通过‘心境操弄’来‘展现’我或诸如此类的企图都注定会失败，因为人们在弹钢琴时可以投入真实的感受。”当他弹奏《魔笛》（*The Magic Flute*）中的咏叹调时——“哦，我感到了，它已消逝，永远消失了”——他发现音乐体现了他从别的渠道认识到的真理。看到街上儿童的游行队伍、收到亲戚寄来有清晰邮戳的信也都缓解了他被遗弃的感受，让他逐渐相信人类依然存在。他通过背诵诗歌来盖过声音，还和其他病人下棋。直到最后依然缺席的是情感本身：他不曾提到流泪。

尽管我们对保罗·施瑞伯的父亲有不少了解（主要都是过于严苛的方面），对他生命中的女性却了解甚少。根据他家人的说法，他的母亲是个强悍的女家长，当丈夫长期陷入抑郁时，她也的确必须强悍。尽管他父亲留下了许多关于男子气概的训诫，但让儿子认同的更强的形象可能是母亲。也许莫里茨身上被压抑的女性气质必须由他的儿子表现出来，也许儿子像甩掉笔直固定架那样，甩掉了钳住他的虚幻男性气质。总之，讽刺的是，发号施令的莫里茨·施瑞伯如今是作为一个疯子的父亲被人铭记的。

人们对保罗·施瑞伯的妻子萨宾娜也了解甚少。起初为了谨慎起见从《回忆录》中删除的那一章，可能有不少和她相关的秘密。人们知道她和她有权势的父亲关系密切，她钦佩弗莱希格，还把他的一张照片摆在桌上，她同意把丈夫强行转送公共疗养院，也并不期待丈夫回家。这一切都可能是施瑞伯痛苦和抗议的理由。这对夫妇的养女弗里多琳（Fridoline）在晚年接受采访时说，她的养父“对我来说比我母亲更像母亲”；她更偏爱他，因为他“慈爱、公正、善良”。关于弗里多琳的收养还有一些未解之谜，甚至有人认为她是萨宾娜的私生女，但没有证据。施瑞伯家族里可能还藏有更多隐情。

《回忆录》无疑还会继续被后人评论。不曾有人像施瑞伯这样疯狂、有如此生动的幻觉，同时又如此详细清晰地记述了自己经历的一切。当我们追随施瑞伯对于心智解体时会碎裂成怎样的纹路的见证时，仿佛也倒叙观看了一部记录现实如何从婴儿期开始被拼搭而成的电影。一个普通孩子在成长的过程中逐步将时间、空间和身份拼搭起来。施瑞伯则解构了它们。

罗斯玛丽·戴纳奇（Rosemary Dinnage）

注　释

a　Freud, S.(1911)“Psycho-analytic notes on an autobiographical account of a case of paranoia (dementia paranoids),” *Standard Edition*, 12:9-79.

b　Lothane, Z. (1992) *In Defense of Schreber. Soul Murder and Psychiatry*.

c　Conetti, E. (1962) *Crowds and Power*.

d　Kohut, H. (1971) *The Analysis of the Self*.

*　德语为“liegengelassen”，字面意思是把某物丢在原地，因此这里译为“弃置”。详见文

末的“英译版注”部分。此外，关于施瑞伯新词的德语原文、解读以及译法说明，皆可参见本书末尾的“英译版注”。本书对某些新词的译法和英译版并不完全对应，在“英译版注”中也有解释说明。——译者注

序　言

我开始写这本书时没有考虑到出版。出版的想法是在我写作过程中产生的。然而，我并没有对自己隐瞒那些有可能妨碍出版的疑虑：主要是考虑到某些人仍然在世。但我相信，对我的身体进行专业检查并考察我有生之年的个人命运，对于认识科学和宗教真理都是有价值的。在这些考虑面前，所有个人议题都必须排在后面。

整部作品涵盖以下内容：

写于 1900 年 2 月至 9 月的“回忆录”本身（第 1—22 章）。

写于 1900 年 10 月至 1901 年 6 月的补充说明第一辑。

写于 1902 年底的补充说明——第二辑。

开始这项工作直到现在，我的生活外部环境发生了实质性的变化。一开始，我生活在监狱般的与世隔绝中，接触不到有教养的人，甚至加入不了院长的家庭餐桌（疗养院所谓的寄宿人员都被允许上桌），也永远无法走出病院的围墙，等等；但我逐渐获得了越来越多的行动自由，也更容易接触到有教养的人了。最终，我圆满成功地赢得了第 20 章提到的针对我被剥夺法律行为能力的诉讼（尽管二审才获胜），也就是说，德累斯顿地方法院于 1900 年 3 月 13 日发布的取消我的法律行为能力的命令，被德累斯顿高级地区法院 1902 年 7 月 14 日的最终判决撤销了。我的行为能力进而得到了承认，自由处置财产的权力也被交还给我。至于我在疗养院的居住，几个月来我一直持有病院主管方的书面声明，即目前原则上不反对我出院；因此我计划或将在明年年初回归我的住所和家庭。

所有这些变化都让我有机会大大拓宽我的个人观察的范围。因此，我需要对之前的一些观点作出修正：特别是我不再怀疑所谓的“人类把戏”（play-with-human-beings）（神迹的影响）仅限于我自己以及我当时所处的直接环境。我现在也许会以另一种方式表述“回忆录”中的某些段落。但我基本上还是保留了它们最初写成的面貌。此刻对某些内容进行改动只会损害原初描述的鲜活性。而且在我看来，鉴于当时我和上帝之间产生的与世界秩序相悖的关系，我那时形成的想法是否存在或多或少的错误并不重要。无论如何，只有那些我根据自己的印象和经验得出的关于永久性的条件、上帝的本质和属性、灵魂不朽等方面的结论，才值得更普遍的关注。在这些方面，即使有了我后来的那些个人经历，我也没有任何理由对“回忆录”尤其是第 1、2、18 和 19 章中提出的基本观点做出丝毫改动。

丹尼尔・保罗・施瑞伯

1902 年 12 月于松嫩施泰因，皮尔纳（Pirna）附近

致弗莱希格教授的公开信

敬爱的教授：

我冒昧地随信附上一份我写的“一名神经疾病患者的回忆录”，请求您怀着善意检阅它。

您会注意到您的名字被频繁提及，尤其是在第一章，部分内容会涉及到或许让您苦恼的情况。对此我深感遗憾，可惜的是我无法对它做出任何修改，除非我从一开始就将自己置于无法被理解的境地。无论如何，我完全无意损害您的荣誉，因为事实上我对任何人都不抱持个人怨恨。我的目标全然在于深化宗教这一关键领域的知识。

我可以完全肯定地说，我在这方面掌握的经验若能被普遍接受，它将为全人类做出无比巨大的贡献。同样我也毫不怀疑，您的名字对于我所讨论的情况的演变发展起着重要作用：您神经系统中的某些神经，成了我在“回忆录”第 1 章中描述的“过验灵魂”（tested souls），它们以此身份获得了超自然力量，并在数年间用这种力量对我施加了毁灭性的影响，直到今天仍在进行。您或许和其他人一样，起初倾向于认为这只是我想象力的病理性产物，但我掌握着压倒性的证据，足以说明这种观点的正确性，您将在我的“回忆录”中读到相关的细节。我依然无时无刻不感受着这些“过验灵魂”的奇迹所带来的毁灭性伤害，那些对我说话的声音直到现在依然每天上百次地一遍遍对我喊着您的名字，尤其是把您看做这些伤害的始作俑者；但我们之间的个人关系早已褪入我生活的背景，因此我没有什么道理一直想着您，乃至对您怀有怨恨。

多年来，我一直在思考该如何协调这些事实以及我对您本人的尊重，对于您本人的正直和道德价值，我完全没有理由质疑。直到最近，就在我的书即将出版之际，我产生了一个新想法，或许能为这一问题的解决指出正确方向。正如我在“回忆录”第 4 章结尾和第 5 章开篇所说的，我毫不怀疑第一推动力——它引发了那些一向被医生当作“幻觉”，对我却意味着与超自然力量接触的现象——来源于您的神经系统对我的神经系统的影响。该如何解释这种情况呢？我想，可能是您——我情愿相信这起初只是出于治疗目的——与我的神经进行了某种可以说是催眠性、暗示性一类的接触，即便当我们相隔两地，这类接触仍在进行。在接触中，您也许突然发现还有其他指向超自然源头的声音对我说话。在这惊讶的发现后，您也许出于科学兴趣，又继续和我接触了一段时间，直到您自己对此感到不适，决定将之切断。但有可能在这一过程中，您的一部分神经——或许您自己都没有意识到——被从您的身体中移出了（这只能以超自然的方式解释），并作为“过验灵魂”升至天堂，获得了某种超自然力量。这个“过验灵魂”和所有未净化的灵魂一样，依然具有人的缺陷（与我深知的灵魂的特质相符），它任由自己受无情的专断和权力欲驱使，完全不受人的道德意志一类的东西约束；我在“回忆录”中提到的另一个“过验灵魂”，冯・W. 的灵魂同样如此。因此我早些年错误地归咎于您的事情——尤其是我的身体遭受的明确破坏——或许只应归咎于“过验灵魂”。您本人无需承担任何指责，或许对您只有一个温和的责备：在碰巧出现关乎崇高的科学旨趣的情况时，您也许和其他许多医生一样，无法完全抵御在真实的治疗目的之外把您负责照料的病人当做科学实验的对象的诱惑。甚至可以提出这样一个问题，即是不是可以把声音提出的关于某人实施了灵魂谋杀的种种说法解释为：灵魂（光束）认为一个人的神经系统如此强烈地被另一个人影响，以至于前者自身的意志力被俘获的情况（如催眠时发生的）是不被允许的。为了强调其不合法性质，它被称为“灵魂谋杀”，因为灵魂找不到更好的词，就从现有的说法中挑选了一个；也因为灵魂有夸大地表达自己的内在倾向。

我无需强调，若您能以任何方式肯定我的上述猜测，尤其是用在您印象中最初那几年的回忆来证实我的概述，将是多么重要的一件事。若是这样，我的文章的其余部分将被普遍认可，它将立即被视为应尽一切方式加以考察的严肃科学问题。

因此，我敬爱的先生，我请求您——我几乎可以说是恳求您——毫无保留地交代：

（1）我在您的疗养院住院期间，您是否与我维持了一种催眠或类催眠的接触，甚至当我们身处两地时，您依然能对我的神经系统施加影响；

（2）在此过程中，您是否见证了来自别处、指向超自然源头的声音交流；

（3）以及，我在您的疗养院住院期间，您本人是否也接收到了异象或类异象的印象（尤其是在梦中），它们涉及到上帝的全能力量、人的自由意志、去男性化（unmanning）、福乐的失去、我的亲友、您自己的家族成员（尤其是第6章中提到的丹尼尔·弗希特戈特·弗莱希格），以及我在“回忆录”中提到的各种其他情况。

请让我补充一句：根据当时我收到的对我说话的声音的无数次交流，我有大量迹象表明您本人也一定接收到了类似的异象。

在呼吁您的科学旨趣时，或许我可以相信您有探求真理的勇气，即使您不得不承认一些琐事，这些琐事在任何通情达理的人看来都不会真正损害您的声望或权威。

如果您愿意写信给我，您大可放心，若是没有得到您的允许并由您选择合适方式，我不会公开发表您的信。

考虑到也许许多人会对我这封信的内容感兴趣，我想它适合作为我的“回忆录”的序言，以“公开信”的形式印出。

德累斯顿，1903 年 3 月

您真诚的施瑞伯博士，参议主席（已退休）

回忆录

导　论 15

我已经决定在不久的将来申请离开疗养院，再次回到文明人当中，和我的妻子一起在家生活。因此，有必要让那些即将进入我的熟人圈的人对我的宗教观念至少有些大致了解，以便能在一定程度上理解促使我做出种种怪异举动的必要性，即使他们没办法完全理解这些看似怪异的举动。[i]

这就是撰写本手稿的目的。文中，我将尝试对超自然事物做出至少能让人部分理解的阐述，这些超自然知识已经对我显露了近六 16
年。我自然无法指望自己被完全理解，因为这里涉及的情况是无法用人类语言表达的；它超出了人类的理解范围。甚至就我本人来说，我也不能坚称一切都确切无疑：很大一部分都还只是猜测与可能性。毕竟我也只是一个人，受制于人类的理解力；但我可以肯定的一件事是，和那些没有获得神启的人相比，我离真理更近得多。

为了让人们至少能在一定程度上理解我，我不得不借助大量形象和比喻来讲述，这些比喻有时可能只是大致上正确；因为人能让超自然事物（其本质必然始终不可理解）在一定程度上被理解的唯一方式，就是将之与人类经验中的已知事实加以比较。理智理解的终点就是信仰的起点；人们必须接受这一事实：有些事物是虽然无

---

i　开篇评语

在写这篇论文的过程中，我想到也许会有更多人对它感兴趣。但我还是保留了这个开场白，因为我最初的动机是为了让妻子了解我的个人经历和宗教思想。这也解释了为什么我常常感到有必要迂回地解释一些已知事实、翻译一些外语单词等等，受过科学训练的读者确实是不需要这些的。

法理解，却也真实存在。

一个显而易见的例子是永恒的概念，它超出了人的把握。人类无法真正理解某物可以无始无终地存在，也无法理解一个原因无法再追溯到先前的原因。然而永恒是上帝的属性之一，我和所有有宗教信仰的人一样，都感到自己必须接受它。人总是倾向于问："如果上帝创造了世界，那上帝本身是怎么来的？"这个问题将永远无解。神圣创造的概念也是如此。人们始终只能设想新的事物通过对已有事物施加影响而产生，但我相信——我希望能在下文中用确切的例
17 子证明这一点——神圣创造是一种无中生有的创造。即使在我们明确的宗教教义中，也有些事情是理智无法完全理解的。基督教关于耶稣基督是上帝之子的教义只能在一种神秘的意义上成立，与人类对这些词语的理解只是近似，因为没有人会认为上帝是个拥有人类性器官的存在，并与从子宫中生下耶稣基督的女人发生了性关系。三位一体、肉身复活等其他基督教教义也是这样。我这样说，绝不是想暗示我认可我们正统神学意义上的所有基督教教义都是真实的。相反，我有充分的理由认为，其中有一些一定不真实，或者只在非常有限的范围内为真。比如肉身复活这一条，它只能以灵魂转世的形式在相对和暂时的意义上宣告为真（不代表它是该过程的终极目标）；据说有些人遭受的永罚也是这样。永罚的概念与真理不符——尽管有罗萨特（Luthardt）这样的人在《辩护书》（*Apologies*）中试图用在我看来是诡辩的说法把它变得可令人接受，但从人类情感来看它始终是可憎的；因为事实上，尽管惩罚在人类社会之中是实现某些目的迅速有效的手段，但我们必须把（人）关于惩罚的一整套观念从我们对彼岸生命的看法中清除。不过，这一点还有待在后面加以详细考察。[1]

1　另一方面，我根据自己的亲身经历可以更详细地解释一些基督教教义，以及神迹是如何做到这些事的。我的身体里发生过类似于无罪处女（从未与男人性交过）怀上耶稣基督的事情。我曾两次（当我还在弗莱希格的疗养院）拥有了女性生殖器官（尽管发育不良），还在我的

在我讲述我是如何在疾病的影响下与上帝建立了独特的关
系——我得立即补充说，这些关系本身是违背世界秩序的——之前， 18
我必须先对上帝以及人类灵魂的性质做一番说明；此刻这些说法只
能先作为公理（无需证明的信条）被给出，本书后面将尝试证明它们。

身体里感受到像胎动一样的人类胚胎最初的生命迹象：与男性精子相对应的上帝的神经借由神迹被投入我的身体；换句话说，受孕发生了。此外，我也对耶稣基督复活或许是如何发生的有了相当清晰的观念；我在弗莱希格疗养院住院的后期和在松嫩施泰因住院的初期，不止一次，而是成百上千次地目睹了人类形态如何被神迹暂时设立，又迅速溶解或者消失。对我说话的声音把这些异象称为所谓"被草率捏造的人"——有些甚至是早已过世的人，比如我曾经在皮尔森疗养院（所谓的"科斯维希"［Coswig］）见过的鲁道夫·J. 医生；以及其他一些显然也经历了灵魂转世的人，如高级检察官 B.、地区法院公诉律师 N. 博士和 W. 博士、枢密院议员 W. 博士、W. 律师，还有我的岳父等等；他们都过着所谓的梦境生活，也就是说，他们给人一种无法进行清晰对话的感觉，就像我自己那时候也很不想说话，主要是因为我认为我面对的不是真人，而是奇迹创造出来的傀儡。根据这些经历，我倾向于认为耶稣基督也是这样的，他作为一个真实的人真实地死了，又通过奇迹被短暂地重新"设立"（set down）为"被草率捏造的人"，以便加强他的追随者的信仰，从而在人类心中牢固确立起不朽的观念；但后来他就像每一个"被草率捏造的人"那样自然地解体了，根据后文即将讲到的说法，他的神经后来可能进入了永恒的福乐。根据这一设想，基督升天的教义只是一个寓言，他的门徒试图以此解释为什么在他死后他们还好几次见到他以肉身出现在他们之中。

19 上帝与不朽

1

人类灵魂位于身体的神经内；对于它们的物理性质，我这个外行人只能说它们的结构极为精妙，就像最精致的丝状物，而且人类全部的精神生活都依赖于神经能被外界印象引起兴奋。神经由此产生振动，然后以一种无法进一步解释的方式产生快乐和痛苦的感觉；神经可以保持对接收的印象的记忆（人类记忆），也能行使意志力移动它们所在的身体肌肉，实现种种外显的活动。它们从最幼嫩的开端（作为子宫之果，儿童的灵魂）发展为一个复杂的系统，其中包含了人类知识的全部（成年人的灵魂）。一部分神经只适于接收感官印象（如视觉、听觉、味觉和欲乐神经，因此只能感到光、声、冷和热、饥饿感、欲乐和疼痛等）；另外一些神经（智能神经）则
20 接收和保持精神印象，并作为意志的器官为整个人类机体提供冲动，展现它作用于外部世界的力量。情况似乎是，每一根智能神经都体现着一个人全部的精神个体性，每一根智能神经都印刻着回忆之总和；[2] 智能神经数量的多寡只影响到回忆可保持的时长。人活着的时候身体和灵魂在一起，神经（人的灵魂）被身体（其功能本质上和高等动物类似）滋养并保持活跃。一旦身体失去活力，我们称之为死亡的无意识状态（正如在睡眠中预演的）就会降临于神经。但这

---

2 如果这个假设成立，那么遗传和变异的问题也就解决了：孩子在某些方面和父母、祖父母相似，其他方面又和他们有偏差。雄性精子里含有父方的神经，它与来自母体的神经结合，形成一个新的实体。这个新的实体也就是未来的孩子，是父母两人的重造，可能父亲占的比重比母亲多一些，然后它又在生命中接收新的印象，将新获得的个体性递给后代。

据我所知，杜－普雷尔的一部同名著作的基本观点就是，存在着一种特殊的、能代表人的精神统一性的规定神经（nerve of determination），但这个观点不具有实质意义。

并不意味着灵魂真的毁灭了；已经接收的印象依然附着在神经上。
灵魂只不过像一些低等动物那样进入了冬眠状态，可以通过下文要
讲到的方式被唤入新生。

上帝首先只是神经，不是身体，因此他和人类灵魂类似。但不
同于数量有限的人体神经，上帝的神经是无限且永恒的。它们具有 21
与人类神经相同的性质，但程度超出了一切人类的理解范围。尤其
是它们拥有一种能将自身转化为被造世界的万物的能力，行使这一
能力时它们被称为光束；这正是神圣创造的本质。上帝和星空之间
有一种密切关联。我不确定人们能不能简单地说上帝和天体是一回
事，还是说应该认为上帝的全部神经位于恒星背后、在它们之外，
因此恒星本身，尤其是我们的太阳，相当于只是上帝的奇迹创造力
抵达我们地球（可能也包括有人居住的其他星球）时经过的站台。[3]

同样，我也不确定天体本身（恒星、行星等）是由上帝创造的，还是说上帝的创造仅限于有机世界；如果是后一种，康德-拉普拉斯的星云假说就有余地与活的上帝的存在并存，后者对我来说已是明确无疑的。也许完整的真理在于两种思路以超出人类把握的方式结合，或（通过第四维度）由它们共同产生。无论如何，太阳凭着发光放热之力成为地球上一切有机生命的起源，但她只能被当做活上帝的间接表现；因此，自古以来许多民族的太阳崇拜中包含了一个十分重要的真理内核，却未能涵盖整个真理。

现今的天文学关于天体的运动、天体距离及其物理特性等方面
的学说，可能大体上是正确的。但我的个人经历使我怀疑现今的天 22
文学是否真的掌握了关于恒星，尤其是关于我们的太阳的发光放热
力量的全部真相；也许我们只能直接或间接地，仅将她视为上帝的
奇迹创造力指向地球的那一部分。为了证明这个说法，我现在只想
给出一个事实：多年来，太阳一直在用人类的词语对我说话，这表

3 这些事我们的诗人也了解，他们写道：“远在星空之上，一定住着慈祥的父”，等等。

明她是一个生命体，或者是在她背后更高的生命体的器官。上帝也会调节天气；通常这是通过太阳放出的热量多少自动实现的，但上帝也可以用特殊方式调节天气，以实现他自己的目的。比如，我收到了相当明确的迹象表明，1870—1871 年的严冬是由上帝决定的，以便让战争的走势有利于德国人；1588 年，腓力二世的西班牙无敌舰队（Spanish Armada）被摧毁之后，人们有一个自豪的说法是："Deus afflavit et dissipati sunt"（上帝吹风，他们被吹散了），这句话很可能也包含着历史的真相。* 在这里，我只把太阳看做是上帝的意志离地球最近的工具；事实上，所有其他恒星的整体情况也会对天气状况产生影响。尤其是当上帝从地球退远时，风或者暴风雨就会产生。在目前的这种与世界秩序相悖的情况下，上帝与天气的关系发生了变化——这一点我想在开篇就提出来——现在，天气在一定程度上取决于我的行动和思想；一旦我纵容自己什么也不想，换句话说，一旦我停下某件能够证明人类心智存在的活动，比如停止在花园里下棋，就会立刻刮起风来。对于倾向于怀疑这种离奇说法的人，我几乎每天都有机会向他们证明这一说法的正确性，就像我已经向许
23 多人（医生、我的妻子和妹妹，等等）确证了所谓的咆哮（bellowing）发作。原因很简单：一旦我纵容自己什么也不想，上帝就会假定我痴呆了，认为他可以从我这里撤离。

上帝可以借助太阳和其他天体发出的光，感知到（人类会说"看到"）地球上发生的一切，也许还包括其他有人居住的星球上的一切；在这个意义上，人们可以把阳光和星光比作上帝的眼睛。上帝享受自己看到的一切，一切都是他创造力的成果，就像人类看到他亲手或者用头脑创造出的东西感到满意一样。万物如此井然有序——直到后文将要描述的危机发生——总的来说，上帝会任由他创造的世

---

* 1588 年英国和西班牙的战争有宗教背景。英国是新教国家，西班牙是天主教国家，西班牙舰队的实力强于英国。英国获胜在当时被一些人认为是上帝支持新教的证据。——译者注

界和世上的有机生命（植物、动物、人类）自行发展，只需要太阳持续供暖，它们就能维持生命、繁衍生息，等等。通常情况下，上帝不会直接干预民族或个人的命运——我称这种状况是与世界秩序相符的。偶尔也会有例外出现，但例外不曾、也不可能太过频繁地发生，因为即使对上帝本身来说，接近活人也会伴随着某种危险——原因后面将会讲到。比如，一个特别虔诚的祈祷者可能会在某种特殊情况下，让上帝以奇迹的方式介入，给予帮助[4]，或者（如在战争中）通过奇迹形塑整个民族的命运。他还可以与天赋异禀的人（诗人等）建立连接——对我说话的声音称之为“与他们进行神经连附”（nerve-contact）——以便授予他们关于彼岸的丰富思想和观念，尤其是在梦中。但这种“神经连附”不可以成为惯例，正如前面讲的， 24
出于某些无法进一步解释的原因，*活人*的神经，尤其当它们处于高度*兴奋*状态时，会对上帝的神经产生极大的吸引力，使他无法再次从中脱身，从而危及自身的存在。[5]

按照世界秩序，上帝与人类灵魂的常规接触只发生在人死之后。这样做对上帝是没有危险的：接近*尸体*并把它们的神经（其中自我意识没有消失，只是止息了）从身体中抽出，用光束的力量把它们带到他身边，将它们唤入崭新的天国生活，让自我意识在光束的作用下回归。人类灵魂将升入的彼岸新生活就是*福乐状态*（state of Blessedness）。但在这之前，需要先要经过净化，人类神经必须经过筛查，根据每个人类灵魂状态的不同，它们需要经过的准备时间也

4　这一点我曾经无数次在我的身体里体验过，即使现在也日复一日地体验着；比如，上帝可以放出几道纯净光束来祛除人体内的各种病菌。

5　（1902 年 11 月补充）从某些人类个体的身体（在我这里，是单独一个人类的身体）散发出的*吸引力*可以在距离甚远的情况下起作用，这种观点本身如果从纯机械运作的自然力的角度来看，必定会显得荒谬。然而对我来说，有这样一种吸引力在起作用是无可辩驳的事实。也许这样讲可以让此现象变得更易懂、更接近人的理解：我们要记住，光束是*活的存在*，因此吸引力不单纯是机械作用力，而是类似于*心理动力*的东西——光束也会觉得令它们感兴趣东西是“有吸引力的”。因此，这种关系似乎类似于歌德在《渔夫》（Fisherman）中表达的：“他半被她拖着，半是自己沉没。”

长短不等，中间可能还有一些过渡状态。只有纯净的人类神经对上帝有用（或者说是在天堂有用），它们命中注定要被吸引到上帝那里去，最终作为“天堂前庭”（forecourts of heaven）在某种意义上
25 成为他的一部分。[6]道德沦丧者的神经是发黑的，道德纯洁者的神经是白色的；一个人有生之年的道德标准越高，他的神经就越接近纯白或者纯净，纯净也是上帝神经的固有属性。一个道德沦丧的人的大部分神经可能都是无用的，这将决定一个人可以获得的福乐的不同等级，可能也会决定自我意识在彼岸生命中可被保持的时长。神经多半总要先经过净化，因为很难找到一个完全无罪的人，即一个神经不曾被生前的不道德行为玷污的人。即使是我也无法确切地描述净化的过程，不过，我也得到了一些相关的宝贵暗示。净化过程似乎会被灵魂感受为一件不快的任务[7]，或是难受地在阴间逗留，这对他们的逐渐净化来说是必不可少的。

把这种净化称为“惩罚”也许有道理，但必须把它和人的惩罚观念区分开，因为它的意图不是造成伤害，而是提供净化所必需的先决条件。对于目前大多数宗教中都有的地狱、地狱之火等观念，
26 也可以做这样的解释，但一定需要有所保留。接受净化的灵魂会在净化过程中学会上帝本身使用的语言，也就是所谓的“基础语”（basic language），这是一种有点陈旧但富于力量的德语，它的一个鲜明特征是包含大量委婉语（比如用报偿来反指惩罚，用毒药指食物、汁液指毒液、不洁指圣洁，等等）。上帝本身被称作“至于他那存在且将在者”（concerning Him Who is and shall be）——意思是永恒——也被叫做“陛下顺从的仆人”（Your Majesty’s obedient servant）。净

6 “天堂前庭”的说法并不是我发明的，正如本文中其他括在引号里的说法（如“被草率捏造的人”“梦境生活”等），我只是复述了对我说话的声音经常用来称呼这些过程的词。我本人是怎么都不会想到这些表述的，我从没听别人说过它们；它们具有一定的科学性，尤其是医学性，我也不确定目前在相应的人类科学中会不会用到这些词。我还会在其他一些格外重要的地方提到这种非同寻常的状况。

7 比如，曾经有一个说法是弗莱希格的灵魂不得不干拉货车夫的活儿。

化被称为“检验”（testing），但是未经净化的灵魂并不像人们猜想的那样被称为“未经检验的灵魂”，而是相反，叫作“过验灵魂”（tested souls），这和使用委婉语的倾向一致。仍在经历净化的灵魂会被分成各个等级：“撒旦”（Satans）、“魔鬼”（Devils）、“助理魔鬼”（Assistant Devils）、“高级魔鬼”（Senior Devils）和“基础魔鬼”（Basic Devils），“基础魔鬼”似乎主要指的是阴间的居所。这各类“魔鬼”被设立为“草率捏造的人”时，会带有一种特殊的颜色（可能是胡萝卜红）和特别难闻的气味，我在科斯维希所谓的皮尔森疗养院（我听说它叫“魔鬼厨房”［Devil's Kitchen］）体验过好几次。比如我看到之前在东海岸度假胜地瓦尔内明德（Warnemünde）遇见过的冯 · W. 和冯 · O. 先生作为魔鬼出现，他们的手和脸通红，W. 先生还是个高级魔鬼。

我得知，加略人犹大曾因背叛耶稣基督而成为基础魔鬼。但我们不应该把这些魔鬼想象成基督教思想中与上帝势不两立的力量，因为尽管他们还在经历净化，但已经几乎无一例外地完全敬畏上帝了。至于上帝使用作为“基础语”的德语，不能把这个说法理解为仿佛只有德国人才能获得福乐。不过在现代（可能是自宗教改革以来，
甚至是自民族迁徙以来），日耳曼人是*上帝的选民*，上帝愿意用他 27
们的语言。在这个意义上，上帝在历史上选中的民族（作为某一时期内最有道德的民族）依次是古犹太人、古波斯人（他们尤其杰出，后文还会提到）、“希罗人”（可能是古希腊和罗马人，可能还有十字军东征时期的“法兰克人”），最后是日耳曼人。上帝通过接触各民族的人的神经，可以很容易地理解他们的语言。[8]

灵魂转世（transmigration of souls）似乎也是为了净化人类灵魂，一些经验使我相信这种现象很普遍。在转世过程中，这些人的灵魂

8　同样以这种方式，每个和我建立神经连附的灵魂都能理解我所理解的所有语言，因为他们参与了我的思想，比如当我阅读希腊文书籍，他们就能理解希腊文。

被召唤到其他星球上开始新的人类生活，他们估计会像人一样出生，可能还会保留一些前世的模糊记忆。对此我没有办法讲得更清楚了，也无法判断灵魂转世仅仅服务于净化目的，还是说另有其他目的（向其他星球移民？）。我从对我说话的声音及其他地方得知，很多人在来世被分配的地位比前世低得多，可能这是一种惩罚。

特别值得一提的是冯·W. 先生的情况，他的灵魂在很长一段时
间内深刻影响了我和上帝的关系，进而影响到我的个人命运，正如
28 弗莱希格的灵魂至今依然影响我。[9] 我在皮尔森疗养院（“魔鬼厨房”）
住院期间，冯·W. 在那里担任高级护工——不是作为真人，而是如我一向认为的，作为“被草率捏造的人”，即一个被神圣奇迹暂时赋予人形的灵魂。据说他已经通过灵魂转世作为“保险代理人马克思”在其他星球上开始了第二人生。

完成净化后完全洁净的灵魂将升到天堂，获得福乐。这种状态是由对上帝的沉思和与之相伴的、一刻不停的享乐构成的。人类无法忍受持久的闲散，因为人习惯于工作，正如谚语所说，只有工作让生活甜蜜。但人们必须记住灵魂和人类不同，因此不能根据人的标准衡量灵魂的感受。[10] 灵魂最大的幸福在于一边回忆它们的人类过
往，一边持续陶醉于欢乐中。他们可以交换回忆，并通过神圣光束——
29 可以说是为此目的借用神圣光束——了解那些仍然活在地球上的、

9　乍一看这似乎是矛盾的：我在这里和前面的脚注 1 中都提到了一些依然在世的人，又声称他们据说经历了灵魂转世。这其实对我来说也是一个谜，我只能在一定程度上给出解答，这是无法靠单纯的人类观念解决的。不过，有几个例子，尤其是冯·W. 的灵魂和弗莱希格的灵魂，对我来说是既定事实，因为多年来我一直能感受到这些灵魂对我身体的直接影响，我至今依然无时无刻不感受着弗莱希格的灵魂，或者可能是他灵魂的一部分。我在后面讲到所谓“人类把戏”的时候，将尝试对这些问题做出更详细的解释。在这里，只需指出灵魂有可能是可分割的，因此属于生者的某些思维神经（如前所述，它可以保持对其个人身份的全部知识，哪怕只是短暂地）可以在其身体之外扮演另一种角色。

10　比如说理查德·瓦格纳似乎对这类事情有些洞见，他让唐怀瑟在爱的狂喜中说道：“唉，你的爱压倒了我：持久的享乐只属于神，我作为凡人受制于变化。”我们在诗人那里可以发现许多这种近乎预言性的意象，这也证实了我的信念，即他们曾通过神经连附（尤其是在梦中）得到神启。

他们曾经关心的亲朋好友的情况，甚至可能帮助他们，让他们死后升入福乐。但灵魂本身的幸福不会因为得知他们的亲属在地球上的不幸状况而受到打搅。因为尽管灵魂能保留他们曾经作为人类的记忆，却不能较长时间地保持他们作为灵魂接收到的新印象。灵魂自然的遗忘倾向会很快抹去一切新的不利印象。福乐本身又根据这些神经在世时取得的保持力分成不同等级，可能也会根据值得升入天堂的神经的数量划分等级。

男性的福乐高于女性的福乐，后者似乎主要由持续不断的欲乐感构成。此外，像歌德、俾斯麦这样的人物的灵魂可能会保持自我意识（对自身身份的认识）长达数个世纪，而一个早夭儿童的灵魂也许只保持与其存活年数相应时长的自我意识。没有哪个人类灵魂可以永久地保留它曾作为这个或那个人的认识。毋宁说，一切灵魂的最终命运都是与其他灵魂融合，汇入更高的实体，只认识到自己是上帝的一部分（即“天堂前庭”）。这表明灵魂没有消亡——而是在这种意义上被赋予了永恒的存在——这是生命在另一种觉知下的延续。只有心胸狭隘的人才会认为相比于基督教中的个人不朽，
这样的福乐是有缺陷的。如果一个灵魂的子孙后代都早已在永恒中 30
安息，不计其数的世代也都进了坟墓，就连它曾经属于的民族都已经从现存民族的名册中被划去——这样的灵魂还记得它在人世曾用的名字、记得它早年的个人关系有什么意义呢？因此，当我还在弗莱希格的疗养院时，我就结识了一些光束——一些已经汇入更高实体、享受福乐的人类灵魂复合体——它们属于古犹太人（“耶和华光束”）、古波斯人（“琐罗亚斯德光束”）和古日耳曼人（“索尔和奥丁光束”），其中肯定没有哪一个单独的灵魂还知道它几千年前在这个或那个民族中曾用的名字。[11]

11　关于“天堂前庭”的这种说法或许暗示了事物的永恒循环，这正是世界秩序的基础。当上帝创造某物时，他会在某种意义上失去自己的一部分，或是给他的一部分神经赋予另一种形式。几百或几千年后，当神经离开那些生前曾受其他造物滋养的已故人类，并获得福乐、作为“天堂前庭”回到上帝中，这种表面的损失将得以复原。

上帝自身位于“天堂前庭”以上；他也被称为“后段上帝领域”（posterior realms of God），与那些“前段上帝领域”（anterior realms of God）相对照。后段上帝领域原本是（现在仍是）按一种奇特的方式划分，分为低阶上帝（阿里曼［Ariman］）和高阶上帝（奥姆兹德［Ormuzd］）。我对于这一区隔的更深层的含义就没有更深入的了解了[12]，我只知道低阶上帝（阿里曼）似乎原本是被黑发种族（闪米特人）吸引，高阶上帝原本被金发种族（雅利安人）吸引。重要的是，在许多民族的宗教观念中都能发现对这一区分的暗示。对应奥姆兹德的有日耳曼人的巴德尔（Balder）、斯拉夫人的贝勒伯格（Bielebog，白神）或斯维托维德（Swantewit）、希腊人的波塞冬、
31 罗马人的涅普顿；对应阿里曼的有日耳曼人的奥丁（Odin）、斯拉夫人的切尔诺伯格（Czernebog，黑神）、希腊人的宙斯、罗马人的朱庇特。我第一次从对我说话的声音那里听说低阶和高阶上帝分别是阿里曼和奥姆兹德，是在 1894 年 7 月初（可能是我住在目前这家疗养院的第一周末尾）；从那时起，我每天都会听到这些名字。[13]这个日期和之前与我接触的（可能是从 1894 年 3 月中旬起）前段上帝领域耗尽的时间一致。

上述关于上帝本质以及人类灵魂在死后继续存在的图景，在某些方面显然有别于基督教对这些问题的看法。在我看来，如果把两者加以对比，只会对前者更有利。上帝的全知全能并不在于他持续不断地看着每一个活人的内心、感知他神经里的每一种感觉，即一刻不停地“鉴查人心，试验人肺腑”。没有必要这样做，因为在人死后，人的神经连同它们生前接收的一切印象都会袒露在上帝的眼

12　除了以下关于“去男性化”的说法之外。

13　我相信古波斯人（当然，是在他们衰落之前）是非常杰出的“上帝选民”（也就是说这个民族的道德品质一定相当高尚）的其中一个主要原因是，与低阶和高阶上帝相应的波斯神明的名字被保留了下来。支持这一信念的另一个理由是，我曾经注意到“琐罗亚斯德光束”有不同寻常的力量。顺便一提，阿里曼这个名字也出现在拜伦勋爵与灵魂谋杀有关的《曼弗雷德》（*Manfred*）中。

前，以便他做出公正可靠的判断：它们是否值得被接收进天堂领域。而且无论如何只要有这种需要，上帝总是可以通过神经连附来了解人的内心。另一方面，我描绘的图景中不包含丝毫的严酷，没有那
种铭刻在某些基督教观念中的无目的的残暴（在其他宗教中，这种 32
残暴只会更强烈）。因此，整个世界秩序显现为一个“神奇的架构”（miraculous structure）[14]，在我看来，其崇高性超过了历史进程中不同的人和民族对他们与上帝的关系曾提出的一切设想。

14　这个表述也不是我的发明。我曾在思维中——或者说是在我接下来要讲到的神经语中——说过“神奇的组织”这个词，然后“神奇的架构”这个表述就立刻从外部向我提出了。

33 上帝领域的危机？灵魂谋杀

2

最近，这种“神奇的架构”被撕开了裂口，这与我的个人命运紧密相关。但即便是我，也无法用人类理解能彻底把握的方式呈现这一深刻的关联。我的个人经验只能允许我稍稍揭开这层面纱，其余只是直觉和推测。我想讲一讲这段发展历程——或许可以追溯到18世纪——最初的核心角色，一方面是围绕弗莱希格和施瑞伯这两个姓氏（多半不指代这两个家族的任何具体成员），另一方面是围绕灵魂谋杀（soul murder）这个概念展开的。

先从灵魂谋杀讲起：这一观念在各个民族的民间故事和诗歌中流传甚广，它指的是：可以通过某种方式占有另一个人的灵魂，以这个灵魂为代价延长自己的生命，或是获取其他的能超越死亡的好处。人们只要想想歌德的《浮士德》、拜伦勋爵的《曼弗雷德》、
34 韦伯的《魔弹射手》等作品就能明白。不过，实施灵魂谋杀的主要人物通常是魔鬼，他怂恿一个人类通过一滴血之类方式的把灵魂卖给他，以换取某些世俗好处；但是很难看出魔鬼要拿他捕获的灵魂做什么，人们只能设想，折磨一个灵魂本身就是最终目的，这可以给魔鬼带来特殊的乐趣。

尽管这个观念只能算是神话——因为按照前面的说法，作为与上帝敌对的力量的魔鬼根本不存在——但灵魂谋杀或灵魂窃取这一传说主题的广泛传播值得人们深思，这种观念不太可能在没有任何事实依据的情况下被这么多人构想出来。自从我开始与上帝接触（1894年3月中旬），对我说话的声音日复一日地强调说，上帝领

域爆发了一场危机，起因是有人实施了灵魂谋杀；起初，弗莱希格被指认为灵魂谋杀的始作俑者，但最近又有一种颠倒事实的企图，要把我本人“展现”（represented）为实施灵魂谋杀的人。于是我得出结论：在弗莱希格和施瑞伯家族的某代人当中，一度发生过相当于是灵魂谋杀的事情，同样地，随着情况进一步发展，当我的神经疾病看似已经无可救药时，我开始相信某人曾试图对我进行灵魂谋杀，不过没能成功。

俗话说，L'appetit vient en mangeant（胃口是吃出来的）：因此在第一次灵魂谋杀发生后，很可能又有更多次灵魂谋杀降临到其他人的灵魂上。对于人类是否对第一次灵魂谋杀负有道德责任这件事，我持开放态度；这件事在很大程度上依然是神秘的。它最初可能始于已经过世的灵魂之间的嫉妒引发的斗争。据说，弗莱希格和施瑞伯这两个家族都属于“天堂最高贵族”之列，施瑞伯家族还有 35
一个特殊的头衔是“托斯卡纳和塔斯马尼亚侯爵”（Margraves of Tuscany and Tasmania），这个称呼符合灵魂出于某种个人虚荣心用高调的世俗头衔装点自己的习惯。这两个家族中有几个名字与此相关：在弗莱希格那边，尤其有亚伯拉罕·弗希特戈特·弗莱希格（Abraham Fürchtegott Flechsig）、保罗·西奥多·弗莱希格教授（Paul Theodor Flechsig）和某个丹尼尔·弗希特戈特·弗莱希格（Daniel Fürchtegott Flechsig）[*]；最后一位生活在18世纪末，据说曾因一些灵魂谋杀性质的事情而成为“助理魔鬼”。不管怎样，我可以肯定我曾经与保罗·西奥多·弗莱希格教授、丹尼尔·弗希特戈特·弗莱希格有过一段时间的神经连附（可能也和作为灵魂的前者接触过？），而且他们的部分灵魂还在我身体内。丹尼尔·弗

* 这几个名字都是施瑞伯自己的名字（Daniel Paul Schreber）和弗莱希格的姓名（Paul Flechsig）的重组，结合一些宗教元素：亚伯拉罕（Abraham）是甘愿将独子献给上帝的以色列人的祖先，“Theodor”意思是“上帝的礼物”，“Fürchtegott”意思是“敬畏上帝的”。——译者注

希特戈特·弗莱希格的灵魂几年前就消失了（消散了），保罗·西奥多·弗莱希格教授的灵魂（也就是说，一些原本具有保罗·西奥多·弗莱希格教授的身份意识的神经，但这种意识在此期间已经减弱了很多）至少还有一部分仍作为“过验灵魂”存在于天堂。我对弗莱希格家谱的了解全都来自与我交谈的声音，因此，如果能确定在现在这个弗莱希格教授的祖先中，是否真的有过一个丹尼尔·弗希特戈特·弗莱希格和亚伯拉罕·弗希特戈特·弗莱希格，将是很有意思的一件事。

我假设弗莱希格家族的一个人——持有这个姓氏的某人——曾经成功地滥用了出于神启或是别的目的授予他的神经连附，以维持他对神圣光束的掌控。这当然只是个假说，但就像在科研领域，人们只能遵循假说，直到发现对研究对象更合适的解释。与神圣神经的连附很有可能被赋予一个专门研究神经疾病的人，因为这种人的
36 智力可能很高，且上帝必定对关于人类神经的种种事情格外感兴趣——他本能地知道，人类神经质（nervousness）的加剧可能会危及他的领域。因此，疗养院在基础语中被称为“上帝的神经机构”（God's Nerve-Institutes）。如果说前面提到的丹尼尔·弗希特戈特·弗莱希格是第一个因为滥用神圣神经连附而冒犯世界秩序的人，那么这一点和我从声音那里听到的说法——他被称作乡村牧师——也并不矛盾，因为丹尼尔·弗希特戈特·弗莱希格大致生活在腓特烈大帝执政的 18 世纪[15]，那时还没有为精神失常者设立公共疗养院。

因此，我们要想象有这样一个从事神经疾病工作的人——可能同时还有其他职业——相信他有一次在梦中看到了神奇的异象、经历了神奇的事情，他出于普通人的好奇心或是热切的科学兴趣，迫

15　我做出这样的推断，是因为在我后来与丹尼尔·弗希特戈特·弗莱希格的神经连附中，出现过一段关于腓特烈大帝的对话；他还记得腓特烈大帝，因为他可能是那个时代最重要的人物。同时，他对铁路一无所知，当我在神经连附维持的对话中，试图让一个已故的灵魂了解什么是铁路、了解这一发明给人类通信带来的巨变，是一件很有趣的事。

切渴望进一步探查下去。他不一定从一开始就知道自己正与上帝进
行直接或间接的接触。他可能会试着在之后的夜里重新唤回梦中的
这些异象，发现它们确实一模一样，或者稍有不同地在梦中重现了，
而且补充了之前的信息。于是自然而然地，他的兴趣更浓了，尤其 37
是他可能还了解到这些交流来自他自己的祖先，他们最近被施瑞伯
家族的成员以某种方式超越了。于是他可能试图通过思想阅读——
就像库伯兰（Cumberland）[*]那样——用自己的意志力影响他同时代
人的神经，而且可能注意到这在一定程度上能行得通。他可能试图
阻止直接或间接地与他建立起神经连附的神圣光束与他断连，或是
让它们依附于某些条件从而无法拒绝他；因为灵魂和活人相比有天
然的弱势，且无论如何，人们起初认为神圣光束与单独一个人保持
永久神经连附是不可能的。我们可以想象以这种方式，这个人可能
与前段上帝领域的某些成分之间建立了某种共谋，旨在损害施瑞伯
家族：可能是让他们没有后代，或是让他们无法从事与上帝密切接
触的职业，比如神经学专家。由于前面讲到的上帝领域的构成以及
上帝（有限的）的遍在性，这样的事件不一定会立刻被后段上帝领
域得知。密谋者——如果沿用这个称呼——可能用一种办法缓解了
潜在的顾虑：趁着施瑞伯家族成员无防备的时刻（每个人生活中都
会有这样的片刻）对他们进行神经连附，以便让上帝领域内更高一
层的权威相信，为了避免上帝领域的存在本身遭受威胁，一个施瑞 38
伯灵魂是无足轻重的。[16]这样一来，人们或许可以认为，一种受野心
和权力欲驱使的企图——它可能导致灵魂谋杀（假如存在这种东西），
即把一个灵魂让给另一个人，以便实现延长世俗生命、利用前者的
心智能力使后者免受伤害之类的好处——并没有从一开始就被果断

* 据说库伯兰（Stuart Cumberland）可以通过握住对方的手、感知肌肉的运动的方式来“阅读思想”。——译者注

16 因此，我在弗莱希格的疗养院住院期间不止一次从对我说话的声音那里听到“只不过是个施瑞伯的灵魂”这样的说法。我有理由认为，与我的神经连附会故意在我可能表现出道德瑕疵时开展；不过在这里详细说明会离题太远。

禁止。另一方面，人们[*]可能低估了这种做法可能造成的危险，它甚至可能危及上帝领域。人们感到自己的力量如此巨大，因此不曾料到单独一个人类有可能威胁到上帝本身。事实上，在我了解并亲历了上帝的奇迹力量之后，我毫不怀疑，只要情况始终与世界秩序相符，上帝本来随时都可以派下致命的疾病或者闪电，除掉这个让他为难的人。

可能之前人们觉得，没有必要立刻对实施了所谓灵魂谋杀的人采取最严厉的举措，因为他的不当行径起初只限于滥用神圣神经连附，离灵魂谋杀似乎还差得很远，而且以这个人的品行，似乎不太可能做出如此极端的事。除了这些暗示以外，我也无法更详细地讲述灵魂谋杀的基本性质，或者说它的技术手段。我们也许只能补充说（以下段落不适宜出版[**]）。我确信这个人，无论
39 是现在的弗莱希格教授，还是他祖上的某个被斥为“灵魂谋杀”始作俑者的人，一定已经对我现在得知的超自然事物有一些了解，但他肯定没有深入理解上帝和世界秩序。倘若一个已经深刻信仰上帝、而且确信他无论如何都将获得与其神经的纯洁度相匹配的福乐的人，却还想要侵犯别人的灵魂，是不可思议的。而且哪怕在我们现有的宗教的意义上，也不可能称这种人为“有信仰的”。我不知道现在这位弗莱希格教授对宗教事务的态度如何。如果他是或曾是一个怀疑者，就像今天的很多人那样，他也不该被指责，尤其是不该被我指责——我必须坦白，在受到神圣启示的教导之前，我也属于怀疑者的行列。

认真阅读上述内容的人可能会不自觉地认为，假如一个人类的

---

* “人们”在德语（Man）和英语（One）中都是不定代词。在施瑞伯讲到上帝、神经、光束、声音的行为和想法时经常以“One”为主语。似乎表明一种想法或者效果被明确接收到了，但它的发出者是不确定的。中文暂译为“人们”，尽管它显然不是“人类”。——译者注

** 本书中显示删减或不宜出版的全部内容（包括其中的注释）在德语原版与英译版本中均已被删减。——编者注

行为能以某种方式威胁到上帝，或者上帝本身（哪怕是他较低的层
级）[19]会被煽动着加入有害于无辜者的阴谋，那么上帝一定曾处在岌
岌可危的位置上，甚至直到现在依然如此。这样的反对意见并非毫 40
无道理，但我必须补充说，我本人对上帝以及世界秩序之恢宏崇高
的信念不曾动摇。上帝本身不是且向来不是大多数宗教归于他的那
种绝对完美的存在。吸引力，这种对我来说也深不可测的法则，会
让光束或神经彼此吸引，这对上帝领域来说也暗藏着危险的内核；
也许这就是有关诸神的黄昏的日耳曼传说的基础。人类与日俱增的
神经质可能会大大加剧这种危险。正如前面讲到的，上帝只能从外
部看到活人；一般来说，他的遍在与全知不会延伸至活人的内部。
就连上帝的永恒之爱也只针对受造物整体。一旦他与个人或民族发
生利益冲突（比如索多玛和蛾摩拉！），甚至与全球的人产生冲突
（由于神经质的加剧或不道德行为的增加），上帝必然会像其他生
命体那样，被激起自保本能。归根结底这还是完美地实现了目的，
尽管人类可以想象一种更理想的状况。[20]目的无疑还是实现了：上帝
实现了创造的永恒喜悦，人类实现了尘世生活的喜悦以及死后至高 41
的幸福、福乐。很难设想上帝会阻止某人享有福乐，因为“天堂前庭”
的每一次扩充也都会增强他自身的力量，以及他抵御接近人类的风
险的能力。只要人的举止符合世界秩序，上帝与人类个体之间就不

19 “层级”（instances）和前面的“等级”（hierarchy）都是我自己的说法，在我看来，这种说法比较准确地讲出了上帝领域的构造。在我还和前段上帝领域（天堂前庭）有接触的时候（1894年3月至7月初），每个“光束领袖”（leader of rays）（我曾听到“前列领袖”［anterior column leaders］这个说法）都会表现得好像他就是“上帝的全能”。他知道他背后有更高的存在，但不知道这些更高者是谁、有多高。当后段上帝领域（阿里曼和奥姆兹德）直接露面（1894年7月初），其耀眼夺目的光芒让冯·W. 和弗莱希格的灵魂（当时它们还是“过验灵魂”）也不禁被打动，甚至暂时停止了他们对上帝全能的习惯性嘲讽。我在后面将会解释为什么这些光芒现象没有在我身边持续发生。有一天晚上我看到了阿里曼，不是在梦里，而是在清醒时；还有一次我连续数日都在花园里看到奥姆兹德。当时只有护工 M. 和我在一起，我不得不假设当时的 M. 不是真人，而是被草率捏造的人，不然他一定会被他所见的光芒现象震撼（几乎占据了整个天空的 1/6 到 1/8），并以某种方式表达出惊奇。

20 没有人会否认人类的机体是最完美的。但许多人也都想过，假如人能像鸟一样飞翔该多好。

会出现利益冲突。在我这里，所谓的灵魂谋杀还是引发了利益冲突，这只能是事件的奇妙串联导致的[21]，多半是前所未有的状况，我也希望它永远不再发生。即便在这般不同寻常的情况下，世界秩序也有它修复损伤的弥补方式，它的弥补是永恒。虽然之前（约两年前）我认为我必须假定、根据自己的经历不得不假定，假如上帝永远和我一个人绑定在一起，那么地球上的一切造物都必将灭亡，只留下我周围的一些奇迹把戏；但最近我有理由大幅修改这一看法。

有些人会对此很不满意；可以说，我自己也经历过残酷的阶段，忍受了痛苦的折磨。另一方面，这六年来上帝的神经持续不断地涌入我的身体，导致了从前积累的福乐丧失殆尽，目前还无法恢复。可以说，全人类的福乐都中止了，所有已死或将死之人都暂时无法获得福乐。对上帝的神经来说，进入我的身体也是不愉快且不情愿的，
42 这一点体现于我每天从天空中听到的、来自与神经总体分离的部分神经的持续不断的呼救声。然而，只要永恒存在，所有这些损失都可以复原，尽管完全恢复从前的状态可能要花数千年时间。

21　详见后文。

3

前两章的内容是对下面内容的必要铺垫。接下来我将尽可能地证实前面只能作为公理部分地交代的内容。

我将首先讨论一些和我的其他家庭成员有关的事件，这些事件可能在某种程度上与假定的灵魂谋杀有关；它们多多少少有些神秘，很难用日常的人类经验解释。

（本章的其余内容因不适宜发表而省略。）

44 第一次以及第二次神经疾病初期的个人经历

4

现在我要讲述我两次患神经疾病期间的个人命运。我经历过两次神经疾病，每次都是精神过度劳累引发的。第一次（任开姆尼茨地区法院主席期间）是由于我参加议会的竞选*，第二次是由于刚上任德累斯顿上诉法院参议院主席后工作负担过重。

第一次发病是从1884年秋天开始的，直到1885年底彻底痊愈，之后我恢复了在莱比锡地区法院主席的工作，我是在1886年1月1日被调到这里的。第二次神经疾病开始于1893年10月，至今仍在持续。这两次生病期间我主要是在莱比锡大学精神病诊所度过的，由弗莱希格教授负责，第一次是从1884年12月初到1885年6月初，
45 第二次是从1893年11月中旬到1894年6月中旬左右。这两次我刚住进医院的时候，对于施瑞伯家族和弗莱希格家族的敌对关系都一无所知，对于我在前面几章谈到的超自然事物也毫不知晓。

我第一次生病期间没有发生任何与超自然沾边的事情，而且在此期间，我对弗莱希格教授的治疗方法的总体印象是很好的。他或许也犯过一些错误：即使在患病期间，我也一向认为，尽管神经专家在和某些精神病人相处时可能很难完全避免善意的谎言，但他必须对这种做法极为谨慎，况且善意的谎言用在我这里是不合适的；因为他一定很快便会意识到，他面对的是一个非常聪明、有着非比寻常的热切理解力和敏锐洞察力的人。但是当弗莱希格教授想把我

* 1884年施瑞伯竞选议员失败。——译者注

的病因完全归结为溴化钾中毒（这件事要归咎于之前照顾我的 S. 医院的 R. 医生），我只能认为这是一个善意的谎言。我相信，对于我的某些疑病观念，尤其是关于体重减轻的担忧，只要允许我亲自操作几次为病人称重的体重秤，本来是可以更快地消除的；我不熟悉当时莱比锡大学诊所用的那种秤的结构。不过，这些都是我不太在意的小问题；期望一个容纳数百名病人的大型疗养院院长对某一个病人的精神状态如此细心，可能是不切实际的。最重要的是（经过相当长的一段休养后）我最终痊愈了，因此我那时对弗莱希格教授只是满怀感激；后来我又带了一笔在我看来足够的酬金前去拜访他，专程表示感谢。我的妻子对弗莱希格教授怀有更真诚的感恩之情， 46
她崇拜这个让她的丈夫重新回到她身边的人，因此多年来她都把他的照片摆在桌上。

从第一段疾病中康复后，我和妻子度过了总体上相当幸福的八年，也收获了不少外在的荣誉，只是时不时地因为我们想要孩子的期盼一再落空而感到挫败。1893 年 6 月，我得知（一开始是司法部长舒里格博士亲自通知我的）我即将被任命为德累斯顿高级法院的参议主席。

这段时间我做了几个梦，当时我没有赋予它们什么特殊含义，即使现在，若不是我这段时间的经历让我想到它们至少有可能和神圣神经与我的连附有关，我还是会如谚语“梦不过是幻影”说的那样，对它们不屑一顾。当时我好几次梦见我之前的神经疾病卷土重来；我在梦中自然是十分痛苦，醒来之后庆幸于它只是个梦。还有一天早上，在我还躺在床上的时候（记不清是半睡半醒还是已经醒了），我产生了一个感觉，完全清醒后再想起来觉得特别奇怪；这个想法是：如果能作为女人接受性交，一定非常美妙。这种想法和我的整个性情如此格格不入，假如我当时完全清醒，一定会愤慨地把它赶走。从我后来的经历来看，我不能排除可能有某些外部影响在起作用，将这种想法植入了我。

1893年10月1日，我开始担任德累斯顿高级法院参议主席。我已经说过我在这个职位上感受到了沉重的工作负担。此外，我既是出于野心，也是为了部门的利益，想要首先努力凭借无可挑剔的工
47 作效率来赢得我的同事和法庭的其他人（比如出庭律师）必不可少的尊重。这项任务是最艰巨的，在个人交往上也需要更加圆通，因为必须由我主持的小组的成员（五名法官）几乎都比我年长很多，有的甚至大我二十岁，对于法院的程序也远比我更熟悉，而我只是个新人。这样一来，几个星期之后我在精神上就已经精疲力竭。就在我刚刚开始感到自己在应对新工作和新住所的困难上终于有些把控的时候，我开始失眠，并且开始服用溴化钠。我几乎没有机会参加社交消遣——仅有一次受邀参加晚宴，那天我的睡眠好了很多，因此社交的好处是显而易见的，但我们在德累斯顿几乎谁也不认识。第一段相当糟糕、几乎夜夜无眠的阶段出现在10月末或者11月初。之后就发生了一件非常奇怪的事。在我失眠的那几天晚上，我们卧室的墙壁里反复传出咔嚓咔嚓的噪音，每次出现的时间间隔有长有短，一次次在我即将入睡时把我吵醒。我们很自然地想到可能是老鼠，但有老鼠钻进一栋如此牢固的房子的二楼是很不寻常的。从那以后，我又无数次听到类似的声音，直到现在依然每天不论昼夜地在我周围听到它，我现在已经意识到它们一定是神迹——对我说话的声音称之为“干扰”（interferences）——虽然我不能完全确定，但我至少怀疑当时的声音已经属于这种奇迹了；换句话说，从一开始就存在一种或多或少明确的意图，先是想阻止我睡觉，后来又阻止我
48 从失眠导致的疾病中康复，此意图在目前阶段还无法进一步说明。[22]

我的疾病开始呈现出更险恶的特征；11月8日或者9日，我咨

22 我必须补充说，这相当于是一种推到极致的“不确定意图”（dolus indeterminatus）——如果可以借用一个法律术语——这是我在此期间了解到的灵魂的一种特性：一旦进一步的反思表明某人确实配得上更好的命运，意图就常常会立刻改变，并伴随着心态和情绪的转变。

询的 Ö. 医生已经让我休了一个星期的病假，我们打算利用这个假期去咨询弗莱希格教授，在他成功治好我的第一次疾病之后，我们就对他充满信任。因为那天是星期天，弗莱希格教授不在，我们（我和妻子）在途径开姆尼茨的周日晚上在我姐夫那里过夜。当晚我接受了吗啡注射，并且第一次在夜间服用了水合氯醛——可能一开始不够留意，没有用对计量；前一天晚上，我的心悸又变得和第一次患病时一样严重了，就连走上一个相对平缓的坡也会引起焦虑发作。在开姆尼茨的那天晚上我也过得非常糟糕。第二天（星期一）一早，我们来到莱比锡，从巴伐利亚车站搭出租马车直奔莱比锡大学诊所找弗莱希格教授，我们提前一天已经发电报通知了他。我们做了一番长长的会谈，我不得不说，弗莱希格教授杰出的口才给我留下了深刻印象。他讲到在我第一次患病之后精神病学取得的进展，新发明的安眠药，等等；他给了我一种希望：饱饱睡足一觉就能让我摆脱所有的病痛，如果可能的话，我应该下午三点就开始睡，一直睡到第二天。

因此我的情绪稳定了下来，也可能是呼吸着清晨新鲜的空气旅
行了几个小时的缘故，而且这个时间点（早上）可能也会强化我的 49
神经。我们立刻去药店取了处方中的安眠药，然后和我母亲一起在她家吃了一顿饭，接下来的几个小时我过得还可以，去散了会儿步，做了些别的事情。我自然是没有三点钟就上床（在我母亲家），而是（可能是根据我妻子收到的一些秘密指示）推迟到了九点。临睡前，更严重的症状再次出现，不幸的是因为通风过久，床铺很冷，我浑身一阵激烈的哆嗦，服下安眠药时已经处在极为亢奋的状态。因此安眠药几乎完全失效，一个多小时后，我妻子又给我服了手边预备的水合氯醛。尽管如此，我还是几乎彻夜未眠，其间有一次甚至在焦虑中下床，准备用毛巾之类的东西自杀；这惊醒了我的妻子，她阻止了我。第二天早上，我的神经精疲力竭，全部的血液从四肢

涌向心脏，我的心情也极度阴郁，因此一大早就被叫来的弗莱希格教授建议我住进他的疗养院，我立刻在他的陪同下乘出租马车去了。

洗过温水澡后，我立刻被送到了床上，接下来的四五天都没有离开床。一个叫 R……的人被派来做我的护工。在接下来的几天内，我的病情发展很快；晚上大部分时间都睡不着觉，为了避免一上来就永久服用水合氯醛，他们先给我尝试了较弱的安眠药（樟脑等），全部无效。我没法用别的事情填充时间，也见不到任何家庭成员。那些日子我是在无尽的忧郁中渡过的，头脑几乎完全被死亡的念头
50 占据。现在回想起来，我觉得弗莱希格教授对我的治疗方案就是要尽可能加剧我的神经抑郁，以便通过情绪的突然扭转一下子把我治好。至少，这是我对接下来发生的事情的唯一解释方式，不然我只能将之归结为恶意。[23]

大概是在我入住疗养院后的第四天或者第五天晚上，半夜我被两个护工从床上拉起来，送进一个专供痴呆者（躁狂病人）睡觉的病房。我那时已经处在极度兴奋的状况，可以说是一种亢奋的神志不清，对这件事自然是感到极度恐惧，我不知道为什么要这样做。沿途会经过台球室；在台球室里，由于我不知道别人想对我做什么，我认为我必须反抗，于是只穿着一件衬衫的我和两个护工打了起来，在冲突中，我死死抓住台球桌，但最后还是被制服并被转移到了前面说到的病房。在那儿我只能听天由命；我在这间只有铁床架和一些被褥的病房里无眠地度过了后半夜。我认为自己已经彻底迷失，那个晚上，我试图用床单把自己吊死在床架上，但当然失败了。我满脑子只有这样一个想法：一个没有任何医术能帮他睡着觉的人类
已经无可救药，只能结束自己的生命。我知道疗养院里是不允许人 51

23　我必须讲到，在我们后来的一次谈话中，弗莱希格教授否认了台球室里发生的整件事和与之相关的一切，他试图声明这只是我想象的臆造——顺带一提，这也是让我后来对他有些不信任的原因之一。这件事确实发生了，不是我的错觉，这一点可以肯定；因为不可否认的是第二天一早我就身处软垫病房中，陶舍尔医生（Täuscher）还去那里看过我。

自杀的，但我抱有这样一种妄念：一旦所有治疗方式都用尽，病人就会被释放出院——放他出去只是为了让他在自己家或者别的什么地方结束生命。

因此，当第二天早上仍然有医生过来看我的时候，我感到非常惊讶。弗莱希格教授的助理医师陶舍尔出现了，他告诉我他们完全没打算放弃治疗；这件事，加上他试图让我打起精神的方式——不得不说，我也欣赏他在那种场合下对我说话的巧妙方式——让我的情绪好转了很多。我被领回我之前的房间，度过了我在弗莱希格疗养院（第二次住院期间）最好的一天，这是我唯一被快活的希望鼓舞的一天。就连护工 R. 也在整个护理工作中表现得得体而有技巧，因此事后回顾时我有时会问自己，他是不是（像陶舍尔医生那样）收到了更高的启示。早上我甚至还和他打了台球，下午洗了个热水澡，一直到晚上都保持着好心情。他们想看我能不能在没有安眠药的情况下入睡。我上床时的确相对平静，但睡不着。过了几个小时，我无法继续保持平静了，涌向我心脏的血液再次引起了焦虑发作。护工换岗后——一个护工一直坐在我床边，半夜会换成另一个护工——终于给了我一些能让我入睡的东西，是叫“Nekrin”或者其他名字的药。我一定是睡着了一小会儿，但这没能强化我的神经，反而让我第二天早上再次筋疲力尽，我的状态糟糕得把早餐都吐出来了。刚醒来时，
我觉得我在护工 R. 脸上看到了完全扭曲的形象，这给我留下了尤其 52
可怕的印象。

从那以后，我每晚都服用水合氯醛，接下来的几周至少从表面上看平静了些，因为我通常都能睡着一段时间。我的妻子定期来探望我，圣诞节前的最后两周，我每天都会在我母亲家待一段时间。但我的神经过度兴奋的情况仍然存在，不仅没有好转，反而加重了。圣诞节后的几个星期，我每天都会和妻子及护工一起坐马车兜风。但我太虚弱了，下了马车（在罗森塔尔［Rosenthal］或是尚本霍尔

兹［Scheibenholz］）每走几百步的距离都有风险，每当我决定要不要继续走下去的时候，都会心怀焦虑。在其他方面，我的整个神经系统处于一种完全懈怠的状态。我几乎无法从事任何智力工作，比如读报纸。甚至那些基本上机械的消遣活动，如拼图和玩单人纸牌，也会让我的神经太过紧张，通常玩一小会儿就得停下来。甚至在傍晚和护工 R. 下上几盘跳棋对我来说也很困难。那段时间，我的吃喝基本都还好，还保持着每天抽几支雪茄的习惯。每当人们想让我再尝试用较弱的安眠药替代水合氯醛——虽说它能暂时强化神经，长时间使用却对神经有害——我的神经就会随着焦虑状态的重现而变得更加懈怠。我的求生意志完全破灭了；我看不到未来，只看到死路一条，也许最后只能以自杀了结；当我的妻子为了让我打起精神而一次次提起未来的计划时，我也只能不信服地摇头。

大概从 1894 年 2 月 15 日起，我的神经状态进一步衰退，生活也步入了一个重要的篇章，当时，原本每天都花几个小时和我在一起、
53 还陪我在疗养院吃饭的妻子感觉急需给自己放个假，于是就安排了四天的旅行去柏林看望她的父亲。这四天间，我的病情急剧恶化，她回来之后我只再见了她一次，就不想再让妻子看到我陷入如此低迷的状态了。从那以后我的妻子就不再来看望我了；很久之后，当我再次从我对面房间的窗户里看到她时，我周围的环境和我本人已经发生了相当大的变化，我已不再相信自己从她身上看到的是一个活人，而是一个像“被草率捏造的人”那样被奇迹制造出的人形。对我的精神崩溃至关重要的是，有一天晚上，我在一夜间出现了格外多次的梦遗（可能有六次）。

从那以后，与超自然力量沟通的最初迹象就显现了，尤其是弗莱希格教授和我保持的神经连附，让他可以在本人不在场的情况下对我的神经说话。从那时起我也产生一个印象，即弗莱希格教授对我有秘密的盘算；一件事似乎确认了这一点：有一次我私下去找他，

问他是否真的相信我还能被治好的时候，他尽管表达一些希望，却不再能——至少在我看来——直视我的眼睛了。

接下来，我必须讨论我常常提到的、从那时起就不断对我说话的内部声音的性质，以及在我看来世界秩序的固有倾向——按照这种倾向，一个人（“灵视者”）一旦进入与神圣神经（光束）不可解除的接触，就必须被“去男性化”（变成女人）。下一章将专门阐述这些情况，尽管这是极为困难的。

54 续；神经语（内部声音）；强制思考；
在某些情况下，世界秩序假定了去男性化

5

除了普通的人类语言之外，还存在一种*神经语*（nerve-language），健康的人通常意识不到它。在我看来可以这样理解神经语：它就像人试图在记忆中按特定顺序铭记某些词语的过程，比如小孩背下一首他需要在学校背诵的诗、牧师背下他要在教堂讲道的内容。这些词语被*无声地重复*（就像布道坛上召集会众做的*默祷*那样），也就是说，一个人让他的神经随着相应的词语发生振动，真正的语言器官（嘴唇、舌头、牙齿等等）则要么完全不动，要么只是偶然运动一下。

通常在正常的（与世界秩序相符的）情况下，*神经语*的使用只取决于神经所属的那个人的意志；没有任何人能迫使另一个人使用
55 这种神经语。[25] 而在我这里，自从我的神经疾病出现了前面提到的关
键转折，我的神经就开始被*从外部*引发持续不断、毫无喘息的运动。

有能力以这种方式影响人类神经的首先是神圣光束；上帝可借此给睡着的人灌注梦境。我本人首次感受到这种影响力是从弗莱希格教授那里。对此我能想到的唯一可能的解释是，弗莱希格教授以某种方式知道如何将神圣光束挪为己用；后来，不仅是弗莱希格教授的神经，神圣光束也开始直接与我进行神经连附。多年来，这种影响的表现形式越来越与世界秩序相悖，也违背了一个人主宰他自己的神经这一自然权利，而且我或许可以说，这些影响变得愈加诡异了。

25　催眠可能是个例外，但作为精神病学的外行人，我懂得太少，没有资格对此发表意见。

早些时候，这种影响表现为强制思考（compulsive thinking）——这个说法是我从内部声音本身那里接收到的，其他人不太可能知道这个说法，因为这整个现象超出了全部人类经验范围。强制思考的本质在于，一个人必须不停思考；换句话说，人通过偶尔什么也不想（尤其是像睡眠时那样）来让他心智的神经获得必要休息的自然权利，在我这里从一开始就被和我接触的光束剥夺了；这些光束不断地想知道我在想什么。比如我被这样问道：“你现在又在想什么？”（Woran denken Sie denn jetzt?）；由于这个问题本身完全没有意义——一个人完全可以在某些时刻什么都不想，也可以同时想着无数件事 56
情，且由于我的神经没有回应这个荒谬的问题，人们很快便不得不诉诸于一种伪造思想（falsifying my thoughts）的系统。比如，上述问题会被自动回答为：“人应当对世界秩序”（An die Weltordnung sollte derjenige）（补上：思考）[26]；也就是说，光束会迫使我的神经发生与这些词语的使用相应的振动。随着时间的推移，与我进行神经连附的点越来越多：除弗莱希格教授以外——至少在一段时间内，他是唯一一个我明确知道还活着的人——主要都是过世的灵魂，它们也逐渐开始对我感兴趣。

在这里，我可以罗列出成百上千个名字，直到我后来通过报纸和信件与外界恢复了一些联系之后，我才知道其中有许多人仍然在世；而之前当他们作为灵魂与我进行神经连附时，我只能认为他们早已去世。这些名字的持有者当中，许多人都对宗教很感兴趣，有

26 “思考”这个词在上述回答中被省略了，这是因为灵魂彼此交流时习惯于——甚至早在违背世界秩序的情况出现之前——用语法不完整的方式表达想法；也就是说，它们会省略对表达含义不关键的字。这种习惯逐渐退变为对我的恶劣折磨，因为人心智的神经（按基础语说，这是人之“根基”）会不断地在这些中断的句子的刺激下，自动寻找缺失的字以补全含义。比如其中一个例子是多年来我每天无数次听到一个问题：“你为什么不说？”（Warum sagen Sie's?），必须加上“出声来”（nicht laut?）。（译按：德语原文中补上的后半句是“不说出”，但在中文和英文的语序里，否定词无法放在句末。）这几个字，才能补全被省略的含义，然后光束又会自己回答这个问题，仿佛这是来自我的回答：“因为我蠢吧。”（Weil ich dumm bin so etwa）多年来，我的神经不得不没完没了地忍受这完全没有意义的话乏味地重复（仿佛它来自我的神经）。我之后会进一步讲到为什么选用这些表达以及它们意在产生怎样的效果。

57 不少是天主教徒，他们期待着我即将做出的某些举动能让天主教进
一步稳固，尤其是让萨克森和莱比锡天主教化；其中有莱比锡的牧
师 S. 、“莱比锡 14 天主教徒”（其中我只听说了会长 D. 的名字，估
计这是一个天主教俱乐部或者俱乐部的董事会）。还有德累斯顿的
耶稣会神父 S. 、布拉格教区总主教、大教堂主任牧师穆方（Moufang）、
红衣主教兰波拉（Rampolla）、加林贝蒂（Galimberti）和卡萨蒂
（Casati）、率领一束奇特的“灼热光束”的教皇本人，还有不计其
数的修士和修女；有一次，240 名本笃会修士在一个名字听起来像斯
塔凯维奇（Starkiewicz）的神父的带领下，突然进入我的头并在里面
消失了。至于另外一些灵魂，它们的宗教旨趣里也混杂了民族主义
动机；其中有一位维也纳的神经专家，他的名字恰好和前面那位本
笃会神父一样，是一个受了洗的犹太人和亲斯拉夫派，想要通过我
让德国成为一个斯拉夫国家，并在此确立犹太教的统治；他作为神
经学家的能力似乎让他可以在上帝的某个辖域（主要是奥地利的斯
拉夫地区）执行上帝的意旨，就像弗莱希格教授在德国、英国和美
国（主要说德语的那些州）所做的那样；因此，在他和弗莱希格教
授之间曾经爆发过一场由嫉妒引发的主导权竞争。还有一个群体主
要由莱比锡的萨克森学生军团（Corps）的前任成员组成，弗莱希格
教授是该学生军团的酒友[27]，我认为这些成员是在他的帮助下获得了
福乐；其中有德累斯顿的律师 G. S. 博士、莱比锡的医学博士 S. 、高
58 级地区法官 G. ，还有很多更年轻的成员，他们后来被称为“悬挂在
仙后座下的”（those suspended under Cassiopeia）。还有不少学生
同盟成员曾升任要职，占领了木星、土星和天王星；其中最显赫一
位的是普鲁士众议院副主席 A. K. 律师（顺带一提，我不曾认识他本
人）、大学系主任 W. 教授，还有莱比锡的 H. 律师。这些人以及前

27　这一点我以前也不知道，是从通过神经连附与我交谈的声音那里得知的。因此如果能查明这一关于弗莱希格教授早年生活的次要细节是否正确，会是一件很有意思的事。

面提到的萨克森学生军团成员都把我头脑里发生的整个事件仅仅当作是学生军团和学生同盟之间的旧怨的延续[*]。还有即将在天狼星上担任领导职务的维希特（Wächter）博士、即将领导昴宿星团的霍夫曼（Hoffmann）博士——因此他已经去世了很久，似乎已获得更高等的福乐。这两人生前都认识我，估计是因此对我产生了一定的兴趣。

最后我还想列举我的一些亲戚（除了前面已经提过的父亲、兄弟、母亲、妻子和岳父）、我年轻时的朋友恩斯特·K.（死于1864年），还有一个作为“小人”（后面将解释这个词的含义）出现在我头上、可以说是在我头上走动的王子。

所有这些灵魂都作为“声音”在大致同一时间对我说话，却不知道其他灵魂的在场。人们如果能意识到这一切不只是我幻想的病态产物，便能体会它们在我的头脑中造成了怎样可怕的混乱。的确，当时那些灵魂还有它们自己的思想，可以向我提供我极为关心的信息，而且还能回答问题；而现在，声音的话早已只剩下对不断循环 59
的（背下来的）词语的单调重复。其原因我之后会讲。除了这些可以分辨出来的特别个体，还有一些声音是作为上帝的全能本身出现的，涉及的层级（参见脚注19）也越来越高；那些个体灵魂可以说就像是后者的前哨。

本章要讨论的第二点，是世界秩序的一个固有趋势：要将与光束建立起永久接触的人类去男性化。这一方面与感受福乐（这种享乐在第28、29页讨论过[**]）的上帝神经的性质有关——福乐的感受即使不全是欲乐感，至少也伴随着欲乐感的极大增加；另一方面，去男性化似乎也和世界秩序赖以存在的基本安排有关：如果世界灾

---

* 学生军团是传统的德国大学学生组织，总体上偏精英主义和保守主义，鼓励击剑决斗。学生同盟是在德国解放战争（1813—1815年，有许多学生志愿参战）后成立的，主旨是争取民族统一和自由，反对独裁统治，学生同盟推动了1848年德国革命的发生。在1871年德意志帝国建立后，学生同盟逐渐从革命性组织转变为受国家支持的民族主义组织，和学生军团的区别逐渐模糊。——译者注

** 如无特别说明，书中提及的参看页码皆为页边码，全书同。——编者注

难发生、某个星球上的人类不得不毁灭（无论是有意还是无意地），人类还能以这种方式再生。如果某颗星球道德败坏（“欲乐过度”），或者也许是当全人类都陷入严重的神经质、神经太黑，天堂前庭因此无法得到充分的补充（参见脚注 11），或者如果有理由担心上帝神经受到的吸引力太强从而有危险时，该星球上的人类就会自动毁灭；可能是通过毁灭性的传染病等手段，也可能通过上帝派下的地震或洪水等方式实现毁灭。上帝也许还可以从一颗注定要灭亡的星球那里把热量部分或全部撤回（或撤走为其供热的恒星）；这可以为冰河期问题带来新的理解——据我所知，这个问题仍未被科学解决。反对意见说，在地球的冰河期人类才处在开端阶段（大洪水之前），但这种反对很难说是决定性的。谁能判断当时其他星球上（比
60 如金星上）是否存在一个高度发达的人类种族？可能上帝决意毁灭它，而对它的毁灭不得不同时让发展相对滞后的地球大幅降温？[29] 在这些问题上，人类必须努力跨出自己狭隘且根深蒂固的地球中心思想，从永恒的更高角度看待事物。在这个意义上，居维叶（Cuvier）关于全球性灾难周期性重复出现的理论可能有些道理。当灾难事件降临，为了物种的维系，将有一个人类得以幸免——可能是相比之下最有道德的人——对我说话的声音称之为“永恒的犹太人”。这一称呼的含义和关于犹太人亚哈斯瓦（Ahasver）的同名传说有些不同[*]；不过，这会让人们不自觉地想起诺亚、丢卡利翁（Deucalion）和皮拉（Pyrrha）等人的传说。也许罗马建城的传说也属于这一脉络：据说，雷亚·西尔维娅（Rhea Sylvia）不是从凡人，而是直接从战神玛尔斯那里怀上了后来的国王罗穆路斯（Romulus）和雷慕斯（Remus）。

29　我在弗莱希格诊所住院期间确实看到了一些异象（梦象），从中似乎可以看出，曾经存在其他一些比地球更容易受道德败坏影响的星球，相比之下，我们地球居民以更高的道德纯度著称。

*　欧洲中世纪传说中“永恒的犹太人”在英文中也被称为“漂泊的犹太人”（The Wandering Jew），最初的版本是：在耶稣赴受难地的路上，奚落过他的犹太人亚哈斯瓦受到诅咒，要一直在尘世行走，直到耶稣再临。——译者注

这里讲的这种“永恒的犹太人”必须被去男性化（被变成女人）才
能怀上孩子。去男性化的过程包括男性外生殖器（阴囊和阴茎）缩
回体内、内部性器官同时转变为相应的女性性器官，这个过程可能
要在数百年的沉睡中完成，因为骨骼（骨盆等）也必须改变。这是
一个退行性过程，或者说是逆转了人类胚胎在怀孕第四或第五个月 61
时根据孩子未来性别的自然规划展开的发育过程。我们都知道，在
怀孕的头几个月里，两种性别的雏形都已确立，而未发育的性别特
征会作为残留器官停留在较低的发展阶段，比如男性的乳头。低阶
上帝（阿里曼）的光束可以引发去男性化的奇迹；高阶上帝（奥姆
兹德）的光束则能在必要时恢复男性特质。我曾（短暂地）亲身经
历过两次去男性化奇迹，在前面的脚注 1 中已经讲过了；当时奇迹
没能充分展开，甚至又逆转了，这是因为除了上帝的纯洁光束，还
存在由“过验”（不洁）灵魂率领的其他光束（参见第 35 页），弗
莱希格等人的光束妨碍了转化过程以纯洁且符合世界秩序的方式完
成。永恒的犹太人必要的生活条件将由“被草率捏造的人”维持和
提供（参见脚注 1 ）；也就是说为了这一目的，奇迹会把灵魂暂时
投入人形，这个过程可能不仅会伴随永恒犹太人本人的一生，也会
延续数个世代，直到他的后代足够多、可以自力更生。这似乎是在
世界秩序下设置“被草率捏造的人”的主要目的。我无法判断把灵
魂放入人形是否也是为了给净化中的灵魂提供净化所必须的工作机
会（参见上文第 25 页）；无论如何，被草率捏造的人存在的目的不
仅是玩弄奇迹把戏，但是我在弗莱希格疗养院住院的后期、在皮尔
森的全过程以及在这家疗养院的早期阶段，它在我这里已经完全沦 62
为奇迹把戏。[30]

30　我有一些迹象表明，在我本人之前，可能是在极为模糊久远的过去的其他星球上，也许存在过不止一个永恒的犹太人。对我说话的声音列出了其中一些人的名字，如果我没记错的话，其中有一个类似波兰伯爵恰尔托雷斯基（Czartorisky）的名字反复出现。人们不必将之与我们地球上的波兰民族联系在一起，但我们要知道，波兰民族有可能通过灵魂转世而在其他星球上二度存在。

在我看来，弗莱希格教授对于这种世界秩序固有的趋势——按此趋势，某人在一定条件下将被去男性化——一定是有些了解的；有可能是他自己想到的，或者在我看来更可能的是神圣光束启发了他产生这些想法。然而，普遍存在着一种根本性的误解，它始终像一条红线一样贯穿了我的整个生活。误解建立在这样一个事实的基础上：按照世界秩序，上帝并不真的理解活人，也没有必要理解他，因为按照世界秩序，上帝只和尸体打交道。还有一点是，上帝陷入了对于弗莱希格教授（或者说是他的灵魂）的依赖关系，他无法再从弗莱希格一度从他那里获得并抓住不放加以滥用的神经连附中脱离出来。这就导致了一种摇摆的系统（policy of vacillation），治好我的神经疾病的尝试[31]和毁灭作为人类的我（他与日俱增的神经质威胁到了上帝本身）的企图交替进行。由此形成了一种折衷策略（我反
63 复听到“半心半意”［half-heartedness］这个说法），它完全符合灵魂的特性，因为灵魂习惯于持续不断的享受，做不到、或是几乎做不到为未来的永久利益暂时牺牲、搁置快乐，后者是属于人类的品质。随着与我的神经的联结越来越密不可分，针对我的奇迹也越来越多。与此同时，弗莱希格教授找到了一种办法，可以让自己的全部或部分灵魂升入天堂、成为光束领袖，而无需事先经历死亡和净化的过程。就这样，出现了一场针对我的阴谋（大概从 1894 年 3 月或 4 月起），目的是一旦我的神经疾病被确认或被假定为无可救药，就把我转交给一个人类，把我的灵魂丢给他，而我的身体——以一种误解了上述提到的世界秩序之基本倾向的方式——将被变成女性身体，任由那个人实施性虐待，然后被随意“弃置”，即任其腐烂。这样一个被“弃置”的人将遭遇什么、这是否真的意味着他的死亡，似乎没有被完全清晰地交代。我毫不怀疑这样的阴谋确实存在，但

31 治好我本可以是一件很容易的事——后面会更详细地展开讨论——只要牺牲数量相对较少的纯洁光束就能做到，因为光束也有安抚神经和助眠的力量。

限制条件是，我不敢坚称弗莱希格教授以人类的身份参与了这场阴谋。当弗莱希格教授作为人类面对我，自然没有提过这样的事。但在本章开头讲到的神经语中，也就是在他同时作为灵魂与我维持的神经连附中，这个意图表达得十分明确。外界对待我的方式似乎也符合神经语宣告的意图：我一连几个星期被绑在床上、衣服被脱光，在我看来这是为了让我更顺从于欲乐感，这种欲乐感是由已经开始
进入我身体的女性神经在我体内激发的；我相信，对我用药也是出 64
于同一目的[32]；因此我拒绝服药，如果护工强行把药灌进我的嘴里，我就把它吐出来。我认为我已经明确认识到了这个可憎的意图，人们可以设想我全部的男子气概和荣誉感、我的整个道德存在将如何奋起反抗它；尤其那时我也在与其他灵魂的接触中第一次获得了有关神圣事务的启示，内心充满了关于上帝和世界秩序的神圣观念。我与外界彻底隔绝、和家人失联、被丢在那些粗暴的护工手里，内部的声音说，我有责任时不时地反抗他们，以证明我的男子气概，我别无他法，一切死法无论多么恐怖，都好过那般屈辱的结局。于是我决定绝食而死，我完全拒绝进食；内部的声音一再重申，我有饿死并以此把自己牺牲给上帝的义务，因此我身体所需的一切进食都是与我不相称的懦弱。这就导致了所谓的“喂食系统”（feeding system）：护工们——通常是同一群人，除了已经提到的 R.，还有某个 H.，以及一个我不知道名字的人——把食物强塞进我嘴里，有时是以极端残暴的方式。一次又一次地，他们其中一个人束缚住我的手，另一个人跪坐在躺在床上的我身上，试图把食物或者把啤酒倒进我的嘴里。

我每一次洗澡都伴随着淹死的想法。在神经语中，人们提到了
“净化浴”和“神圣浴”；神圣浴是为了给我机会把自己淹死。我 65
几乎每次跨进浴缸时都心怀恐惧，恐怕这是为了结束我的生命。内

32　尤其是一种白色药膏，作为一个医学外行人，我觉得可能是铋之类的东西。

部对我说话的声音（尤其是来自之前提到的萨克森学生军团的灵魂，所谓的仙后座兄弟［Brothers of Cassiopeia］）也不断表达这个意思，并嘲笑我缺乏执行死亡的男子魄力；这让我不断试图把头埋进水里；有时护工还会把我的脚拎出水面，似乎协助了我的自杀意图；他们甚至一遍遍把我的头按下去，然后一边开着各种粗鲁的玩笑一边强迫我浮出水面，最后离开浴缸。[33] 在与弗莱希格教授维持的神经连附中，我不断地要求他提供氰化物或者马钱子碱，让我毒死自己（基础语称之为“一滴毒汁”［a drop of venom-juice］）；在和我的神经连附中作为灵魂存在的弗莱希格教授没有拒绝这个要求，但他始终半推半就，在持续好几个小时的神经连附对话中，他总是以一种伪善的方式让这件事的落实取决于某些保证：假如给了我毒药，我会不会真的会喝下去之类的。当弗莱希格教授作为人类在医院巡房、来到我面前时，他当然否认说他对这些事一无所知。被活埋也是一种被反复提到的死法。从人类的角度看（那时总体而言，支配着我的依然是人类的视角），我自然而然地认为我真正的敌人只有弗莱希格教授或者他的灵魂（后来还有冯·W. 的灵魂，后面会更多地讲到它），并视上帝的全能为我的天然盟友，我认为威胁到上帝全能的只有弗莱希格教授；因此我认为，我必须尽一切可能的方式支持
66 上帝，甚至可以自我牺牲。我是在很久以后才想到——事实上，是在我写这篇论文期间才清楚意识到——即便不是上帝本身教唆着对我发起灵魂谋杀、并把我的身体像妓女一样交出去，他也一定知道这个计划。但为了避免混淆他人的宗教观念和情感，我必须立即重申我在第 2 章末尾讲过的：无论整个计划在我的主观看来多么恶劣，我都必须承认它源于自我保存的本能，这种本能对于上帝就像对于其他生物那样自然——我在另一处提到过这种本能（参见第 59 页），

33　顺带一提，正是那段时间，在针对我的奇迹的作用下，我两腿之间的那个东西几乎完全不像正常形态的男性器官。

它会迫使上帝在某些特殊情况下毁灭某些人类个体，乃至毁灭整个
星球及其所有的受造物。《摩西一书》第十九节告诉我们，所多玛
和蛾摩拉被天降的硫磺和火焰摧毁了，尽管那里的居民中也有为数
不多的“义人”。此外，在整个受造世界中，只要不违反世界秩序，
没有人会认为强者征服弱者、高等文明的民族驱逐低等文明的民族、
猫吃老鼠、蜘蛛杀死苍蝇这些事情是不道德的。无论如何，整个道
德观念只能从世界秩序中产生，也就是说，产生于把上帝和人类联
结在一起的自然纽带；在世界秩序崩坏处，只有权力说了算，强者
的法起决定作用。在我这里，有悖道德的唯一一点在于上帝把自己
摆到了他本应遵守的世界秩序之外；不过，他是被诱使这样做的，
尽管不是直接地，也至少是由于弗莱希格教授不洁的（“过验”）
灵魂存在于天堂，给他带来了一种灵魂难以抗拒的诱惑。而且由于
弗莱希格的灵魂还在很大程度上保留了人类智慧，因此它具有比它 67
最初接触到的上帝神经更大的技术优势（下文将展开说明），而上
帝的神经作为灵魂，不具备必要的自我克制、自我牺牲能力——这
种能力是为我提供治疗所需的充足睡眠、从而让弗莱希格的灵魂变
得无害所必备的。因此我倾向于把这整个演变过程看作命运，其中
无论是上帝那边还是我这边，都不存在道德过错。相反，世界秩序
在我这种如此反常的案例中展现了它的恢弘壮阔，就连上帝本人都
不得拥有实现有悖于世界秩序目的的手段。一切灵魂谋杀的企图，
一切为实现有悖于世界秩序的目的（也就是说，为了满足某个人的
性欲）而将我去男性化的企图[34]，以及后来摧毁我的理智的企图都失
败了。这场发生在弱小的人类和上帝本身之间显然极不对等的斗争
中，我尽管遭受了痛苦和剥夺，却取胜了，因为世界秩序在我这边。[35]

34　去男性化可以服务于另一种与世界秩序相合的目的；它不仅是可能的，或许甚至确实提供了解决冲突的可行方案；我将在后面进一步讨论这个问题。

35　（1902 年 11 月添加）以上内容也许显得有些晦涩：因为“世界秩序”在这里被描述为某种无人称的，高于上帝、比上帝更强大甚至能统治上帝的东西。但这其实是很清楚的：“世界秩序”是一种合法则的关系，它植根于上帝的本质及其属性，存在于上帝与由他创生的造

我的外部环境和身体状况逐年改善。因此我怀着这样一种信心生活：
这整场混乱只不过是一段插曲，与世界秩序相合的状况最终会以这
68 样或那样的方式得到恢复。甚至我不得不承受的个人不幸与福乐的
丧失，或许也终将得到补偿，因为人类将从我的案例中直接获得宗
教真理的知识，其深远程度将远超出集结一切可能的敏锐智识的科
学研究在千百年间能达到的地步。如果可以凭借我个人的命运，尤
其是凭借它将来的进一步形塑，一劳永逸地摧毁肤浅的唯物主义和
含糊的泛神论的根基，这将为人类带来多么无价的收获，就无需赘
述了。

物之间。上帝无法在与人类——或者在我的情况中，与一个和他建立了特殊关系的个人——的关系中实现有悖于他自身的属性和能力的事情。上帝光束的力量从本质上说是建设性、创造性的，当他试图对我采取反常的举措、一味只想破坏我身体的完整性和理智时，就会与他自身冲突。因此，这些举措只能造成暂时的损害，不会永久有效。或者用一句矛盾修辞法来说：在上帝与我的斗争中，他自己也站在我这边，也就是说，我把上帝自身的属性和力量引入了这场斗争，作为我自保的绝对有效的武器。

6

我在前一章试图描述的那段时期（大约是 1894 年 3 月中旬到 5 月底），假如它在世上真的只有几个月而不是几个世纪，我确实可以说那是我一生中最恐怖的一段时间。但它也是我生命中的神圣时期，那时，我的灵魂被超自然之物极大鼓舞了，当我遭受外界的粗暴对待时，超自然之物也越来越强烈地向我涌来；当时我满心都是关于上帝和世界秩序的极为崇高的观念。但其实我从小没有任何宗教狂热的倾向。早年与我关系密切的人都可以作证，我是一个天性平静、缺少激情、思维清晰、头脑清醒的人，我的个人天赋主要体现于冷静理智的批评，而不是想象力无拘无束的创造性活动。我决不是那种会被称为诗人的人，只会偶尔在家庭聚会上试着作几首诗。
年轻时，我也不是我们现有宗教意义上的真正的信徒。我从未蔑视 70
过宗教，但我认为我应该避免谈论宗教话题，我也觉得那些长大后依然有幸保留了虔诚的儿时信仰的人的幸福不该被打扰。但就我自己来说，我对自然科学尤其是建立在所谓的现代进化论学说上的作品过于关注，以至于不得不开始对一切基督教教义、至少是它们的字面意义产生怀疑。我的总体印象是，唯物主义对宗教问题没有最终发言权，但我无法让自己坚定地相信人格神的存在，也无法保持这种信仰。[36]

36　但我也远远算不上是有什么特殊的哲学倾向，我也没有接受我那个时代最高程度的哲学教育；法官繁重的工作几乎给我留不下什么时间。但我想提一下我在我患病前的十年间反复阅读过的哲学、自然科学著作，因为人们会注意到，本书有不少地方都涉及到这些作品中的观念。我只列举几个例子：海克尔（Haeckel）的《自然创造史》（*The History of Natural Creation*）；加斯帕里（Caspari）的《人类早期历史》（*Primordial History of Mankind*）；杜－

我很清楚，在本章更深入地介绍这一所谓神圣时期的细节会很困难。这些困难有些是外在的，有些是内在的。首先，此种尝试需要我完全倚靠记忆力，因为那段时间我做不了笔记；我既没有可用的写作工具，也无意做文字记录，因为当时我相信——这一点是否正确在现在还无法判断——全人类都已经灭亡，所以记笔记毫无意
71 义。而且涌向我的印象是自然事件和超自然状况的奇妙混合体，以至于很难区分单纯的梦象和清醒状态下的经历，也就是说很难确定我自认为经历的事情在多大程度上是史实。因此，我对这段时期的回忆难免会带有混乱的印记。[37]

普雷尔（du Prel）的《宇宙的演化》（*Evolution of the Universe*）；马德勒（Maedler）的《天文学》（*Astronomy*）；卡鲁斯·斯特恩（Carus Sterne）的《始与终》（*Beginning and End*）；梅耶（Meyer）的期刊《天地之间》（*Between Heaven and Earth*）；诺伊迈尔（Neumayer）的《地球的历史》（*History of the Earth*）；兰克（Rancke）的《人》（*Man*）；还有爱德华·冯·哈特曼（Eduard von Hartmann）的几篇哲学论文，尤其是《当代》（*The Present*）期刊上的论文，等等。

37　在这方面，最近发生的一件事可以在很大程度上做出澄清。在我写完前上述段落之后的晚上，也就是 1900 年 3 月 14 至 15 日夜里，我的梦里又出现了疯狂的奇迹把戏，这种状况我之前基本上只在睡软垫病房的那段时间（1896 年至 1898 年底）体会过，过去两年间几乎完全没有再出现。终于，我强行让自己醒来、打开灯，才停下这些严重打扰我睡眠的令人焦虑的疯狂奇迹。那时才晚上 11 点半（从我的房间到走廊的门是锁着的，所以没人能从外面进来）。尽管才是午夜，我还是立刻把梦境写了下来，因为众所周知，梦象会很快从记忆中消失，而且我认为这次事件对于理解神圣奇迹的本质来说是很有启发性的，有助于判断我早先体验的类似异象究竟在多大程度上是客观事实。从我笔记的内容来看（我在这里将只引用一部分）：根据奇迹在我梦中制造的异象，有一个疗养院的护工，我先是听到他打开与我卧室相连的起居室的门，这个人既坐在我床边，又站起来在我床的附近捣鬼，一度还在吃烟熏猪舌或者配豆子的火腿；我在梦象中看到自己下床开灯，以便终止这些奇迹异象，但完全醒来之后我发现自己还躺在床上，也就是说我根本没有真的离开过床。人们不该嘲笑那些和食物有关的细节。这些食物种类的名称是和写下系统（writing-down-system）密切相关的，我之后还会讲到它；因此它们可以使我清晰识别出这些梦象背后是怎样的意图；在这一点上，它也暗示了关于上帝的知识尤其关于是上帝领域内普遍存在的二元论（第 1 章结尾讲到过）。

目前，我只想谈谈以下几点：耗费笔墨在如此常见的现象上，似乎是多此一举的——一个睡得不安稳的人会相信他看到的梦象，而这些景象其实是他自己的神经编造出来的。但前面提到的那晚的梦象以及之前类似的异象极为生动，有着照片般的精确性，远超出我以前健康时经历过的。它们不可能是我自己的神经自发产生的，一定是被光束投入我的神经的。因此，光束有能力影响神经系统，尤其是影响睡眠中的人的感觉神经，在某些情况下甚至能影响清醒的人，让那个人认为自己看见有陌生人站在他面前、听见他们说话、相信自己正在走动并与这些人交谈，仿佛这一切真的在发生。现在我可以确定，情况并非如此，但我依然认为，我过去一度坚持的相反主张不只由是我自己神经的病态兴奋造成的，任何一个人如果看到了类似的梦象，都会把它们当真。自然，我也必须对我之前的一些论断（参见脚注 39）做出修改；尤其是我已经不再怀疑我遇见我们在位的国王（参见脚注 28）这件事只不过是个梦象。（译按：脚注 28 在原书中已被删减。）因此在后文中，我对类似的这种在我患病头几年频繁出现的梦象将一带而过；我将重点关注那些我能确定发生在清醒时的事件。不过，那些梦象对于理解这里讨论的问题也无疑是有价值的；至少在某些情况下，它们并非不可能是对真实发生的事情、或是对上帝期待将要发生的事情的信息的象征化表达。

为了首先展示一下我住在莱比锡大学神经诊所时的外部环境， 72
我将附上一张诊所及其所在场地的平面图，图中标有我必须交代的细节。

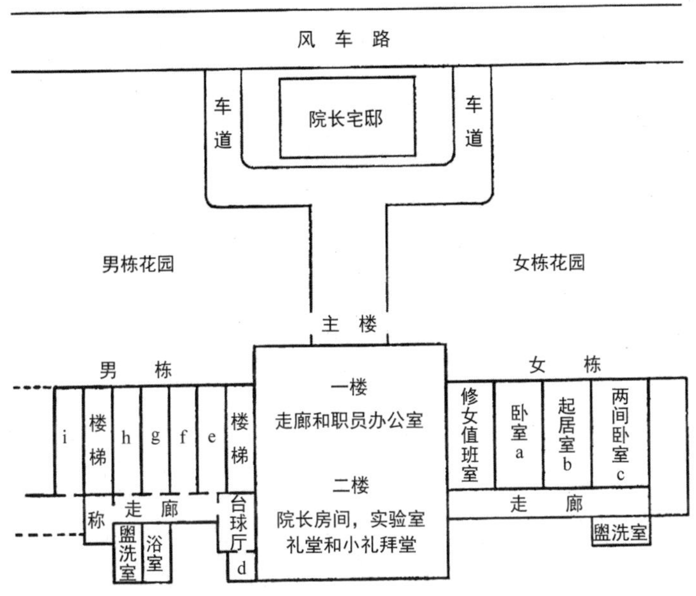

从1893年圣诞节前不久到1894年2月底这段时间（也就是说，基本上是我的妻子经常来看我的那段时间），我住在女栋一层的a、
b、c房间，安排这几间房间给我，可能主要是因为那边比较安静。 73
在此之前和之后，我住过男栋二楼的好几个房间，每次都有一间起居室和一间卧室。我也曾经在小房间d住过（1893年11月），因为疗养院的其他房间大多位于走廊南侧，面朝巴伐利亚车站，火车调轨的尖锐声音尤其在晚上非常烦人。我前面讲过的台球厅打斗之后我被转送进的软垫病房位于男栋更靠左的地方。我住在这里的最后一段时间主要用的是卧室i和起居室e；卧室i和软垫病房一样，设有两扇门，内侧的一扇有一个小窥视孔，可以让人从外面观察住院

者；门的上方有一个镶着玻璃的开口，气灯的火焰可以照进来。我
74 有一部分记忆与弗莱希格疗养院中任何一个熟悉的房间都对应不上，
这一点再结合其他一些情况，让我怀疑我是不是真的一直待在弗莱
希格疗养院，还是说我也在其他地方住过一段时间。弗莱希格教授
有两位助理医师协助他治疗，分别是陶舍尔医生和昆汀医生。在我
所说的那段时间内，有一阵子我没有见到过任何医生，只有护工在
身边——总是前面提过的那几个名字。当时，整个疗养院都给我一
种彻底荒废的印象，我走出屋外的走廊也不曾看见其他病人的身影。
过了一段时间，弗莱希格教授重新出现了，但就像前面提到过的，
他的形象给我的印象是他已经变得大不一样。在我的记忆中，我要
么根本没见到过助理医生，要么只是在住院的后一阶段才偶尔见到
他们。

我在前一章提到，随着我的神经质程度不断增强、吸引力越来
越大，越来越多的已故灵魂都感到被我吸引——尤其是那些有生之
年与我有过个人接触、因此保留了一些对我的特殊兴趣的人——然
后消散在我的头或身体里。最终，那些灵魂会作为“小人”（little
men）——迷你的人形，可能只有几毫米高——在我的头里面短暂存
在一段时间，最后消失（参见脚注28）。我认为这些灵魂一开始接
近我的时候还保有相当多的神经，因此对自己的身份还有比较强的
意识。他们每次接近我，都会因为吸引力而失去部分神经而倾向于
75 我的身体；最后它们就只剩下一根神经了，并在某种无法进一步解
释的神秘作用下变成前面提到的“小人”形态。这是它们彻底消失
之前的最终形态。在这时，我常常会得知它们发源的——或是“它
们悬挂的”——星球或者星座的名称；这些名称有的符合常规的天
文命名系统，有的则不然。常常提到的名字有仙后座、织女星、五
车二（Capella），还有一颗叫“杰玛”（Gemma）（我不知道这是
否对应着某个天文学命名）；此外还有“十字架”（Crucians）（可

能是南十字座？）、“苍穹”（Firmament），等等。在有些夜里，成百上千个灵魂会作为“小人”最终滴落到我的头上。我总是警告他们不要接近我，因为之前发生的事情已经使我意识到我神经的吸引力已经大大增强，但这些灵魂起初都不相信我会有如此危险的吸引力。还有一些光束的举动如我之前描述过的那样，表现得好像它们是上帝的全能本身，顶着“天主之君”“好牧人”“全能者”之类的名字。与这些现象相应的另外一件事是，在反复出现的夜间异象中，关于世界末日的观念从一开始就非常突出：由于上帝与我的连接已经不可切断，世界末日即将来临。噩耗从四面八方传来，说就连这颗星、那颗星、这个星座、那个星座都要被“放弃”了，有一次据说金星也被“淹没”了，又有一次，据说整个太阳系都要“被断连”（disconnected），仙后座（这整个星座）都必须被压缩进一颗恒星，可能只有昴宿星团还有救，等等。我在晚上观看着这样的异象，而白天，我认为我注意到太阳会跟随我移动；那时我住在一间只有一扇窗户的房间，我在屋内来回踱步时，会看到阳光随着我 76
的移动一会儿出现在（从门的方向看）右边，一会儿在左边。我很难相信这一观察是幻觉，因为它发生在白天，尤其是我记得有一次我让助理医师陶舍尔注意过这个令我感到十分恐惧的观察。当我重新开始时不时地去花园，我看到——假如我的记忆不全是虚假——天上同时出现了两个太阳，一个是我们地球的太阳，另一个据说是仙后座星群被合并到一起形成的单个恒星。

这所有的回忆给我留下一个深刻的印象：这段在人类的计算中只有三四个月的时期持续了无比漫长的一段时间；仿佛每天晚上都有几个世纪那么长，因此在此期间全人类、地球本身乃至整个太阳系可能都发生了极为深刻的变化。异象中多次提到，过去一万四千年的成果已经丧失（这个数字大概指的是地球上有人类居住的时间），地球大概只剩下两百年了——如果我没记错的话，这里提到了 212

这个数字。我住在弗莱希格疗养院的后期，我认为这段时间已经结束了，[38] 因此我认为我已经是最后一个真正的人类，我看到的除了我
77 自己以外的那几个人形——弗莱希格教授、几个护工、偶尔出现的那些看上去多少有些奇怪的病人——都只是奇迹创造的“被草率捏造的人”。我琢磨着可能整个弗莱希格疗养院，甚至整个莱比锡市都一起被“挖走”（dug out）并转移到其他天体上了，所有这些可能性似乎都是对我说话的声音提出的问题所暗示的，比如它们问到莱比锡是否还伫立不倒，等等。我想，即使星空还没有彻底熄灭，也基本上熄灭了。我没有机会纠正这个想法，因为我卧室的窗户每天晚上都会被一扇厚重的木质卷闸锁起来，我看不到夜空。白天，我从疗养院的墙外只能看到几栋邻近的建筑。往巴伐利亚车站的方向，我望向围墙外时只能看到窄窄的一条土地，这在我看来很奇怪，与我所熟悉的这个区域的特征截然不同；有时声音会说到“神圣的风景”。火车汽笛声本来是我几乎无法忽视的，但在相当长的一段时间内，我完全没有听到过它。只有煤气灯还在继续燃烧这件事让我怀疑弗莱希格疗养院是否还没有彻底与世隔绝，或者，它使我认识到这家疗养院与莱比锡市依然有某种联系，除非我假定疗养院有自己专门的储气罐。除此之外，我还有一些只能笼统叙述的回忆，大概是，我感到自己曾经以另一种精神上更低等的形态存在过一段时间。至于奇迹是否能引发这样的事情、会不会是我和我的部分神经一起被转移到另一个身体里了，我无法判断。我只能重申，我有
78 一些回忆似乎指向这种可能性。在这第二种低等形态下——对此我还有意识地记得自己曾经拥有较弱的智力——我听说在我之前曾有另外一个丹尼尔·保罗·施瑞伯，他的智力远高于我。而在我的家

38 有些细节似乎可以证实这个假设，我可以在此稍微提一下。其中包括政治和宗教事件，据说，韦廷家族突然回忆起了他们所谓的斯拉夫血统，成为斯拉夫主义的鼓吹者；在萨克森更大的圈子里，尤其是在高层贵族当中（其中提到了“冯·W.、冯·S.”等名字）出现了普遍的天主教化趋势，据说我的母亲也已经改信天主教，我本人也一直在被天主教徒劝说改变信仰（见第 56—57 页），等。

谱里，我很清楚在我之前不曾有过叫丹尼尔·保罗·施瑞伯的人，因此我想我有理由认为，这另一个丹尼尔·保罗·施瑞伯指就是完整拥有自己的神经的我自己。以这第二种低等形态，我一定是——假如可以这样说的话——在某一天平静地去世了；我还记得在一个房间里（它对应不上我了解的弗莱希格疗养院里的任何房间），我躺在床上，清晰地感到我的灵魂正在慢慢耗尽——顺带一提，除了那时依然萦绕在我头脑中的关于我妻子的悲伤记忆之外，那种离去是全然无痛、宁静的。另外还有一段时间，和我有神经连附的灵魂讲到，它们在我这里发现了好几个头（也就是说有好几个个体在一个头颅里），它们惊恐地喊道："天啊，这个是有好几个头的人类。"我很清楚这一切在其他人听来是多么不可思议，因此我也不至于断言说我讲述的一切都是客观现实；我只是叙述了我的记忆中保留下来的往事印象。

正如我之前说过的，在我看到那些和世界已经灭亡有关的无数异象中，有些是恐怖的，有些也具有难以言喻的崇高性。我只想回顾其中的几个异象。有一个是，我好像坐在火车车厢里，或是在一
架驶往地球深处的电梯里，我倒序地回顾了全人类乃至整个地球的 79
历史；在上层区域还有枝繁叶茂的森林，下层则变得越来越黑。我暂时离开车厢，走过一大片像是墓地的地方，来到了莱比锡市民的葬身之处，经过我自己妻子的坟墓。再次坐回车厢后，我只前进到了第三站，第一站标志着人类的起点，我不敢过去。回程的路上，竖井在我身后坍塌，不断威胁着一位还在里面的"太阳神"。相应地，我听说曾经有过两个竖井（可能对应着上帝领域的二元性？），当第二个竖井也已坍塌的消息传来，有一个想法是一切都失去了。还有一次我和一个护工一起，从拉多加湖（Lake Ladoga）穿越地球到了巴西，在那里我在一座城堡式的建筑里造了一堵墙，以保护上帝领域免受黄色洪水的侵袭：我把它和流行性梅毒的危险联系在一起。

又有一次，我感到自己好像被提升至福乐境界，似乎从高高的天堂向下俯瞰，整个地球卧在我身下的蓝色穹庐中，这幅图景崇高壮阔而美丽；我听到一种说法用类似于“上帝与人人同在视角”（God-be-together-view）描绘这幅图景。至于其他的事件，我不确定它们只是异象还是说至少包含了一部分真实经历。我记得晚上我经常坐在卧室的地板上，只穿一件衬衫（当然，我所有的衣物都被拿走了），在某种内部冲动的驱使下离开了床。我牢牢地撑在背后的地板上的双手时不时地会被熊似的形态（黑熊）明显地抬起来；我还看到其他的“黑熊”，有大有小，坐在我周围，眼睛放光。我的床单变成了所谓的“白熊”。透过我卧室门的窥视孔——就像看到我在脚注
80 28中描述的在位的国王那样[39]——我看到了一些身材中等偏矮的黄种人时不时地出现在我卧室门前，我必须做好准备以某种方式和他们搏斗。有时深夜时分我还醒着，疗养院花园的树上会出现眼睛发光的猫。此外，我还记得有一段时间，我置身于海边某处的一座城堡，那里因洪水的威胁不得不被遗弃；之后过了很长的时间，我回到了弗莱希格疗养院，发现自己又立刻身处于和之前一样的环境。清晨，当窗户的卷闸打开时，我曾在我卧室的窗前看到一片茂密的森林，距离窗户只有几米远，在我印象中它以白桦树和冷杉为主。声音称它为“神圣森林”。它一点也不像莱比锡大学神经诊所的花园，这座花园是1882年才开始建设的林地，里面主要是单棵、沿小径成排种植的行道树。假如如此茂密的森林真的存在过，它绝对不可能是在三四个月内长出来的。因为大量光束聚集到我的头部，我的头经常被闪耀的光环绕，就像图画中基督的光环，但远比那鲜艳、明亮：它被称为“光束冠”（crown of rays）。有一次，当弗莱希格教授和

39　虽然我在前面的脚注37中说过，我已不再怀疑这只是个梦象，但在进一步考虑后，我必须再次对这一观点做出限定。我当时站在我卧室门的窥视孔旁这件事非常清晰，显然是个回忆，不能归结为幻觉。但我不得不承认，我假定自己看到的门外的事物可能只是幻觉（见本章结尾引用克雷佩林的部分）。

助理医师昆汀出现在我的床前时，光束冠强烈的反光让昆汀医生从
我眼前消失了；同样的事情也曾发生在护工 H. 身上。有很长一段时 81
间，有一个说法是我将受到仙后座的保护，太阳则会被分配另一种使命，可能会保留在她自己的、包括我们的地球在内的行星系统中。然而我的神经的吸引力如此之大，这个计划无法落实：太阳还是必须在我所在的位置，或者我本人必须再被放回来。

在这些印象之下——我在后面的章节可能会尝试解释它们——人们便能理解我多年来一直活在不确信中，不确定自己是否真的还在地球上，或是在其他天体上。甚至直到 1895 年[40] 我仍然认为我有可能在火卫一上，声音曾在其他语境中提到过火星的这颗卫星，我也怀疑我有时在空中看到的月亮会不会其实是它的主行星火星。

在本章讲述的这一时期，灵魂语言称我为“灵视者”（the seer of spirits）[41]，即一个能看到精神或已故灵魂并与之交流的人。尤其弗莱希格的灵魂曾说我是“每一百年来最伟大的灵视者”；对这一点我偶尔会从更高的角度反驳说，至少应该说是每一千年来最伟大的灵视者。事实上，自从世界诞生起就几乎不曾有像我这种情况——某一个人类与所有灵魂（而不只是个别的过世灵魂）以及上帝全能本身展开了持续的、不曾中断的接触。起初人们确实曾试图中断它，
那时还有“神圣时期”（holy times），即神经连附、光束交流或声 82
音的话语（这是对同一现象的不同称呼）发生的时期，和“非神圣时期”（unholy times），即意图放弃光束交流的时期。但很快，我的神经巨大的吸引力便使得一切暂停和中断不再可能，从那时起就只剩下“神圣时期”了。在我之前，很可能存在过或较为低级的、数目不等的灵视者。如果不追溯至圣经中的事件，我认为圣女贞德（Maid of Orleans）、在安条克（Antioch）寻找圣枪的十字军、君

40 那段时间日子似乎也短了很多；手表可以帮助我纠正可能有误的想法，但我没有手表。

41 我在后面还将讨论“地狱王子”（Prince of Hell）这个称号，这是后来对我的称呼。

士坦丁大帝的那个对基督教得胜起决定作用的著名异象 in boc signo vinces（你必以此符号得胜），都是短暂建立的光束交流，很可能是短暂的神启。还有一些被污名化的处女，充斥在各个民族的传说和诗歌中的鬼魂、精灵、妖精故事等，也可能属于这种情况；在我看来，假定这一切只是人类想象力的故意发明而毫无事实依据，是荒谬的。因此很有意思的是，我注意到根据克雷佩林（Kraepelin）在《精神病学课本》（*Textbook of Psychiatry*，第 5 版，莱比锡，1896 年，第 95 页及以下，尤其是第 110 页及以下——我写这份手稿时人们借了我这本书）中说到，人们常常会在一些神经处于病态兴奋状态的人那里观察到与声音进行某种超自然交流的现象。[42] 我并不否认，在
83 许多这样的案例中，人们可能只是在和单纯的幻觉打交道，克雷佩林的整部课本都是这样看待它们的。在我看来，假如把所有缺乏客观现实性的现象都称为“幻觉”、将之丢进不存在事物的废料室，会让科学走上歧途；以这种方式对待克雷佩林在第 108 页讲到的那些与超自然事物无关的幻觉，也许是合理的。我认为在这些案例中，有一些很可能是真正的、较低级或较早期的灵视者。这种说法并不否认同时存在神经过度兴奋的病态，因为正是神经过度兴奋造成的吸引力增加，才促成了与超自然力量的交流。从心理学上看，我本人遭遇的似乎不可能只是幻觉。毕竟从逻辑上讲，与上帝或已故的灵魂交流的幻觉，只能产生于那些已经具有对上帝和灵魂不朽的牢

42 关于这一点，克雷佩林在第 110 页讲到，那些具有超自然特征的“听到声音”的案例“常常伴有幻视”，这对我的观点十分重要。我认为这些案例当中，会有不少是类似我经历过的那种真实的异象，也就是由光束产生的梦象，它们因此比在普通的梦里看到的东西更清晰得多（参见克雷佩林，第 107 页）。另一方面，这本书全部内容中几乎没有什么能够表明，我本人存在克雷佩林所说的“难免会伴随妄想出现”（第 145 页）的“病人无法利用先前的经验彻底、准确地修正他的新观念”（第 146 页）或“错误判断”的情况。我相信我已经表明，我不仅没有“被预先形成的固定观念控制”，也完全拥有“在判断力和推理的帮助下批判性地评价意识内容的能力”（第 146 页）。如果有人在克雷佩林的意义上（第 146 页），把“健全的经验”简单理解为对一切超自然现象的否认，那么在我看来他应当受到谴责，因为他让自己完全受制于 18 世纪启蒙时期浅薄的“理性主义思想”，而这种思想从科学上说，已经在很大程度上——尤其是对神学家、哲学家而言——被超越了。

靠信念、并把这种信念带入神经病态兴奋状态的人。但正如本章开头所说的，我的情况并非如此。在这种意义上，那些所谓的灵媒或
许也可以被视为真正的、较低级的灵视者，尽管在许多情况下，自 84
欺与欺诈或许也发挥了一定作用。因此对于这类情况，人们应当警惕不科学的概括与草率的谴责。如果精神病学不应断然否定一切超自然现象、让两只脚都踏进赤裸裸的唯物主义阵营，它就必须承认这样一种可能性，即，他们讨论的那些现象偶尔可能与真实事件有关，不能轻易地用“幻觉”这一个词搪塞掉。

讲完这段题外话之后，下一章我将回归我真正的主题；我将谈及一些不太容易放入之前的上下文中的超自然现象，也将着重讨论那段时间我的外部生活境况。

85 个人经历（续）；疾病的特殊表现；异象

7

出于我已经提到的那些原因，我没法交代从我妻子最后一次拜访（1894 年 2 月中旬）到我在弗莱希格疗养院住院结束（1894 年 6 月中旬）期间详细经过的资料。我只有少量的线索。我记得大约在 1894 年 3 月中旬，在我与超自然力量的交流正在进行期间，一张报纸被摆到了我面前，我在报纸上读到了似乎是我自己的讣告通知的消息；我认为这暗示了我已经不能再指望任何回归人类社会的可能性。我不敢确定我是真的看到了，还是说这是一个幻视。我只留有一种印象，即使这类事件真的只是幻影，它们也是有道理（Method）的，也就是说，它们彼此串联的方式使我认识到什么即将降临于我。这段时间正是我前面提过的、我从早到晚都被困在床上的时期，我说不清这持续了几周还是多久。大约在复活节假期时——我不清楚
86 1894 年的复活节具体是什么时候——弗莱希格教授本人身上一定发生了一个重大转变。我听说他假期去了普法尔茨（Palatinate）或者阿尔萨斯（Alsace）。相应地，在我看到的异象中，弗莱希格教授在阿尔萨斯的维桑堡（Weissenburg）或是莱比锡的监狱里朝自己开了枪；我还在梦象中看到他的送葬队伍从他家往通贝格（Thonberg）走去（也就是说，不是像人们设想的那样，沿着从莱比锡大学神经诊所到圣约翰墓地的方向）。在其他异象中，他好几次都是在警察的陪同下向我显现，或者在和他妻子说话，我通过神经连附看到弗莱希格教授对他妻子自称“上帝弗莱希格”，这让她觉得他疯了。不过，我现在几乎可以确定，这些画面并不像我自认为见到的那样与真实

情况相符。但我想可以这样解读：它们启示了在神圣观点看来，本应发生在弗莱希格教授身上的是什么。无论如何，就我明确的记忆来说，那时发生了一个或真实或具有主观确定性的事件——无论其他人能否相信我——大约在那个时候，弗莱希格教授的灵魂而且很可能是他的整个灵魂，都在我身体里面。那是一大块球体或者团状物，我也许可以把它比作一块同样体量的棉絮或者蜘蛛网，它被奇迹丢进我的肚子里，大概是为了在那里消亡。鉴于它体量庞大，可能无论如何都不可能把这个灵魂留在我肚子里（即把它消化）；所以当它试图挣脱时，我就出于一种同情自愿放它走了，于是它从我的嘴里逃了出去。我没有理由怀疑这一事件的客观真实性，因为后来我又好几次在嘴里接收了其他灵魂或者灵魂部分，我尤其记得当这种 87
不洁灵魂由嘴进入人体内时产生的臭味和臭气。

在我的记忆中，这些事件过后是一个被声音称为第一次上帝审判（first Divine Judgment）的时期。我的印象中恰好还保存着一些信息，一定有人曾经提到过，据说第一次神圣审判发生在从 1894 年 4 月 2 日或 4 日至 19 日这段时间。“第一次上帝审判”后，又发生过好几次上帝审判，但它们带来印象不如第一次那么壮丽。“第一次上帝审判”是连续几天几夜发生的一系列异象，它们全都基于——如果我可以这样说的话——一个共通、基础的笼统观念：我和弗莱希格教授的冲突在德国人中引发了一场威胁到上帝领域存在的危机，在此之后，德国人尤其是德国新教徒就不再拥有作为上帝选民的领导地位了，甚至等到其他“星球”（“有人居住的星球？”）被占据之后，他们将被彻底排除，除非能有一个代表德国人的捍卫者证明他们还有价值。有一次是我自己要成为这个捍卫者，还有一次是在神经连附中对我说话的声音坚持要我选出一个人，我就列举了一些我认为适合担负如此重任的杰出人士的名字。和第一次上帝审判有关的一个基本观念是我在上一章提到过的，天主教、犹太教和斯拉夫主义的兴盛。我也看到了一些相应的异象，比如莱比锡大学神经诊所的女栋变成了女修道院或是天主教徒礼拜堂，慈善修女会的成员坐在疗养院的房间里，等等。但后来据说天主教已经不行了，
88 在现任教皇和下一任和诺理教皇去世后，就无法再举办新的教皇选举会议了，因为天主教徒已经失去了信仰，等等。当时我认为所有这些都是真实历史事件，因此觉得可能已经过去了几百年。现在我自然已经不再持这种观点了。时隔多年，等到我通过报纸和信件与外界恢复了一些联系，我注意到无论是疗养院的建筑、病院周围的环境，还是被归还给我的旧书、乐谱等用品，都不能吻合“人类历史已经过了相当长的时间”这一假设，现在我不再能否认，仅从外部来看，一切都还照旧。但至于是否已经发生了一场深刻的内在变化，这一点将在后面讨论。

还有一些信息对我当时的想法影响很大，这些信息指出了我将在未来的灵魂转世中变成什么。我被接连指派了几个角色：一个“极北女人”（Hyperborian woman）、“奥塞格见习耶稣会士”（Jesuit Novice in Osseg）、“克拉托维镇长”（Burgomaster of Klattau），“一个必须在获胜的法国军官面前捍卫自己尊严的阿尔萨斯女孩”，最后是“一个蒙古王子”。我想，我可以在上述所有预言与其他异象提供的整体图景之间看出某种联系。成为“极北女人”的命运似乎预兆了地球已经丧失大量热量，全球范围内的大冰期要么已经发生，要么也迫在眉睫；此外，还有一个说法是太阳已经退远至木星的位置。至于我将成为奥塞格见习耶稣会士、克拉托维镇长甚至是前面说的阿尔萨斯女孩，我认为这预示着新教已经或是即将屈服于天主教，日耳曼人则将屈从于他们的罗马尼亚和斯拉夫邻国；我成为“蒙
89 古王子”的前景在我看来预兆了所有雅利安民族都已表明自己不适合捍卫上帝领域，现在最后的希望只能寄托在非雅利安人那里了。

在我的记忆中，有一天发生的事件似乎标志着地球和人类历史

的命运转折点，这一天，我听说“世界钟”（clocks of the world）已经走完，与此同时，强烈的光束之流接连不断地向我的身体涌来，伴随着辉煌的发光现象。我不确定“世界钟已经走完”是什么意思；据说全人类都将回归，只有我自己和第 5 章提到过的耶稣会神父 S. 除外。从那时起，后来被无数次称为“该死的人类把戏”（the cursed play-with-human-beings）的情况开始了。我有理由认为，从那时起，人类及其一切活动都只是人为地、由直接的神迹维持的，我凭我有限的生活环境无法完全查明其范围。[42B] 可以肯定的是我的周遭环境一定是这样的：随着我周围传来的每一句话音、每一声脚步、每次响起的铁路汽笛、游艇的每一发礼炮，我都会感到头被击打了一下；其痛苦程度不一——在上帝撤离得更远时会更痛，他离得较近时会好一些。我几乎总能准确预言这种生命迹象会在什么时候由我周围的某个人做出，这种现象被称为“干扰”，被我感受为一下重击；它总是发生于我身体里的欲乐感对神圣光束的吸引力强烈到一定地步的时候，光束为了能再次撤离，就必须进行“干扰”。
我说不清神迹对人的这种鼓动（incitement）——假如我可以用这个 90
词——能覆盖多大范围。我将在后面更详细地讨论这整个话题。

至于星空发生的变化，我现在的看法是那些关于这颗或那颗星球、星系即将丧失的消息（参见第 6 章，第 75 页）指的并不是天体本身——毕竟我现在还能看见它们在天空中——而只是那些天体上累积的福乐。但是天体上的神经一定已经完全耗尽，也就是说，它们都在我的神经的吸引力作用下被吸收进了我的身体；它们在我的身体中具备了女性欲乐神经的性质，也让我的身体多少带上了女性的印记，尤其是赋予我的皮肤以女性特有的柔软。另一方面，我也很确定原本相距甚远的上帝被迫被吸到了离地球更近的地方，于是

42B　参见序言。

地球开始以一种前所未有的方式成为奇迹直接且持续地影响的场所。这些神迹主要集中在我身上以及我周围。稍后我将为这一说法提供更进一步的证据。在此我只想交代，由于这种变化与世界秩序相悖，它甚至对上帝本身不利，且可能伴有致命的后果。毕竟，光束已经习惯于神圣的宁静，就像地球的山巅之上的那种宁静；因此对它们来说，突然被迫参与进我的种种听觉活动一定很不愉快，甚至可以说是可怕的。[43] 此外，我有理由假定，从这一天起（也可能是自从三
91 个月后，下文会进一步解释），太阳光束的发送直接被上帝尤其是低阶上帝（阿里曼）接管了，（自 1894 年 7 月以来）对我说话的声音指认自己为阿里曼。高阶上帝（奥姆兹德）离得更远，可能还在极为遥远处；我看到他的形象是一个太阳似的小圆盘，小到几乎只有一个点，短暂地闪现在我头部的神经中。也许除了我们自己这个被太阳（阿里曼）照亮和温暖的行星系统之外，还有另一个由高阶上帝（奥姆兹德）放出的光和热顺利维系的行星系统。但我至少十分怀疑，所有发展出有机生命的、属于某颗恒星的天体上的人口可能也都注定要灭亡。[44]

在被迫一直卧床的那段时间结束后，在弗莱希格疗养院的最后一段时间，我经常在花园里散步。在花园中，我注意到了一系列神奇的事情。前面已经提到，我认为我在天上同时看到了两个太阳。还有一天整座花园繁花似锦，这一图景与我患病初期的回忆不符，当时大学神经诊所的花园是光秃秃的；这个现象被称为弗莱希格奇迹。还有一次，在花园中央的亭子里出现了好几位讲法语的女士，这在公共疗养院的男病区是很不寻常的。除我之外的几个偶尔出现

43　对此我听过无数遍的一个说法是，“我们不喜欢听这个主意”（We do not like the thought of listening.）。

44　我有一些证据表明，一切恒星放出的光其实都不像我们的天文学假定的那样，源于它们自身，而是也像行星那样（这种相似应当从非字面意义上理解），是（从上帝那里）借来的光（参见第 1 章）。最关键的是，存在着一个统治的（controlling）太阳，我们的天文学对此一无所知。见补充说明 4 结尾处的评论。

在花园里的病人，都给人一种多少有些怪异的印象；我曾认为自己 92
在其中一个人身上认出了我的一个亲戚，一个侄女的丈夫，还有现在在 K. 地的 F. 教授，他害羞地望着我，一言不发。当我身着黑色大衣，戴着黑色折叠帽，坐在花园的一张营地凳上时，我觉得自己就像一个石雕客人[*]，从久远的过去重返一个陌生的世界。

在此期间，我的睡眠状况有了显著改变。1894 年的头几个月里，我只有借助最强效的安眠药（水合氯醛）才能入睡，有些晚上还睡不着，需要额外注射吗啡；而我在弗莱希格疗养院的最后的几个星期里，我——虽然睡得不太踏实，而且多少伴有兴奋性的梦象——不用任何人工辅助就能入睡：*我的睡眠已经成为光束睡眠*。[45] 正如脚注 31 中指出的，光束可以安抚神经、带来睡眠。这一点人们应该比较容易相信，因为即便是普通的日光也能带来类似（尽管较弱）的效果。每个精神病学家都知道，神经疾病患者的神经兴奋程度在晚上会大大增加，在白天，尤其是经过了好几个小时的日照、接近中午的时候会有所好转。对我来说，如果身体能直接接受神圣光束的照射，效果会显著提升。只需相对较少的神圣光束就能带来睡眠；但它们必须汇聚起来，因为除神圣光束以外还存在衍生的光束（是
由弗莱希格这样不洁的过验灵魂带来的）。当神圣光束汇聚起来， 93
我就会立刻睡着。当我在弗莱希格疗养院住院的最后一段时间注意到这种现象时，我感到十分惊讶，因为在那之前想要睡着是非常困难的；我是随着时间的推移才清晰地认识到这一现象的原因。

除了反复提到过的性器官的变化之外，我的身体在那段时间还出现了各种不同寻常的病症。为了展开讨论，我必须再回到前几章

---

* 可能指《唐璜》里被唐璜邀请赴宴、最后把唐璜拖入地狱的石雕。——译者注

45 在皮尔森疗养院住院期间，以及住在这里的最初一段时间（大概是第一年），在我的印象中我从未接受过安眠药。我的记忆是否有误可以核查疗养院的药物登记册的记录。后来的几年里我又开始有规律地服用安眠药（主要是交替服用硫基甲烷［Sulfonal］和水合戊烯［Anylene hydrate］）；我对此没有异议，不过我认为它们对我的睡眠没有影响。我确信，无论是否服用人工安眠药，我睡眠状况的好坏都是一样的。

提过的“世界末日”的观念：根据我获得的异象，世界末日要么迫在眉睫，要么已经发生了。根据我收到的各种不同的暗示，我对世界末日或将如何发生形成了各种看法。一开始我一直认为随着太阳退远、温度降低，会出现或多或少全球性的冰川期。后来我又想到了地震一类的灾难——在这方面我想提一下，我曾经得到消息说，1755年里斯本大地震的发生与一个灵视者有关，他的情况和我类似。再后来我又想到，一种传言可能已经流传开了：突然有某种巫师性质的存在以弗莱希格教授的形态出现，[46]而我自己作为一个毕竟是在较大的圈子里的知名人物突然消失，引起了人们的恐慌，破坏了宗教的基础，造成了普遍的神经质和道德败坏，从而导致毁灭性的流行病在人类之中爆发。尤其是这最后一个想法得到了事实支持：有一段时间流传着关于麻风病和鼠疫的说法，据说这两种在欧洲十
94 分罕见的疾病已经在人群中传播开来，而且我自己身上就能看到它们的迹象。对于鼠疫我不能像对麻风病那样肯定，可能只是这种疾病的一点苗头，因为我没有任何关于具体症状的确切印象。但我记得各类麻风病的名字，据说它们都曾出现过：有东方麻风病（Lepra orientalis）、印度麻风病（Lepra indica）、希伯来麻风病（Lepra hebraica）和埃及麻风病（Lepra aegyptica）。我作为医学外行人之前从没听说过这些术语，也不知道它们是否能对应上描述这些疾病的医学术语。我在这里提到它们，是为了反驳那种认为一切都是由我自己的神经编造出的幻觉的假设；既然我本人对麻风病的不同种类毫不了解，我怎么可能突然想出这些说法？我至少曾经携带过麻风病菌，其表现是在很长一段时间内我不得不复述一些听起来很奇怪的咒语，比如“我是第一个麻风尸体领着一个麻风尸体”（I am the first leper corpse and I lead a leper corpse）[47]——在我看来，这句咒语

46　还有一次我听说了一个法国医生（Brouardel）的名字，据说他模仿了弗莱希格教授。

47　在我的印象中，我曾经好几次当着护工 R. 的面大声说出这些话，R. 自然只是向我报以怜悯的笑容。

和麻风病人要接受自己注定死亡这件事有关，而且他们只有互相帮助埋葬彼此，才能以至少尚能忍受的方式死去。此外，我的身体多次出现了相当明确的鼠疫征象。有好几种不同的鼠疫：蓝鼠疫、褐鼠疫、白鼠疫和黑鼠疫。白鼠疫是最令人厌恶的；褐鼠疫和黑鼠疫与身体的挥发有关，前者会发出胶水般的气味，后者发出煤烟味；当黑鼠疫出现，气味有时极为浓烈，充斥着我的整个房间。我在现 95
在这家疗养院住院的初期，也就是 1894 年的夏天，仍然能够注意到有褐鼠疫的微弱迹象。灵魂们认为鼠疫是一种神经疾病，因此是“神圣疾病”；我不清楚它和现代偶发的腺鼠疫有没有关系。但无论如何，即使是鼠疫也没有发展到全盛阶段，而是局限于或多或少的标志性迹象。这是因为鼠疫的表现随后总是会被纯净光束消除。因此，人们区分了“损害”（searing）[48] 光束和“祝福”（blessing）光束；前者充斥着尸毒一类的腐败物，会把某些病菌或疾病带入人体，或是对身体造成其他伤害。祝福（纯洁）光束反而会治愈这种伤害。

发生在我身上的另一些事情与超自然事物的联系更密切。前面的章节中提到过，那些被吸引的光束（上帝的神经）是不情愿地跟过来的，因为被吸引意味着失掉它们自己的存在，从而违背了它们自我保存的本能。因此它们不断试图抗拒这种吸引，也就是说不断地想从我的神经中重新挣脱。唯一绝对有效的办法，就是带给我充足的睡眠以治愈我的神经疾病。但显然它们没法下定决心，至少无法持之以恒地这样做，因为这需要每次最先接近的那部分光束做出自我牺牲，但它们既不具备牺牲的能力，也没有必要的意志力。

随着时间的推移，其他一切可以设想的方案都尝试过了，但事 96
态的本质注定了它们全都完全不适用。这些方案背后的核心想法始终是“弃置”我，也就是把我抛弃；在我目前讨论的这段时间，有

48　动词“损害”（sehren）显然源自一个古老的德语词根，意思是“使……受伤”，在现代德语中已被弃用，只剩下“无损”（unversehrt）这个复合词；但基础语中还保留着这个词。（译按：“祝福光束”德语是 Segnende Strahlen，发音与“损害光束”［Sehrende Strahlen］相似。）

一个想法是可以通过把我去男性化、将我的身体出卖为妓女的方式实现抛弃，有时也认为可以杀死我，后来又企图摧毁我的理智（让我痴呆）。

至于把我去男性化的企图，人们很快就发现不断向我体内注入欲乐神经（女性神经）的做法恰恰产生了反效果，因为这种做法在我身体里产生的所谓“灵魂欲乐”反而增强了吸引力。于是，又有“蝎子”被不断放进我的头，这些细小的、螃蟹或者蜘蛛形状的东西在我的脑袋里展开破坏。这些蝎子具有灵魂的性质，因此是说话的存在；它们按其来源地分为“雅利安”[49]蝎子和“天主教”蝎子，前者更大更强。然而，当这些蝎子察觉到我的神经之纯洁以及我的动机之神圣，通常都会从我的脑袋里撤出，不会对我造成伤害——我一次次以类似的方式获胜，这是其中一例。正是因为我的动机之神圣对灵魂有太强的吸引力，会有种种企图想尽一切办法来歪曲我的精神个性。“耶稣会士”，也就是前耶稣会士的过世灵魂，不断试图把另一种
97 “规定神经”（determinant nerve）植入我的头脑，以改变我对自身身份的认识；我头骨内侧被衬上了一层不同的脑膜[49A]，以抹消我对自己的自我的记忆。所有这些都没能造成任何永久性影响。最后还有一种企图是借助奇迹把其他（已故）人类发黑的神经放进我的身体、让我的神经变黑，它们认为这些神经的乌黑（不洁）会传递给我的神经。关于这些发黑的神经，我想提几个名字，据说它们的持有者都曾经在“弗莱希格地狱”，这让我猜测弗莱希格教授对于这些神经一定有某种支配权。其中有一个叫伯恩哈德·哈斯（Bernhard Haase）的——他的名字碰巧和我的一个远房亲戚一样——是个坏蛋，

49 “雅利安”（“雅利安”是印度－日耳曼民族的别称）这个说法在那段时间被用得很多；还有“雅利安”福乐等说法。总的来说，这种说法是为了表明大部分灵魂倾向于日耳曼民族主义，他们希望保持日耳曼人作为上帝选民的地位，与其他灵魂争取天主教化、斯拉夫化的努力形成对比。

49A 作为医学外行人，我之前也不曾听说过脑膜，是在我亲自觉察（感受）到这种现象之后，声音告诉了我这一说法。

据说犯了谋杀之类的罪；还有一个叫 R. 的，是我在学生同盟的同学，他因为过得不好、生活不检点而移居美国，据我所知，他于独立战争期间（1864 或 1885 年）在美国被杀害了[50]；最后，还有一个叫朱利叶斯·埃米尔·哈斯（Julius Emil Haase）的，尽管他的神经发黑，却给人以十分可敬的印象。据推测，他在法兰克福袭击[*]发生时是一名学生同盟干事，如果我没听错的话，他后来在耶拿成了一名执业 98
医生。很有意思的一点是，这个朱利叶斯·埃米尔·哈斯的灵魂甚至能凭着他生前的科学经验给我提供一些医学建议；在此我还想补充说，我父亲的灵魂在一定程度上也起了同样的作用。这些发黑的神经在我身体里的存在未能造成持久影响，它们没能改变我神经的状况，不久就消失了。

我还可以讲出我在弗莱希格疗养院住院期间发生的更多奇迹事件。有些事件使我相信，“鬼火是过世的灵魂”这一通俗信念常常是正确的，尽管不总是如此。我还可以讲讲游荡时钟（wandering clocks），也就是过世异教徒的灵魂，据说它们在中世纪回廊的玻璃下保存了数个世纪（这里也有类似灵魂谋杀的事情暗流涌动），它们会用无比单调、忧伤的嗡嗡振动宣告它们仍然幸存（我本人是通过神经连附接收到这种印象的），等等。为了避免过于冗长，[51] 我将在此结束我对于在弗莱希格疗养院住院期间的经历和回忆的报告。

50　这里提到的 R. 等例子，会让我推测弗莱希格教授统治某些上帝辖域统治的权力（见上文第 57、58 页）一定已拓展至美国。在英国似乎也是这样；有一点被反复强调：弗莱希格从原本的光束领袖、一位英国主教那里取走了“十六条英国光束”，这些光束原本是在明确的前提下被授予他的，只应用于争取德国独立的战争。

*　1833 年的冲击法兰克福卫兵室运动（Frankfurter Wachensturm）主要由学生同盟组织，约 50 名学生袭击了法兰克福卫兵室，试图控制德意志联邦的金库并发起革命。但因为计划提前败露，被警察轻易击退，多人被捕入狱。——译者注

51　也考虑到这部分内容主要涉及到异象，即我头脑里的画面，用词语描述它们极为困难，在某种程度上是完全不可能的。

99 在皮尔森疗养院的个人经历；“过验灵魂”

8

从我前面讲的在弗莱希格疗养院住院的最后几个月的经历来看，我那时显然正为我的身体和灵魂遭遇的危险感到恐惧；光束交流当时已经无法切断，我惧怕的危险在某种程度上说已经发生了。最可恶的一个观念就是我的身体会在被变成女性之后遭受性虐待，尤其是有一段时间据说要把我丢给疗养院护工实施性虐。此外，对“被弃置”的恐惧也很关键，每天晚上我在软垫病房上床睡觉时，都不确定第二天一早房门究竟还会不会再次打开；另一个恐怖的意象是半夜被从病房拖走、带去淹死，声音对我说的话使这个意象牢牢占据了我的想象。

因此，当一个清晨（可能是 1894 年 6 月中旬），三名护工出
100 现在我的病房门口，提着一个装有我的个人物品的行李箱，告诉我要准备好离开疗养院了，我的第一反应是解脱，终于能脱离这个危机四伏的地方了。我对这趟旅程去往哪里一无所知，也无心询问，因为我根本不觉得这些护工是人类，而认为他们只是“被草率捏造的人”。[52] 我对旅程的目的地无动于衷，只觉得无论在哪里，我过得都不会比在弗莱希格疗养院更糟糕了；所以任何改变都只会是改善。在三名护工的陪同下，我乘出租马车前往德累斯顿，出发前没有再见到弗莱希格教授。我们沿途驶过的莱比锡街道尤其是奥古斯特广场，看起来古怪而陌生；在我的记忆中这些街道完全荒废了。

52　根据我曾见到的一个关于前面提到的 R. 的异象，他在去“于贝莱森”（Übelessen，莱比锡附近的通贝里区）的路上结束了自己的生命。

可能是那时还太早，在清晨的天光下显得荒废的缘故；我赶乘的多半是早上 5: 30 左右发车的客车。在奇迹中生活了好几个月之后，我或多或少倾向于把眼前的一切都看做奇迹。因此，我不知道是不是该把我经过的莱比锡街道仅仅当做舞台布景，可能就像传说中波将金王子为俄罗斯皇后叶卡捷琳娜二世布置的那样，在她必经的荒郊沿途搭起布景，为了给她营造一种繁荣乡村的印象。在德累斯顿车站，我确实看到了为数不少的给人的印象是火车乘客的人。但如果人们认为我关于一个重大转变已经降临于人世的观念应当被我乘车前往车站、随后又乘火车旅行的经过彻底修正，那么我必须指出，我刚一抵达新目的地，一个新的奇迹世界就带着不同寻常的异象向 101
我扑面而来，很快就盖过了这趟旅行的印象，至少是让我对于该如何解读它们产生了犹豫。这趟火车之旅的速度对于慢车来说快得不同寻常，至少我那时是这样感觉的；我的心境是已经准备好（假如需要的话）随时投身铁轨，或者在横跨易北河（Elbe）时纵身跃入水中。乘车数小时后，我们在一个（我后来听说）据说是科斯维希的车站下车；从那里我们又坐上出租马车，花了大约半小时抵达了我的新目的地。我是在好几年后才得知这里应该是皮尔森私立疗养院，当时我只从声音那里听说这家疗养院名叫“魔鬼厨房”（Devil's Kitchen）。过来接我的疗养院高级护工在车厢里就坐；在我的印象中，他叫马克斯，我稍后还会讲到他和冯 · W. 的灵魂似乎是同一的。这座疗养院本身是一座坐落在美丽庭院中的相对较小的建筑，给人的印象是新建的。所有的东西似乎都刚刚完工，就连楼梯上涂的釉都还没干透。陪同我过来的三名弗莱希格病院护工很快就离开了，我没有再见过他们。我花了些时间在我的新住所四处参观。[53]

53　我为什么会被送到皮尔森精神病院（临时在那里住 7 ~ 14 天）这件事，即便我想从人类的、自然视角去理解，也还是无法解释。一旦确定了要把我从莱比锡大学诊所转至目前这所地区疗养院（松嫩施泰因），更方便的做法当然是直接把我送到这里来，而不是中途再在别处停留；如果松嫩施泰因还没有合适的房间接收我，更好的办法是让我在莱比锡疗养院多待一两周，而不是把一位情况相当危险的病人（我当时的情况确实危险）托付给一家私人疗养院。

102 我将试着给出一张皮尔森疗养院(“魔鬼厨房”)的平面图和草图，因为我那时相信——如今依然这样认为——我可以基于它的布局得出某些结论。在我的印象中，收治我的这座病院建筑只有两层高，上层和下层；与它相隔一座花园的地方还有另一栋建筑，据说是疗养院女栋。我入住的上层看上去是这样的：

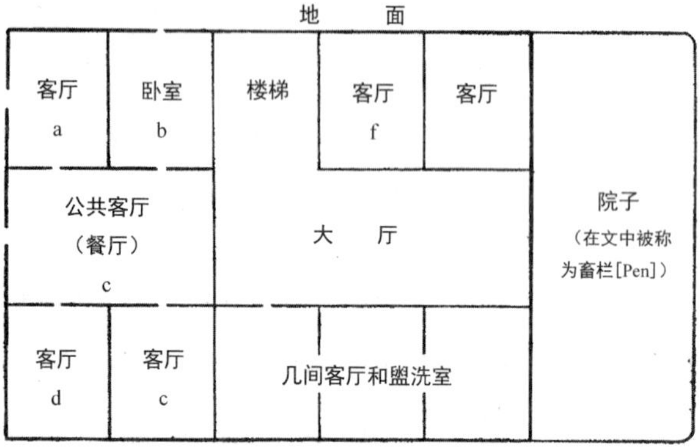

地 面

客厅 a
卧室 b
楼梯
客厅 f
客厅
公共客厅（餐厅）c
大 厅
院子（在文中被称为畜栏[Pen]）
客厅 d
客厅 c
几间客厅和盥洗室

下层的格局稍有不同；那里除了其他房间还有一间浴室，另一侧有几个大房间；朝庭院方向有一扇门，几节台阶通往院子。

我在皮尔森疗养院度过的那段时间，正是最疯狂的奇迹捣蛋（mischief）行为开展的时候——所有不具有持久、明智的目的，只是漫无目标地胡闹的创造，尽管可以给光束提供暂时的娱乐，都应
103 被看做捣蛋。这也是“被草率捏造的人”的设立最夸张的一段时间。为什么这样说很快就会清楚。

我首先要描述一下我的外部生活境况在我的新居住地有何变化。我没有独立的客厅，上面的草图中的房间 b 是我的卧室。白天我通常待在公共客厅 / 餐厅 c，还有其他一些估计是病人的人在那里进进出出。我想我可能是凭着一些偶然的相似性，从一个看上去是专门负责照料我的护工身上认出了地区法院的助理，我在德累斯顿从业的六个星期里，是他负责把文件送到我家；我不知道这位护工的名字，所以我将称他为“地区法院护工”。我自然而然地认为他和我

看到的其他人形一样，只是“被草率捏造的”。即使是现在，我也无法说服自己这个观念有误，因为我明确记得，比如在那些天光明亮的六月早晨，我不止一次看到这位睡在我卧室的另一张床上的“地区法院护工”和他的床融为了一体；也就是说，我看见他逐渐消失、他的床空了，但我既没有注意到他起床，也没注意到他开门离开房间。此外，这位“地区法院护工”还有一个习惯是偶尔会穿我的衣服。另一位偶尔（通常是在傍晚）出现的先生据说应该是疗养院的医疗主管，他的某些相似性又让我想到了我之前咨询过的德累斯顿的O.医生；这位主管先生总是在两名高级护工的陪同下出现（我稍后会更详细地描述他们），现在看来他一定是皮尔森医生，他说的话通常都仅限于几句空谈。疗养院的花园我只去过一次：我刚到的那天
在花园散了大概半小时的步。在花园中，我见到了几位女士，其中 104
有 W. 女士，是一位法国牧师的妻子，还有我自己的母亲；也见到过几位先生，其中有德累斯顿地区法院委员 K.，他顶着一颗笨拙、膨胀的脑袋。即使我现在试图说服自己，我只是被外在表象转瞬即逝的相似性欺骗了，也不足以我解释我当时产生的印象；我可以理解这种相似性出现两三次，但无法理解——正如我即将表明的——疗养院中几乎所有病人，至少好几十个人，看上去都和我生活中或多或少亲近的人相似。

那一次在公园散步之后，我的户外活动（每天上午和下午的一两个小时）就是在前面提到的院子或者“畜栏”（pen）里；这个地方约五十码见方，除了一两个极为简陋的木凳子之外，就没有可坐的地方。40 ~ 50 个人形和我一起挤进这个畜栏，从他们的外表来看，我无法相信他们真的是一家私立疗养院的病人。一般来说，人们在私立疗养院见到的都是比较体面的病人，只有偶尔会遇见真正的疯子或者傻子。但我在皮尔森的院子里见到的全是一些稀奇古怪的形象，其中有些还穿着布满煤渣的亚麻罩衣。几乎所有人都沉默不语、

很少动弹；只有几个人会偶尔嘀咕一些只言片语，其中有一位我认为是地区法院委员 W. 先生，他不断喊着某个“赫林小姐”。我待在“畜栏”甚至是在疗养院楼内的时候，不曾从这些所谓的病人那里听到过任何稍有理智的对话——那种私立疗养院轻症病人的对话。他们一个接一个地走进公共客厅，沉默不语，又同样沉默地离开，
105 似乎完全觉察不到彼此。同时，我还好几次注意到有些人在公共客厅里互换了脑袋，也就是说，他们没有离开房间，就在我眼前突然开始顶着一个不同的脑袋走动。据我观察，疗养院的面积和我在畜栏以及公共客厅——在畜栏里通常是同时地，也有时是相继地——见到的病人数量完全不成比例。当时（现在依然如此），我完全无法相信这些一次次和我一起挤进畜栏、又随着返回的号令涌向楼门的 40 ~ 50 个人晚上都能睡得下；因此我当时以及现在都认为，一定有些人一直待在外面，并像“被草率捏造的人”（他们确实是被草率捏造的）那样过不了多久就会消失。

我所住的疗养院上层只有大概四张或六张病床，我每次去畜栏或者从畜栏回来都要经过的下层通常充满了人形，但即使有公共宿舍，也不太可能容下多于 10 人或 12 人过夜。而且去畜栏的这 40 ~ 50 个人一定都或多或少是痴呆的，因为对环境无害的轻症病人不太可能会去挤这个荒凉的畜栏，而放弃在病院花园（前面提到过的花园草地，它确实是存在的）散步的乐趣。关于我印象中出现在畜栏的诸多人形，我想提一下莱比锡的鲁道夫·J. 博士，他是我妻子的堂兄，早在 1887 年就开枪自尽了；我看到的形象除了稍矮一些以外都和他
106 极为相似，使我毫不怀疑他的身份。这个人会抱着一叠报纸或者什么其他的纸走动，只是为了坐在硬木凳上的时候给自己垫得软和一些。还有高级公诉人 B.，他一动不动地保持着躬身、虔诚、近乎是祈祷的姿势。声音把其中一些在场的人形叫做“关于那规定性的第四和第五”（with regard to the Determining fourth and fifth）（还要补

上“维度”之类的字，我也不是很明白）[54]，又说他在地下的另一极（subterranean antipodes）被“设立”（set down）（具现化）为那些浑身煤渣、穿麻布罩衣的人。在疗养院里，我还看到 W. 医生以两种形态存在，一种较为完善，一种较为低劣，后一种是在灵魂转世中被分派给他的；此外还有法院参议院主席 F. 博士、地区法院委员 M. 博士、莱比锡的 W. 律师（我年轻时的朋友）、我的侄子弗利兹，等等。从在那位看似住在二层楼梯口 f 室的先生身上（我觉得我刚到科斯维希车站的时候曾见到他在那里走来走去，好像在找谁），我觉得我认出了梅克伦堡的冯・O. 先生，我在瓦尔内明德度假时和他有过一面之交。他的房间里挂着非常奇怪的图片（纸质），以红色为主，屋里充斥着我在第一章称之为魔鬼的臭气的特殊气味。有一次我从窗外看到了我的岳父正在来疗养院路上；当时，我身体里也有一些他的神经，从它们在神经连附中说话的方式，我清晰地认出了 107
我岳父的特征。我还反复见到几个人（4 ~ 5 个），甚至有一次是几位女士，穿过公共客厅之后走进二楼角落里的 a 室和 d 室，他们肯定是消失在房间里了。[55] 正如平面图所示，那里除了公共客厅以外没有其他地方可以出去。我一直没有离开客厅，但过了一会儿当我从 a 室和 d 室敞开的门向内望去，里面要么一个人也没有，要么只有一个人在角落的 d 室里；我称这个人为 W. 博士，他躺在床上，戴着各式各样古怪的丝带饰物，当时据说这些是他“奇迹地取得”的。

奇迹不仅影响这些人形，还会影响无生命物。现在当我仔细检查自己的回忆时，无论我多么努力地保持怀疑态度，我都无法把某些印象从我记忆中抹除——我曾看到人身上穿着的衣物也被变了样子，进餐时我盘子里的食物也会变化（比如从猪肉变成牛犊肉，或

54　“关于那规定性的”也是一个用来称呼上帝全能的词，它被授予“前列领袖”，即上帝全能的某些下属层级（参见脚注 19）。后面的数字指从低到高的梯级。前面提到的“前列领袖”也被称为“规制以下”（below measure），数字是 14，我认为它似乎和这家疗养院的院长有某种同一性。我记得我后来听说过的最高的数字是 480。

55　这种消失也反复伴随着“被草率捏造的人”“撤走”（消散）时发出的特殊声响。

者反过来）。在光天化日之下，我看到窗外我所处的建筑外墙的正前方升起了一根宏伟的柱廊，仿佛整栋建筑即将化为仙宫；这个画面后来又消失了，据说是因为神迹本意实现的东西遭到了弗莱希格和冯·W. 反奇迹的阻碍；这幅画面在我的记忆中依然十分鲜明。

这家疗养院的高级护工也值得专门谈一谈。我刚到这里的那天，声音说他和我的室友冯·W. 是一个人；据说他曾在某次国家问询上
108 有意或无意地对我做了假见证，尤其是谴责我手淫；作为惩罚，他现在以被草率捏造的人的形态充当我的仆人。[56]

这些想法似乎不可能是由我自发产生的，因为我和冯·W. 先生从未有过分歧，对他毫无积怨，毕竟我只有幸与他有过一面之缘。但是声音不断试图煽动我反对这名高级护工，我住院的第一天，它就要求我直呼他“W.”，省略头衔以侮辱他；一开始我完全不愿意，最后为了摆脱不断施压的声音，就这样叫了一次。后来有一次我甚至扇了他一耳光，我已经不记得直接的契机是什么了，我只知道他对我提了一些不公正的要求，声音不断质问并嘲笑我显然缺乏男子气概，直到我终于动手打了他。我在第 1 章已经提过，我有时会看到高级护工的脸上和手上泛起魔鬼特有的红色；我之后将会讲的事情使我确定了他至少有一部分冯·W. 的神经。

我在皮尔森疗养院（“魔鬼厨房”）短暂居住的这段时间，没有从事任何脑力或体力活动；我的注意力几乎整日被声音的对话，以及我周遭发生的神奇事件带来的惊异占据了。现在回顾起来，很
109 特别的一件事是那里没有公共用餐时间；我记得好几次在那里吃饭，都是在公共客厅里为我铺了一张桌子；除我之外在客厅吃饭的病人

56　这一类惩罚——假如其中有真实成分，它可以说是一种比较温和的惩罚——似乎是灵魂比较偏爱的。我好几次听说弗莱希格教授将会作为“被草率捏造的”女清洁工为我服务，以补偿他对我造成的伤害。似乎那些生前犯罪的人的下场是遭受某种温和的、嘲讽性的羞辱，这可以解释“捣蛋鬼”（rascal）这个词——侍奉永恒的犹太人的被草率捏造的人被称为“捣蛋鬼”，因此这个称呼也适用于目前这家疗养院的护工（在我住院的最初阶段），尤其是护工 M.。

最多只有一两个。我记得有一次我把一碟食物（煎香肠）从窗户丢出去了，可能还打碎了窗玻璃；但我记不清原因了。

在弗莱希格疗养院与我建立神经连附的灵魂，自然也跟着我到了新的住所，它们后来又跟着我一路到了这里：首先是弗莱希格的灵魂本身，它试图激化它已经搅起的对抗上帝的全能的斗争，它和一些或多或少比较友善但被拉拢的灵魂结成了某种团伙。团伙的成员除了第五章提到的“仙后座兄弟”之外，还有一个当时被称为“先驱者”（Vordringenden）的团体，其中有丹尼尔·弗希特戈特·弗莱希格的灵魂（以两种形态存在）、高级地区法院委员 G. 的灵魂，还有之前属于上帝全能的一个前列领袖的灵魂——“关于那规定性的第一”，这是一个可以说是已经屈从于弗莱希格的影响的叛徒。那些“悬挂在仙后座下的”（萨克森学生军团前成员的灵魂）在我住在皮尔森疗养院期间消失了，他们被“一只强力的手”推回坟墓了，我用心眼亲自目睹了这一事件，同时听到了灵魂经历这一它们显然不愿意经历的事件——因为这意味着丧失他们之前窃取的福乐——时发出的恸哭（一种呜咽声）。其他一些灵魂接替了他们的位置，这主要是灵魂分裂——我认为最初是由弗莱希格的灵魂引入的一种滥用——的结果。尽管第 1 章脚注 9 中提到的灵魂分裂的物理可能性之前或许已经存在，但在世界秩序依然完好的情况下，这种设置
不太可能以如此伤害人类感受的方式被利用。允许一个人类灵魂的 110
一部分神经升至福乐，同时将另一部分神经置于惩罚中，是没有道理的。我倾向于认为，人类灵魂天然具有的统一性本来是得到尊重的；因此如果一大部分神经都已经变黑、把它们全部净化需要消耗太多的纯净光束，那么就只有一小部分神经会得到净化，这意味着此人的灵魂只能获得短暂的福乐（参见第 1 章），剩下的只会被留在坟墓里，任其腐烂。但正如前面提到的，弗莱希格的灵魂引入灵魂分裂，主要是为了让灵魂碎片占据整个天穹，这样，神圣光束就会在某种

吸引力的影响下处处受阻。我脑海中的这幅图景很难用文字描述：似乎神经——可能是取自我的身体——被缀满了天穹，让神圣光束无法逾越，至少是构成了一种机械障碍，如同城墙和护城河保护着一座四面受夹击的要塞，挡住来袭的敌人。出于这样的目的，弗莱希格的灵魂分裂为大量的灵魂碎片，一度曾有 40 ~ 60 片之多，其中有很多是非常小的，可能只有一根神经；有两个大块的灵魂被称为“高级弗莱希格”和“中级弗莱希格”，前者曾因他占据的神圣光束而一度显示出更高的纯洁性，但这种纯洁性通常持续不了太久。类似地，冯・W. 的灵魂碎片后来也多达 20 ~ 30 片，甚至还有一个冯・W. – 弗莱希格灵魂的结合体，我之后会再讲到它。

导致冯・W. 的灵魂（和弗莱希格的灵魂一道）出现在天上的原因，我只能加以猜测，这种猜测或许是有一些准确性的。从根本上说，所有（弗莱希格和其他人的）“过验”灵魂的存在，都要依赖于我
111 的神经的过度兴奋在我身体中形成的吸引力；也就是说对它们而言，我只不过是用来捕获神圣光束的媒介；这些光束被我的吸引力拉拢过来，又被它们用来装扮自己，就像孔雀用其他动物的羽毛装饰自己一样，以便获得奇迹的力量，等等。因此，这些灵魂都需要对我的身体有一定的掌控力。我在莱比锡疗养院住院期间，这种掌控力似乎是由弗莱希格的灵魂和真实的弗莱希格教授一起执行的，那时他还作为人类真实存在（但也可能是“被草率捏造的人”，他那时究竟是什么我无从判断）。在我被转移到皮尔森疗养院（“魔鬼厨房”）之后，这种影响力消退了，对我身体的实际掌控权落到了这家疗养院的员工尤其是高级护工手上。

一开始，据说参与这件事的只有三根冯・W. 的神经丝，但一旦它们获得了对自身在天堂的存在以及奇迹力量的认识，便很快拉拢了更多的冯・W. 神经（当时我认为是从坟墓里拉上去的），把自己整合进一块体量相当大的灵魂里。这些被拉拢过去的自然也是不洁

的神经，这样一来，天上就有了第二个“过验灵魂”，它只受自私
的自我保存企图以及全然相悖于世界秩序和上帝全能的权力欲望驱
使；它为了这一私欲而滥用了我的神经吸引神圣光束的能力。总体上，
这个灵魂承认弗莱希格灵魂的领导地位，后者一向是一整支上帝全
能之叛军的精神领袖；但在某些方面，它和追随弗莱希格的其他灵 112
魂相比也保持了一定的独立性。正如前面提到的，它允许自己接受
灵魂的广泛分裂，但在其他方面又按自己的方式行事。

这第二个“过验灵魂”让我的处境明显变得更艰难了；因为它也开始在我身体内施展奇迹，这些奇迹有些非常危险，我之后还会详细讲。另一方面，它也产生了一些有趣的效果，甚至给我阴郁的存在带来了（假如我可以这样说的话）一丝喜剧色彩。在我看来，这些已经取得某种天堂力量的神经无疑是冯 · W. 的神经，因为我曾多次和这个灵魂聊起它生前的记忆，尤其是它在密斯尼亚（Misnia）学生军团的学生岁月，一直聊到于特彻（莱比锡附近）的古斯酒馆里那个有名的服务员 B. 。有时，看到弗莱希格和冯 · W. 这两个联手反对上帝全能的灵魂，因为前者学究气的自大、后者贵族气的自傲而互相排斥，也非常有趣。冯 · W. 的灵魂沉迷于它想在天堂建立的“冯 · W. 家族和长子制”（von W. ’s House-and Primogenitor-Order），并想在此基础上确立它的“世界统治”，它在根本上对民族主义自由派的弗莱希格教授毫无兴趣，有时对后者也没有什么好的评价。而弗莱希格的灵魂充斥着智识的优越感，怀着鄙夷看待冯 · W. 的灵魂。冯 · W. 的灵魂还表现出另外一些鲜明的贵族特点，比如当它注意到我是用左手把叉子送进嘴里的时候，它会暂时对我表现出更多的尊重；它对良好的餐桌礼仪尤其感兴趣，同时也比弗莱希格的灵魂更善于组织——它对它占据的光束使用得更节省，因此通常显得更明亮，它一度维持了一个充足的“光束库”（magazine of rays）（我现在还能指出它在天空的什么位置）。

113 关于我在皮尔森疗养院期间的其他超自然印象，我还想稍微补充一些。有一种所谓的月光福乐（Moonshine-Blessedness）据说是女性福乐的体现，它会排成长列颤动着向我涌来（这个画面很难描述，或许人们可以把它比作蛛丝，但不是一根蛛丝，而是更浓密的质地）。它分为两种，一种较为平淡，另一种更强劲；前者或许可以说是儿童福乐（Child-Blessedness）。关于前面提过的世界末日又有了进一步的消息，涉及到被造物世界能在多大程度上得到恢复；有一次据只能恢复到鱼类，还有说法是可以恢复到低等哺乳动物，等等。我不确定这一消息是否有现实依据，或只是出于对未来的担忧。但我必须假定，在某颗遥远的星球上，确实出现了重新创造人类世界的尝试，很可能用了一部分我的神经，因为从那时起我无数次听到“出自施瑞伯精神的新人类”（new human beings out of Schreber's spirit）这个说法，通常是以嘲讽的态度说的。至于重建人类世界需要多长时间，这还是一个谜；我当时想到了（现在依然会不自觉地想起）脚注 36 中引到的杜－普雷尔著作中提出的观念：据他所说——在我印象中是在附录里讲到的——空间的差异也意味着时间的差异。这种“出自施瑞伯精神的新人类”在体型上比我们地球人矮小很多，据说已经达到了相当高的文化程度，已经开始圈养和他们的体型相配的小牛了，等等。我本人据说受到了他们神一般的敬重，成为他们所谓的“民族圣徒”，似乎我的身体姿态（尤其是我在皮尔森疗养院“畜栏”里的姿态）对他们的信仰来说有某种意义。而这个种族的那些在死后升至福乐的灵魂，据说已经获得了相当丰盛的光束。

我假定这些事情应当有些真实性，因为当时这些小人的“上帝”
114 或“使徒”——大概是出自他们的福乐的光束之总合——就作为灵魂存在于我的身体里，准确地说是在我肚子里。[57]这个小“上帝”或“使

57 在此我也注意到一个常见现象：友善的灵魂通常离我的性器官区域更近（比如腹部），它们在那里几乎不会造成什么伤害，也很少骚扰我；而有敌意的灵魂总是试图接近我的头，想在那里捣乱，尤其是常常以一种非常恼人的方式盘踞于我的左耳。

徒”的头脑比起其他的灵魂更灵活——这是我本人性格的一个根本特点（在此我难免要自夸一下）——因此我可以从他身上认出我的血肉。但是为了误导我，又有一个伪造的对立面相对于这个小“上帝”或“使徒”被设立起来——这种情况经常出现，比如相对于我父亲的灵魂，又有耶稣会士的灵魂，等等。通常我能迅速觉察到这种伪造，因为根据各个灵魂的性格是很容易区分真假的。当时还经常有一个说法是“光束更新法则”（law for the restoration of the rays）——“出自施瑞伯精神的小人”也是该原则的一个例子，即从过世人类的信仰中可以产生新的光束。这个观念似乎与第 1 章脚注 11 中关于“天堂前庭”来源的说法一致。

当时，弗莱希格的灵魂率领着两个“太阳”，其中一个是释放日光的太阳。我心中关于引领太阳的灵魂如何位于太阳背后的画面是很难诉诸文字的。冯・W. 的灵魂有时也会被授予一个太阳的领导权，但总体上它对此兴趣不大。

115 转院至松嫩施泰因；光束交流中的变化；
“写下系统”；“绑定到天体”

9

一个风和日丽的一天，我从皮尔森疗养院（住了 8 ~ 14 天后）也就是“魔鬼厨房”，被转移到了皮尔纳附近的这家松嫩施泰因地区疗养院[*]——我之后得知那天是 1894 年 6 月 29 日。我不知道我转院的原因是什么；当时我觉得，我只能把它联系到我在“魔鬼厨房”住院的最后几天里冯 · W. 的灵魂的影响力急剧增强，因此必须以某种方式抵消它。我离开之前洗了一个热水澡，这是我在皮尔森疗养院唯一一次洗热水澡。然后我就乘公共马车（和来时一样），在“地区法院护工”的陪同下前往科斯维希车站；在那里我喝了一杯咖啡，又乘火车途径德累斯顿前往皮尔纳，中途没有离开过车厢。我沿途以及在德累斯顿站台见到的人形，我认为都是奇迹造出的“被草率捏造的人”，我没怎么关注他们，因为我早在那时就已经对这所有的奇迹感到厌倦了。声音说的话也强化了我的态度；弗莱希格的灵魂用它自己发明的一个表述说：我们经过的德累斯顿是“化石化的”
116 （fossilized）[58]。从皮尔纳车站我又换乘租马车，沿着一条相当颠簸的路来到这家疗养院。要等到一年多以后我才会意识到，我已经从皮尔纳被送到了松嫩施泰因——当时我非常偶然地走进疗养院的“博物馆”（公共休息室），看到墙上挂着前萨克森国王的画像。刚来

* 松嫩施泰因（Sonnenstein）疗养院可直译为“太阳石疗养院”。——译者注

58 弗莱希格的灵魂喜欢用“在化石当中”（Amongst the fossils，原文即为英文）的说法表达“在被草率捏造的人当中”；在谈论超自然事物时，它倾向于用某些听上去现代的、几乎可笑的术语替代基础语。因此它也喜欢用“光传讯原则”（principle of light-telegraphy）指代光束和神经间的互相吸引。

到这个地方时，声音称这里为“魔鬼城堡”（The Devil’s Castle）。我现在还住在当时被分配的房间里——易北河一侧的二层 28 号房，还有隔壁的一间卧室。有几次因为改建和装修的缘故，我临时被分到其他的客厅；但是（我之后还会再提到这一点），大概前两年间我都没有用上我自己的卧室，而是睡在软垫病房，主要是一层圆形走廊的 97 号房。这里的房间不同于装修颇为精致的皮尔森疗养院，起初给我留下的印象是相当破旧的。我也想提到第一年里我的窗外还没有如今向我慷慨呈现的整个易北河谷的景色。那时外面的几棵浓密的七叶树还没被砍掉，它们几乎把景色完全挡住了，因此即使我望向窗外，也完全不能了解外界的情况。

我可以把我在松嫩施泰因住院的时期分成两个阶段，第一阶段
的生活总体上延续了我之前在弗莱希格和皮尔森疗养院住院期间的 117
特点：严肃，神圣，常常令人惊叹；相比之下，第二阶段逐渐汇入了日常（甚至是粗俗）的轨道。第一阶段持续了大概一年，第二阶段还在延续，只是在后期某些方面变得不那么粗俗了。在第一阶段，奇迹对身心的影响依然令人恐惧、有威胁性，所以很长时间以来我都对自己的生命、男子气概、后来还有我的理智十分担忧；而第二阶段——变化自然是非常渐进的，其间不乏反复——奇迹变得日益无害，甚至变得无意义和幼稚，尽管依然有些令人厌恶。

在第一阶段，我依然相信我不是在和真正的人类，而是和“被草率捏造的人”打交道。[59] 我依然不觉得这是我这方面的错误，根据我当时以及现在的日常经历，我必须保留这样的可能性：我当时可能并没有想错；换句话说，所谓的“人类把戏”是逐渐演变到现在这种状况的——从外部看，人类似乎没有改变。为了让这一难以理解甚至对我来说也不甚清晰的想法变得可理解一些，我必须首先介绍一下我在这间疗养院住院的最初几年间外部环境的状况。在疗养

59　因此我几乎是完全沉默的。

院的医生当中，我第一天在浴室（一层）做听诊器体检时认识了院长韦伯医生和他的助手 R. 医生，当时我不知道他们的名字；要等到第一年年底甚至更晚的时候，我才偶然得知他们的姓名。从那以后，这两位先生每天都会来看我，除了他们之外我偶尔也会见到高级护工 R. 和其他几名护工（M.、Th.），以及后来离开的 Sch.。M. 是主
118 要负责照料我的护工。

当时，疗养院里的其他病人似乎还不存在；至少在我所居住的有九间病房的走廊里，我没有注意到过任何病人；等到过了一段时间之后，我才注意到一个被称为 J……斯基王子的病人，还有一个叫 B. 先生的，我主要是因为 B. 的小提琴声注意到他的。头几个月，即便是我每天在两三名护工（前面提到的那几位）的陪同下在疗养院花园里散步时，我也总是独自一人，那时，还完全看不到现在和我一起在出现花园里的多达 80 ~ 100 个其他病人。声音称这些护工为“捣蛋鬼”（参见脚注 56）；我不得不假定他们具有“被草率捏造的人”的性质（因此他们实际上是灵魂），因为在他们与我的神经连附中我经常听到基础语的表达方式；尤其是我从护工 Sch. 那里听到过基础语中用于表达惊讶的说法——“老天”（Good Heavens）、“晴天霹雳”（Hail and Thunder）——不是出声说的，而是用神经语说的；而他本人当时在另一个房间里。有时 M. 和 Sch. 为了“把自己撤走”，会把身体的一部分作为污秽物卸载进我的身体；M. 总是会把自己作为一个所谓的“大神经”（一块樱桃大小的胶状物）放进我的胳膊，由此它可以像其他光束或神经一样，以某种方式参与我的思维和感受。据说这些“捣蛋鬼”作为灵魂有能力施展奇迹，有时当一些特殊事件发生时，据说它们是“捣蛋鬼奇迹”（rascals' miracles）造成。

我的妻子很长一段时间才会来松嫩施泰因看我一次，大概几个月来一次。我第一次见到她走进我的房间看望我时，我完全惊呆了；我很久以来都认为她已经死去了。这个信念——正如我对其他人的

信念——是有明确依据的，因此她的再次出现直到现在都是个未解 119
之谜。我的身体里经常有属于我妻子的灵魂的神经，或是我感到它们从外部向我靠近——在这一点上，我对该事件的客观现实性的记忆也是不容置疑的。这些灵魂碎片满载着我的妻子向来对我展现出的忠贞爱意，它们是唯一表现出愿意放弃自己的存续、在我身体里告终的灵魂，并用基础语“允许我吧”（let me）表达出这一意愿。[60]

妻子第一次亲自来松嫩施泰因看望我的时候，我一直相信她只是为了这个场合被“草率捏造”的；她还会消失，甚至可能在台阶上、在离开疗养院之后就会立刻消失。据说她的神经会在每次探望之后被重新“封装”（encapsulated）。她其中一次来访时——可能是 1894 年我过生日的那天——带来了一首诗，在这里我将逐字引用它，因为它当时给我留下了极为深刻的印象。它写道：

这宁静的神圣和平，
任生命或世俗快乐
都无法将它赐予；
在这真正的和平拥戴你之前，
上帝必先挥手打击，
将你重创；
你必将呼喊：怜悯我，
上帝，怜悯我的日子；
必将有哀哭， 120
从你灵魂中响起；
你的心必将漆黑，
暗如创世之前。

60　这个表达可以在语法上补全为：“允许我——你们这些试图把我拉回去的神经——允许我顺从我丈夫的神经的吸引力吧：我准备好融入我丈夫的身体里了。”

必有深重的痛苦，
将你彻底压垮；
你的灵魂之中，
将剩不下一滴泪。
而当你把自己哭空，
终于无比疲惫，
那忠实的客人将降临于你：
上帝宁静的神圣和平。

这首作者不明的诗给我留下了非同寻常的印象，因为反复出现的“神圣和平”（God's peace）一词正是基础语中的一个说法，指光束带来的睡眠。那段时间，我前后无数次听到这个说法，当时我很难相信这只是一个巧合。

我在松嫩施泰因住院的头几个星期（1894年7月初），我的神经经历已久的光束交流以及与此密切相关的天堂的状况都发生了某些变化；这些变化似乎对于之后的整个阶段至关重要。用词语描述这些变化极为困难，因为这里涉及的事情是一切人类经验都无法比拟的，我在一定程度上是用我的心眼（mind's eye）直接领会到的[61]，在一定程度上只是感到了它们的效果，因此我只能形成一幅大致的
121 画面。在前面的章节中我已经提到，天空中“过验”灵魂以及灵魂碎片的数量由于灵魂分裂而大幅增加。其中弗莱希格的灵魂在一段时间内凭着较大的尺寸（“高级弗莱希格”和“中级弗莱希格”这

61　我在这里用了“用心眼看到”这个说法，之前也曾这样说过（第8章，第109页），因为我在我们人类的语言中找不到更合适的说法了。我们习惯于认为，从外部世界接收的一切都要经过五感的中介，具体说来，所有光感和声感都要经过眼睛和耳朵的中介。在正常情况下这或许是正确的。然而，当一个人比如我进入了光束交流，他的头脑可以说也被光束照亮了，上述看法就不尽然成立了。我会接收到由光束直接投射到我的内部神经系统的光感和声感，而外部的视觉和听觉器官并不是必需的。我即便闭着眼睛也能看到这些事件，至于声音，即使我把耳朵严实地堵上、隔绝其他声音，我也能听到这些“说话声”。

两大形态）保持着比较多的人类智慧；它们依然重要，但智慧逐年递减，如今对自己身份的意识已经几乎丝毫不剩。而我一直试图把这些灵魂和灵魂碎片吸引到我这里来、让它们消失；我这样做一开始是出于一个相当合理的假设：一旦把所有“过验”或不洁的灵魂从它们的位置上，即从上帝全能和我之间所谓的中间层级处排除，冲突就会自动以合乎世界秩序的方式被解决；这要么是通过睡眠完全平复我的神经，实现治愈，要么——这是我后来考虑的可能性——是通过合乎世界秩序且以创造新人类为目标的去男性化来解决。但这些“过验”灵魂怀有相反的企图，想要坚守在它们篡夺来的、赋予他们奇迹力量的天堂的位置；它们每次接近，都会通过把其他灵魂或碎片推到前面来，试图再次撤回。

有一天晚上——可能是我来到松嫩施泰因的第四或第五天——
我花费大量心力，成功地把所有的不洁（“过验”）灵魂都暂时吸 122
到了我这里；接下来只需一次修复神经的睡眠，通过彻底地“用光束覆盖”（covering with rays）让我恢复，同时也能让不洁的灵魂消失。（可惜由于之前提到过的原因，人们无法下定决心采取这一做法。）结果，弗莱希格的灵魂采用了特殊举措，以避免这种威胁到它以及其他不洁灵魂的存在的状况再度发生。它出于私利诉诸于机械加固（mechanical fastening）；这种技术我只能大致理解。机械加固首先以一种更松散的、所谓“绑定到光束”（tying-to-rays）的形式展开，这里的“光束”一词似乎具有一种我无法完全理解的特殊含义。我只能描述我用心眼看到的画面：灵魂绑定在一捆类似于木条的东西上（就像罗马行政官持的束棒［fasces］），木条的下端分开呈圆锥状，灵魂的神经牢牢绑在上端顶点上。当这种较松散的绑定似乎不能充分抵抗我的吸引力以及消融进我身体的危险，它们又采取了一种名为“绑定到天体”（tying-to-celestial-bodies）的更有力的抵抗措施。正如其字面意义，绑定到某个遥远星球的做法使它们

从此规避了在我的吸引力的作用下彻底消融进我身体的可能性；另
一方面，由此确立的机械加固可以保护它们撤离。当“中级弗莱希格”
第一次采用这种加固时，上帝领域感到这种做法太过违背世界秩序，
是不可容忍的。因此“中级弗莱希格”只好把自己解绑。但之后这
种试探再度发生时，人们就没有足够的力量干预了。绑定被默许了，
而且不仅是其他的弗莱希格灵魂碎片，它们这一系列的灵魂——尤
123 其是冯 · W. 的灵魂，最后甚至还有上帝全能本身——都参与了进来。
这样，“绑定到天体”成了一种永久的设置，一直延续至今，并且
造成了进一步的后果，尤其是我即将描述的“写下系统”（writing-
down-system）。我意识到这样的概念——据此，人们必须设想我在
地球的身体会通过延伸出去的神经与其他星球相连——对其他人来
说几乎是不可理解的，毕竟距离如此之远；但对我而言，近六年来
的日常经验使这一关联的客观现实性不容置疑。

这里所说的写下系统即使笼统地讲也很难向其他人解释。它的存在日复一日地向我强烈地彰显着它的存在，然而，即使对我来说它也属于深不可测的范围，因为任何一个了解人性的人都必须承认，它企图实现的目标本身就是不可达成的。它显然是个权宜之计，因此我很难判断它究竟源于错误的（即违背世界秩序的）意图，还是源于有缺陷的理解。

多年来，我所有的思想、表述、所有的生活必需品、我拥有的或是我周围的物件、和我相关的每一个人，等等，都一直被写进书或者笔记里。我无法确定是谁在写。我无法设想上帝的全能会全然缺乏智慧，因此我假定这种写下是由遥远天体上被赋予了人形、却完全不具有智慧的造物（就像被草率捏造的人那样）进行的；经过的光线把笔按到它们手里、让它们完全机械地写，以便之后过来的光束可以看到写下了什么。

为了阐明这整个系统的目的，我必须做进一步的扩充。多年来，

一切针对我的生命、我的身体完整性、我的男子气概和我的理智的 124
攻击，都是基于同一种想法：想要从我过度兴奋的神经造成的吸引力（其程度远超出以往存在过的一切）中尽可能远地撤离。为了这一目标，人们首先考虑的是把我*去男性化*，从表面上看这是对世界秩序基本倾向的认可（见第 5 章）。但这不是那种以再造人类为目标、合乎世界秩序的去男性化，而只是一种故意的侮辱；因为有一种古怪的设想或者期待是，被去男性化的身体将失去它对光束的吸引力。我来到松嫩施泰因多年之后，灵魂的头脑中（如果我可以这样说的话）依然会出现去男性化的想法。距离较远、因此很长时间没有接触过我的神经的小块弗莱希格灵魂曾多次惊呼："他还没有被去男性化？"上帝的光束经常因为据说去男性化迫在眉睫而嘲笑我是"Miss Schreber"（施瑞伯小姐，原文即为英语）；还有一个经常被用到、重复得令人生厌的说法是："你要被展现为屈从于欲乐过度的"[62]，等等。很长时间以来，尤其是我的身体会被他人实施性虐待的可能性仍然存在时，我本人也感到去男性化的危险是一种威胁着我的耻辱。

因此在一年的时间里，大量注入我身体的女性神经（或欲乐神经）
未能对我的行为举止或思考方式造成任何影响。我凭着我的男性尊 125
严，以及我当时全心信奉的宗教观念之神圣，抑制了一切女性化的冲动；事实上只有在特定情况下，当女性神经人为地被光束振动以

62 "展现"（representing）这一概念的意思是，给某物或某人一种不同于其真实本性的表象（用人类的话说就是"伪造"［of falsifying］），总体上，它一直在灵魂的观念中发挥着重要作用。后来按照同一思路，在其他场合也好几次出现过这种说法：你要被展现为嘲笑上帝者，或是展现为某个灵魂谋杀犯（参见第 2 章，第 34 页），等等。我认为"展现"和这一点有关：一般而言，上帝只具有对于活人的表面印象，而且与人进行神经连附的光束每看一眼（sight），都只能获得（一眨眼的瞬间内的）单一印象。只有这样，我才能理解上帝在理解作为有机体的活人方面的完全无能，对此我在后文还会给出更多有力证据。因此，也许人们可以试图让自己相信——当上帝的全能由于弗莱希格的"过验"灵魂的存在而陷入灾难——如果能获得关于某人的一种与其本性不一致的印象，接下来可能就可以依照这种印象对待他。这整件事相当于一种实际上完全无效的*自我欺骗*；因为一个人总是能够凭借实际行动尤其是凭借（人类）语言，展现出他不同于故意的"展现"的真实本性。

造成胆怯感，将我“展现”（respresent）为一个因女性的焦虑而颤抖的人时，我才会意识到这些神经的存在。然而，尤其是当我躺在床上的时候，我的意志力无法阻止欲乐感的出现，它作为所谓的“灵魂欲乐”会增强对光束的吸引力；灵魂所说的这个词指的是一种对灵魂来说充分的欲乐感，不过在人类这里它只会被感受为一般性的身体舒适感，不伴有实际的性兴奋（参见第 7 章结尾部分）。

随着这种现象日渐增强，上帝或许意识到了去男性化并不能将我“弃置”，这不是能让他重新摆脱我神经的吸引力的好办法。因此又产生了把我“留在男性那边”的想法——这从根本上也是个虚伪的借口——并不是为了恢复我的健康，而是为了摧毁我的理智或者让我痴呆。可是这又忽略了一个事实：即便是痴呆人类的神经，
126 只要还保有痛苦、欲乐、饥饿、寒冷等一般性的感觉，也会在高度的病态紧张中维持其吸引力。因此，由光束携带的尸毒和其他污染物被日复一日、一刻不停地堆积进我的身体，人们相信总有一天可以用这种方式把我扼杀，尤其是夺去我的理智。下一章我会讲到它们极为可怕地对我的身体造成了怎样的暂时伤害。

我有理由假定，这些尸毒和污染物是从光束所绑定的天体那里被带过来的，光束可以说是在那里装备了毒素，或是在经过天体的时候把毒素浸了上来。有些光束具有奇迹造出的鸟的形态，我之后还会展开讲。显然，那些还留在天堂的过验灵魂以及前天堂前庭的残余部分（它被保留了下来作为藏身的掩体）随着时间的推移彻底失去了智慧，也就是说，它们已经完全不剩下自己的思想了。但另一方面，似乎按照光束的本质，它们在运动时必须*说话*；相应的法则被表述为“不要忘记光束必须说话”，这句话尤其是在以前，曾被无数次说进我的神经。但实际上多年以来，由于这些光束缺乏自己的思想，它们能说的只有它们自己的奇迹，并错误地把它们的恐惧归于我的神经（比如，“但愿我的手指没有瘫痪”，或者“但愿

奇迹没有影响我的膝盖骨”）；此外，我打算做的一切事情都遭到了咒骂（比如一旦我在钢琴前坐下：“但愿这该死的弹钢琴能停下来”，甚至一旦我开始清理指甲：“但愿这该死的清理指甲能停下来”）。更有甚者，人们还无比放肆地——我只能这样表达——要求我把这些伪造的胡言乱语当做我自己的思想说出来，像这样：“但
愿这该死的弹钢琴能停下来”会跟着一个问题：“你为什么不说（出 127
声来）？”继而又跟着一个伪造的回答：“因为我蠢吧”，或者“因为我害怕 M. 先生”（参见第 5 章，脚注 26）。当然也会有一些间隙，这时既没有针对我的奇迹可以汇报，也没有要做某件事的明确的“决心思想”（thought of resolution）供那些能够阅读我的思想的光芒识别；换句话说，有时我放纵自己什么也不想，比如晚上睡觉、白天小憩、在花园里放空散步的时候。这时，那些写下的素材——主要是我自己以前的想法，还有一些不断重复的、没有什么意义的添加物，其中有些是冒犯的习语、粗俗的侮辱之类——就派上了用场，开始填充这些间隙（也就是说，哪怕是在这些间隙里，也要给光束提供一些可说的东西）。我也许会为本文附加一个语录，以便读者对我的神经这么多年来不得不忍受的胡言乱语有一些粗浅认识。

这些冒犯的习语和侮辱性词语有一个特殊的目的：怂恿我大声把它们说出来，让我无法在适当的时候睡觉；灵魂的所有举措都聚焦在阻止睡眠、阻止灵魂欲乐方面，但此举措的目的依然令人费解。“写下”也是一种基于对人类思维的彻底误解的伎俩。它相信，我的思想储备会因被写下而枯竭，总有一天我将无法再产生新的想法；这自然是荒谬的，因为人类的思维无穷无尽，比如读书读报总会激起新的思想。“写下”的伎俩在于：一旦我再次产生一个之前已经
被写下的想法——这种重复在许多情况下显然是不可避免的，比如 128
早上想到“现在我要洗漱”、弹钢琴的时候想到“这段很美”，等等——一旦它在我之中发现这样的一个思想萌芽，接近我的光束就会伴随

着一句“这个我们已经有了”（念作：“我已有”［hammirschon］，补上：写下了），由此光束会以某种难以描述的方式，失去对该思想的吸引力的接受能力。

我无法继续展开说明写下系统及其影响；毕竟，让一个未曾在自己的神经中经历这种事情的人彻底理解它是不可能的。我只能明确地说，写下系统，尤其是每当我先前的思想重复出现时闯入的“这个我已有”（das hammirschon），已经成为一种精神折磨，多年来我深受其害，只是逐渐才稍微习惯下来；它使我不得不经受大概任何人都不曾经受的耐心考验，[63] 我的外部环境（对自由的限制等等）
129 也让情况变得更加艰难。

我只需再补充一点：为了保持连贯性，我前面的叙述在时间线上有些跳跃；在现实中，这段发展历程的某些部分发生在更靠后的时间段。比如，我提到了弹钢琴，但在我来到松嫩施泰因之后将近一年内，弹钢琴都是不可能的。

63　有时我不得不大声说话或是弄出一些噪音来，以盖过声音毫无意义、恬不知耻的废话，好让我的神经得到暂时的休息。在不了解真正原因的医生看来，这看上去可能像一种躁狂，我多年来受到的对待（至少是在晚上）可能也是由此导致的。“精神折磨”一词毫不夸张，其程度可以从一些事实中体现出来：我睡在软垫病房的那段时间（1896—1898 年），几乎每天晚上都要在床外待好几个小时，用拳头捶打紧闭的卷闸；或者在卷闸被移除后，只穿一件衬衫站在打开的窗边，而冬天的气温只有 -10℃ ~ -8℃，我冻得瑟瑟发抖（自然的霜冻会被奇迹的霜冻加强，就更冷了）；或者在一片漆黑的病房里摸索、头因为奇迹而撞上低矮的天花板；但尽管如此，我还是觉得这一切都好过躺在床上，在睡不着的时候躺在床上会令我无法忍受。

我一定会面临这样一个质疑：为什么我没有从一开始就提出申诉，把所有的事情都告诉我的医生？我只能反问一个问题来回答：对于我描述的超自然事件，人们真的能给予哪怕是丝毫的信任吗？即便是现在，如果这篇体量已趋于科学著作的论文能让我实现一个成果——让摇头否认的医生们对于我所谓的妄想和幻觉中是否存在某些真相产生些许的疑问——我也会将之视为我论述之巧妙的重大胜利。假如我只尝试口头讨论，我很难指望他人有充分的耐心聆听我的长篇大论，更何况是意识到这些所谓的胡言乱语是值得思考的。况且我在这家精神病院住院的初期，我认为医生本人只是被草率捏造的人，他们的思虑都受到了对我有敌意的光束的影响——在我住院的后一阶段，我仍要坚持该观念的正确性，尽管事情的性质决定了医生本人几乎完全不会意识到这一点。此外，一旦光束明确知道它们可以在我的身体里享受灵魂欲乐，或者，一旦我能对自身理智的不可摧毁性给出直接证据（相当于向它们表明，旨在摧毁我的理智的举措势必失败），它们的敌对态度就会停止。下文将进一步讨论这一点。

在松嫩施泰因的个人经历； 130
与光束交流相伴的“干扰”；“心境操弄”

10

我住在松嫩施泰因的头几个星期（1894 年 7 月或 8 月），我相
信太阳发生了某些重大变化。谈论超自然事件时，我和之前一样不
得不局限于讲述我接收到的印象，至于这些变化在多大程度上是客
观事件，我只能做出推测。我记得有比较长的一段时间，天上出现
了一个较小的太阳。这个太阳（在第 8 章结尾提到过）一开始由弗
莱希格的灵魂引领，后来又由另一个灵魂引领，我能辨认出它的神
经属于这家疗养院的院长韦伯医生。当我写下这几行字时，我很清
楚其他人只会觉得这完全是胡说八道，因为韦伯医生还活着，这件
事我也每天都能确认。然而我的印象在我看来是如此明确，使我必
须假定韦伯医生曾一度离开人世、携带着他的神经升至福乐，但后
来又返回人间；这个想法对人类来说或许不可理解，其可能性只能
以超自然方式得到解释。[63A] 在这个小太阳的光束力量耗尽后，它可 131
能被另一个太阳取代了。当时连续几天几夜，我感受到了第一章脚
注 11 中提过的极为神奇壮阔的印象；在我看来，这段时间是前段上
帝领域已被耗尽、后段上帝领域首次出场的时刻。

我想我可以说，正是在这段时间而且只有这段时间，我见识到了完全纯粹的上帝全能。一天晚上——在我印象中，这只发生在一夜间——低阶上帝（阿里曼）出现了。当时我醒着躺在床上，他的

63A　这一点以及相关的其他几点，请参考序言中的保留意见。

光束璀璨的景象呈现在我的心眼中（参见脚注 61）——也就是说，他被映射到了我的内部神经系统中。同时我还听到他的声音，不是其他说话的声音一贯的那种轻声耳语，而是回荡着的强劲低音，仿佛直接从我卧室的窗前传来。其他任何人假如不是像我这样已经经受过恐怖的奇迹印象的磨炼，必定会被这强烈的印象击溃。而且他所说的内容听上去也完全不友善：一切似乎都旨在故意向我灌输恐惧，其中“贱货”（wretch）[*]一词多次出现——这是基本语中指某人注定要被上帝摧毁、感受上帝的力量和盛怒时的常见用法。然而，他说的一切都是真的，不同于后来那些背下来的习语，而是真实感受的直接表达。

因此我感到的不是警觉和恐惧，而主要是对其宏伟崇高的敬仰，而且尽管其部分用词带有侮辱性，但它对我的神经产生的影响却是有益的；等到那些一度胆怯地退入背景的“过验”灵魂敢再次出现时，
132 我不禁不断地对神圣光束之威严感慨道：“哦多么纯洁！”对过验灵魂感慨道：“哦多么粗俗！”此外，神圣光束可以准确、不经歪曲地阅读我的思想，从那以来一向如此；它们甚至在口语表达中引入了一种与人类神经自然运动相应的韵律，[64]因此尽管伴有种种恐怖的副作用，我感受到的总体印象是令人平静的，我终于入睡了。

第二天，可能还有后来的几天，我（白天在花园的时候）看到了高阶上帝（奥姆兹德），这次不是用我的心眼，而是用肉眼。它就是太阳，尽管不是平时显现的那个为人熟知的太阳，而是被一圈银色的光海环绕着，正如第 2 章脚注 19 中所说，它占据了天空的

---

* 此处德语原文为“Luder”，有“妓女”和“诱饵”的意思。——译者注

64 人类神经的振动会遵循某种有规律的抑扬顿挫，我想可以用文中的“韵律”一词准确表达。但我无法判断这是否等同于克雷佩林在他前文已提到的著作第六章中所说的“颈动脉脉搏的跳动”（第 6 版，第 1 册，第 117 页），因为我不理解这个说法的意思。四音节或六音节的词最容易合上这个韵律。因此，写下素材中的那些用于从我的神经撤离的、背下来的表达方式，一向偏爱选用与这种自然的抑扬顿挫合拍的说法，比如我本人的头衔“参议主席”（Senatspräsidenten）。

1/8 到 1/6。具体的数字不是很重要，但为了避免犯下夸大，我要承
认根据我的回忆，它也有可能只占了天空的 1/12 到 1/10。无论具体
数字如何，这景象扑面而来的辉煌壮阔使我不敢一直注视它，而是
试图移开视线。其中一件我无法理解的事情是，当时除了我之外应
该还有其他人类存在，尤其是当时单独陪伴我的护工 M.，他对这一 133
现象完全无动于衷。但是他的无动于衷并没有让我惊讶，因为我把
他当做一个被草率捏造的人，过着梦境生活，不能指望他有能力理
解这些必然启发有思维能力的、怀有更高旨趣的人类的印象。但我
完全无法理解如此不寻常的印象怎能被他（假如他是真实的人）以
及成千上万必定在同一时间的不同地点见证了同样印象的其他人错
过。当然，其他人已经准备用这句口号反驳我——我所经历的只不
过是“幻觉”。但在我的主观看来，这一回忆的确定性对我来说确
凿无疑，且该现象曾连续多日出现，每天都持续数个小时；我还可
以补充说，这个更耀眼的太阳也和原先的太阳一样，不曾中断地对
我说话，这一点我也不相信是我的记忆有误。

过了几天，这种奇迹现象结束了，太阳恢复了原先的尺寸，此
后就不再变化了；[65] 声音的说话声也变回了低语。我相信这一变化的
原因在于，就连上帝的全能也被诱使像弗莱希格的灵魂那样试图“绑
定到天体”。假如上帝的纯粹光束能像我提到那几个日夜一样，持
续地注入而不受阻碍，那么我相信不用太久我就会康复，或者甚至 134
我的去男性化也将已经完成，同时还会怀孕。但人们不希望这两件
事发生，而始终以一个错误观念为出发点，认为很快就可以通过“弃
置”来摆脱我的神经的吸引力，并发动“绑定到天体”以阻止纯粹
光束抵达我的身体。在后面我将说明，这一举措是多么难以取得长

65 顺带一提，即使是现在，太阳在我看来也和我生病之前不一样。如果我对她大声说话，她照向我的光束就会变得暗淡。我可以不受打搅地直视太阳，几乎不感到眩晕，而在健康的日子里我也和其他人一样，无法连续好几分钟一直直视太阳。

久的成功。[66]

那段时间（我住在松嫩施泰因的前几个月），我外部的生活极
135 为单调。除了每天上下午在花园散步以外，我基本上整日坐在我桌前的椅子上一动不动，甚至没有凑到窗前——窗外除了绿树以外什么都没有（见前文）；甚至在花园里，我也宁可一直坐在同一个地方，只是偶尔会被护工催促着不情愿地走动。当然了，即使我想要从事消遣活动，也几乎完全没有机会；那段时间，所有的东西都被锁在我的两间房间里，钥匙也被没收了；我只能打开其中一个抽屉，里面只有几把梳子和其他一些物件。我没有书写工具；所有生活必需品（衣服、手表、钱包、小刀、剪刀等等）都被拿走了，我房间里只有四五本书，假如我愿意的话可以读。不过，我一动不动的主要原因并不是消遣方式的实际匮乏，而是我认为保持绝对的被动性（passivity）几乎是一种宗教义务。

尽管这个想法不是我自发产生的，而是由对我说话的声音带来的，我在一段时间内遵循了它，直到我意识到这是完全无意义的。光束甚至期待我保持彻底的静止（一句经常重复的口号是“纹丝不动”[not the slightest movement]），我相信，这一定也和上帝不知

---

66 我在上文中关于后段上帝领域以纯粹的形式显现的描述，完全是基于我当时（1894 年 7—8 月）的观念，这也是我多年来一直持有的看法。如今重新思考，似乎我当时相信夜间的现象只来自低阶上帝（阿里曼）、日间的现象只来自高阶上帝（奥姆兹德）的看法有误。错误在于，我当时没能认识到——这是我现在经过多年不间断的接触之后才得知的——阿里曼的光束与阿里曼的声音，以及奥姆兹德的光束与奥姆兹德的声音的区分标志：我听到的第一个名字是“阿里曼”，于是我相信那整个晚上涌来的光束都是来自低阶上帝阿里曼的。但是在那之后的多年间，低阶上帝和高阶上帝向来都是在很短的间隔内交替出现的，由此我不得不假定，在后段上帝领域显现之初就是如此；因此是低阶和高阶上帝交替着产生了那天夜里和第二天白天的现象。

我还想补充说，尽管上帝全能在某些方面是作为统一体同在的，也必须把低阶上帝（阿里曼）和高阶上帝（奥姆兹德）视为两个不同的存在，且他们二者在相互关系中也分别具有各自的自我中心主义和自我保存本能，因此，他们倾向于交替着把对方推向前面。这一点我主要是从他们各自的写下素材中了解到的，在后面我会给出一些细节（另见脚注 37）。当然，他们本应和谐并存的利益之所以会出现冲突，只是因为与世界秩序相合的状况的纯洁性被那些陌生的不洁要素（“过验灵魂”）的闯入扰乱了；此种扰乱让一个单独个人的神经的吸引力强大到与世界秩序相悖的地步，并构成了对上帝领域的实质性威胁。

道如何处理活人有关，因为他习惯于只和尸体打交道，最多是处理
躺着睡觉（做梦）的人。于是这就导致了一个极为可怕的要求——
让我一直表现得仿佛自己是一具尸体——以及其他一些多少有些荒
诞且完全违背人性的观念。一旦奇迹在我周围制造了一种噪音——
它们持续不断，每隔一小会儿就出现，要么是有人说话，要么是有
人做一些惹人注意的事情，或是墙里的咔嚓声、地板的开裂声，等等；
人们会用一个含糊古怪的词称之为“干扰”——我感到它是烦人的， 136
继而，通过在我的神经中制造与“但愿这该死的干扰能停下来”这
句话相应的振动，人们在我之中伪造了这个说法，它每天都会无数
次重复；但实际上，是光束对这些噪音感到害怕，因为它们会唤起
所谓的“认真听思想”（listening-in-thought）。此外，在与世界秩
序相合的情况下，一个人本来是不会（比如说）把他的同伴的说话
声看做痛苦的干扰的。[67]

我想我可以谈谈一种经常在与睡着的人进行神经连附时发生的
现象，来解释“干扰”这个完全荒谬的观念。神圣光束通过神经连
附和这个人的神经建立暂时的连接；当然，它必定只能持续一小会
儿，可能是为了传授有关彼岸事物的讯息（见第 1 章），也可能是
为了激发诗性的想象力，等等。永远受制于这些神经的吸引力将对
上帝自身构成威胁；因此一旦目的达成，就必须试图再次离开；为
此只要用奇迹制造一点噪音（所谓的“干扰”），把睡梦中或者刚
刚醒来的人的注意力转移开就可以了，对于神经不像我这样高度兴
奋的人，像这样注意力的短暂转移足以让光束放弃神经连附并从此
人那里撤离。只要光束的撤离能轻易实现（就像从适度兴奋的神经
那里），就不会对上帝构成太大的威胁。后来人们认为这种情况同 137
样适用于我，却没有考虑到我和神圣光束的连接早已由于我的神经

67 但确实有痛苦相伴产生，正如第 7 章提到的，我周围的每一句话音（说话者的神经由于受到奇迹刺激而发出声音）都让我感到痛苦，因为（绑定到天体的）光束这时正试图从我这里撤离，在我的头部造成了痛苦的撕裂感。

急剧增强的吸引力而不可解除了。

我把这种让我一动不动的要求看做是我的责任，既是为了自保，也是为了保护上帝、让他从“过验灵魂”给他造成的艰难境地中解放出来。我产生了这样一个想法（可能不完全是没有依据的）：如果我来回走动（以及当气流从屋内穿过时），就会有更多的光束被消耗；当时我满怀着对于有着崇高目的的神圣光束的圣洁的敬畏，而且那时我也不确定是否真的存在永恒，还是说光束的储备会突然耗尽，因此我认为，我的使命就在于尽我所能地避免光束的浪费。我形成这一观念也受到了持续对我说话的声音的影响：为了把“过验灵魂”吸下来、让它们在我身体里耗尽，从而恢复上帝在天上的独一权柄，我最好保持身体不动。为此我付出了巨大的牺牲，我连续数周、数月停止了一切运动和消遣，只和声音相处；甚至晚上卧床时我也不敢改变姿势，因为据推测，过验灵魂主要是在睡眠期间被消耗的。尽管那时我对上帝全能施加于我的“半心半意”策略已经有些领会，我还是付出了这样的牺牲，我无法让自己相信上帝真的对我怀有恶意。

上述状况一直到 1894 年底或 1895 年初都没有改变。而这个时间点正是另一个奇迹现象出现的时候，某些认识到其不正当性的声音称之为“该死的心境操弄”（cursed creation-of-a-false-feeling）。唯
138 一能对光束想从我这里撤离（把我“弃置”）的持续努力构成限制的，就是我的信念之神圣——这种信念必然会把所有纯洁灵魂或光束都吸引过来——以及我对于自己和上帝的关系、对于我的生活处境的心境至深的严肃性。因此，人们开始通过奇迹歪曲我本人的心境，以便创造一个一味沉浸于片刻愉悦的轻浮之人的印象（把我“展现”为这样，参见脚注 62）。我是通过经验认识到奇迹能够以这种方式影响一个人的心境，但我说不清它是如何发生的；为了让读者有个大致的把握，我只能借用一个对比：这就像吗啡的作用可以在遭受

身体痛苦或强烈精神抑郁的人那里制造出一种相对明快的、至少是无动于衷的心境。

一开始我会抗拒“心境操弄”（心境伪造奇迹）的影响，但随着时间的推移，我发现允许它的影响会让我更好过一些，因为我注意到，我主观上的不快确实因此减少了一些，而且我也必须承认，尽管我的信念神圣，而且为了协助上帝抵抗“过验灵魂”付出了种种个人牺牲的努力，但成效却不大。我对我的个人处境愈加无动于衷了，我想起了贺拉斯说的“*活在当下*”（Carpe diem），试图抛开对未来的担忧，活在当下并接受生活仍将带给我的一切。比如这让我在1894—1895年的年关之际重新开始抽雪茄了，这是我之前好几年已经完全放弃的事情。而且另一方面，光束也没能实现它们“心境操弄”的目的。我过度兴奋的神经的吸引力并未由于心境的变化而减弱，唯一的区别是我不再像之前那样不开心了。*与几乎所有其他违背世界秩序的奇迹一样*，这里的情况似乎也应和了诗人所说的“欲恶反成善”[*]的力量。

显然，我上文描述的我的行为放在我所处的环境中，是很难得 139
到正确评估的，至少无法被医生和护工们正确评估。因为我显得对一切毫无兴趣，也不曾展现出任何智识性的需要，他们很难看出我不只是一个神志恍惚的傻子。可是真实情况远比外在表现崇高得多：我活在一种信念中——我至今依然对其真实性确信不疑——我必须解决人类有史以来遭遇的最为错综复杂的问题，必须为人类的最高福祉做神圣的斗争。可惜我的外表具有欺骗性，反而让我在多年间遭受了数不胜数的羞耻待遇；人们似乎已经忘记我曾经身居要职。护工M.会在我想要稍后再洗澡的时候一再把我推回浴缸，或者早上到了起床的时间并且我也想起床的时候，他却在我看来毫无理由地

* 《浮士德》中对魔鬼梅菲斯特的描述。——译者注

把我推回床上；白天，当我想在桌前小憩，他拽着我的胡子把我弄醒，还会在我洗澡的时候——正当一排光束犁过我的头盖骨（参见下一章）——用细密的梳子给我梳头。吃饭时，他把餐巾围在我的脖子上，好像我是个小孩。雪茄只会在每天的特定时间一根一根地发给我，要等到好几年后，我才能在早上得到一天份的雪茄，后来又有100 根一盒的雪茄留在我这里供我取用。另一个护工还曾让我蒙受被扇耳光的屈辱。有时我会用实际的反抗来抵抗这些屈辱，尤其是晚上有人想把洗脸盆从我的卧室（卧室被从外面上了锁）里拿走，或者企图把我从自己的床上转移到为躁狂者准备的软垫病房的时候。
140 再后来，我彻底停止了反抗，因为它只会导致无意义的暴力冲突；
我一声不吭，默默忍受了下来。

当然，我在讲述这些屈辱经历时完全无意对护工 M. 或其他高级护工作出谴责。考虑到 M. 的受教育程度之低，我容忍了他的过激行为；而且在之后的多年间，他对我的照料总体上是令人满意的，尽管他仍会装腔作势。只是，为了阐明我多年来蒙受的屈辱之深，以及这对我一向完好保留的尊严感造成的重创，我还是不得不讲出这些小细节。

为了交代出我在松嫩施泰因住院初期的境况的完整图景，我还需要讲述一下那些针对我的奇迹，我将在下一章展开描述。

身体完整性被奇迹破坏 141

11

从我开始与上帝建立联系直到现在，我的身体始终是神迹的作用对象。假如我想详细描述所有这些奇迹的细节，足以写满一整本书。可以说，我全身上下的每个肢体、每个器官都没能逃过奇迹造成的暂时伤害，没有一块肌肉不曾被奇迹（按其不同的目的）牵拉、移动、致瘫。即使是现在，我时刻经历的奇迹依然足以把每个人吓坏，只是因为这些年来我已经习惯了它们，才能把大部分情况当做无足轻重的小事。但我在松嫩施泰因住院的第一年间，这些奇迹是如此恐怖，使我不得不时时刻刻为自己的生命、健康和理智担忧。

必须把这种状况视作有悖于世界秩序的：光束主要被用于伤害
某一个人的身体、玩弄他正使用的物件——像这种无害的奇迹近来 142
变得尤其常见。光束的使命在于创造，而不是摧毁和玩弄幼稚把戏。因此，所有针对我的奇迹从长远来看都无法达成目的，不洁光束造成的破坏和损伤之后一定会被纯洁光束重建和修补（见第 7 章，脚注 48）。但这无法免除暂时的严重伤害，以及让人感到格外危险的痛苦情况的产生。

与世界秩序最相合的是那些或多或少与我身体的去男性化过程相关的奇迹。尤其是我的性器官发生的变化：有好几次（尤其当我躺在床上的时候），我的男性生殖器呈现出明显、真实的缩回迹象；它还经常会（尤其当不洁光束起主导作用时）软化得几乎完全溶解；此外，我的胡须尤其是上嘴唇的胡子会被奇迹一根根地去除；最后还有我的整个身形的变化（体型缩小）——可能是通过脊椎和大腿骨的缩短实现的。最后这个奇迹是由低阶上帝（阿里曼）发动的，而且总会伴随“要不我把你弄小一点”的宣告；在我的印象中，我的身高减少了约 6～8 厘米，也就是说变得接近女性身体的尺寸了。

针对胸腔和腹腔的奇迹种类繁多。有关心脏的奇迹是我最不熟悉的，在我印象中只发生过一次：我在莱比锡大学诊所住院期间曾有过一个不同的心脏[68]。另一方面，很长时间以来我的肺一直是残暴
143 可怕的袭击的作用对象。我的肺和胸本来是非常健康的，但我的肺曾一度遭受奇迹的剧烈影响，使我严重怀疑自己恐怕患上了致命的肺结核。奇迹经常在我身体里造出某种“肺虫”，我说不清它究竟是类似动物还是类似灵魂的东西；我只能说它的出现会伴随肺部的刺痛，很像是我设想的肺部发炎会出现的疼痛。曾有几次，我的肺叶几乎完全溶解了，我说不清这只是肺虫活动造成的，或者还有别的奇迹在起作用；我明确感到我的胸隔膜几乎被抬高到我喉咙的正下方，中间只残留下一小块肺供我勉强呼吸。有些日子当我在花园散步，我每吸一口气都要重新把我的肺夺回。在这方面很神奇的一件事是，光束一定会给受苦的身体提供它维系生命所必需之物，因为创造是光束的本性。

大约同一时间，我的一部分肋骨有时也会被暂时粉碎，每一次，被损坏的部分在一段时间后又会再造。有一个极为可怕的奇迹被称为压缩胸腔奇迹（compression-of-the-chest-miracle），我至少经受了几十次；它会让整个胸腔壁被压缩，于是压迫造成的呼吸不畅会传
144 递到我的整个身体里。压缩胸腔奇迹在后来几年间也出现过几次，但和我在这里讲到的其他奇迹一样，它主要发生在 1894 年下半年，

68　这件事，以及这整篇关于作用于我的身体的奇迹的报告，在其他所有人听来自然是非常奇怪的，人们或许倾向于认为这只是过分生动的病理性想象的产物。对此我只能担保说：我此生的全部记忆中几乎没有哪一件比我在这章讲述的奇迹更为肯定。对一个人来说，有什么能比他亲身经历并在自己身体里感受过的事情更加明确呢？在指明具体器官时我可能会犯些小错误，因为我的解剖学知识自然是只有门外汉的程度；但总体上，我认为即使在这方面我也做到了精确。

可能还有1895年上半年。

关于胃：早在我在弗莱希格疗养院住院时，第5章指名的一个维也纳神经专家就在我健康天然的胃里奇迹地创造了一个非常低劣的所谓“犹太人胃”。后来有一段时间，奇迹倾向于针对我的胃，部分原因在于灵魂嫉妒我享受进食的感官愉悦，也因为它们认为自己比依赖人间食粮的人类更高等；因此它们倾向于怀着某种鄙夷看不起一切吃喝。[69] 我常常没有胃地活着，护工 M. 或许还记得我曾经对他说，我不能吃东西是因为我没有胃。有时，奇迹会临时地、也就是说在饭前给我造出一个胃来。做这件事的主要是冯·W. 的灵魂，至少它的某些形态会对我表现出友善态度。当然，这种友善从不长久；而且被奇迹制造的胃只能是低劣的胃，通常在吃饭过程中就会被冯·W. 的灵魂再次奇迹地取走，“因为心态有变”；易变性极强是灵魂性格的一个显著特征，可能只有全然神圣的光束除外。食物和饮料会被直接倒进腹腔、进入大腿，无论这个过程听上去多么难以置信，它对我来说都是确信无疑的，因为我清晰地记得那种感觉。

如果换作别人，这自然将造成致命的化脓；但食糜不会伤害我的身体，因为我身体中的一切不洁物质都会被光束再次汲上去。因 145
此，我之后开始不受打搅地在没有胃的情况下继续进食；总的来说，我逐渐习惯于完全镇定地面对发生在我身体里的一切。即使现在，我也相信我对一切自然疾病免疫，病菌只会通过光束在我身体里产生，又以同样的方式被光束取走。实际上，我很怀疑如果光束交流一直保持下去，我究竟还是不是一个终有一死的凡人；比如，我认为我即使服下强力毒药也不会危及自己的生命和健康。[70] 毕竟，毒药

69 举个例子，这种情感类似于《唐璜》中总督作为已故的鬼魂出现在唐璜面前、拒绝为他提供的食物时所说的：“明知我憎恶一切人间食粮”，等等。

70 我想我不必强调，这纯粹只是个假设，我完全无意对自己的身体进行这种实验，这样做至少一定会给我造成严重的痛苦。

除了摧毁某些重要器官并败坏血液以外，还能做什么呢？这两种影响都已经在光束的作用下发生过无数次了，却没有造成任何永久性的损害。[71]

至于其他的内脏器官，我只想提一下食管和肠道，[72]它们会反复被撕裂、消失；还有咽喉，我好几次把它的一部分吃了下去；最后还有精索，有些非常痛苦的奇迹会攻击精索，主要是为了压制我身体中产生的欲乐感。我还要提到一个影响我整个下腹的奇迹，所
146 谓的“下腹腐败”（putrefaction of the abdomen）。这个奇迹通常发源于冯 · W. 灵魂最不洁的一个形态（有别于冯 · W. 灵魂的其他部分），因此它另有一个名字，叫“来自 W. 的下腹腐败”（abdominal putrefaction of von W.）*。它把造成下腹腐败的污秽物无情地丢进我的肚子里，我不止一次相信自己即将活活腐烂，腐败味极其恶心地从我的嘴里散发出来。冯 · W. 的灵魂认为上帝的光束会重新消除下腹腐败，这是借由一种专用于此目的的光束实现的，它们会像锲子一样敲进我的肠道、吸收污秽物。上帝的光束如此行动似乎是出于一种本能认识：让自己被一具腐败的身体吸引是非常恶心的。这个想法体现在一句反复出现的口号中，即我应该“以洁净之躯”被弃置；但这个观念和往常一样，也是含糊不清的，因为人们似乎并不清楚一具被“弃置”的身体的神经怎么会失去其吸引力。

以或这或那的方式针对我的理智发动的奇迹在我看来是最可怕的。它们一开始针对我的头，后来在某一阶段——大概是 1894 年秋天的几个星期——也开始针对脊髓，脊髓被视为除头以外的另一个

71　这一断言的正确性——我已经可以说是不可摧毁的了——可以由一个事实证实：在我还健康时每个冬天都会得好几次重感冒，每次持续数日；而我在这里住院的六年间几乎一次感冒都没得过。一旦呼吸道粘膜开始要发炎（这是感冒的本质），光束就会立刻大量照向我身体的患病部分，把感冒扼杀在萌芽阶段。

72　奇迹也会不断造成危险的肠梗阻，但通常过一小段时间就会化解。

*　德语为 Unterleibsfäulen von W，这里的“von”既是“冯”也是“来自”的意思。——译者注

理智载体。因此人们试图把我的脊髓拔出来，这是由我的脚里的所谓“小人”实施的。我还会继续讲到这些“小人”，它们和我在第 6 章讨论过的同名现象有些类似；一般来说有两个“小人”：“小弗莱希格”和“小冯 · W.”，我可以听到它们从我的脚里发出的声音。拔出脊髓的效果是，脊髓会以小块云朵的形态从我的口中大量离开，这尤其发生在我在花园散步时。人们可以想象这种事件会给我带来 147
多少忧虑，因为当时我还不知道我的一部分理智会不会真的消散进空气中。针对我的头和头部神经的奇迹有多种施展方式。人们试图把神经从我的头部拽出去，一度甚至想要（在夜里）把这些神经移植进睡在隔壁房间的 M. 的头里。这些企图（不仅会让我担忧神经的真实损失）在我的头部造成了一种不适的紧张。然而，拽出神经的效果差强人意，我的神经保持稳固的力量可见是更强的，被拽出一半的神经过不了多久总会回到我的头里。另有一种难以描述的现象叫“光束阵列”（flights of rays），它会严重破坏我的头部，让我的头骨被朝各个方向反复锯开。我经常感到（直到现在也还每天经历着）我的整个头骨暂时变薄了；在我看来，这是由于我头骨中的骨性物质在光束的破坏作用下被一定程度地弄碎了，随后又在睡眠期间被纯净光束复原。为了对这种状况带来的难受感觉形成一幅画面，人们可以设想整个世界的光束——以某种方式机械绑定在发源处——都绕着一个脑袋打转，试图将它撕裂，仿佛要把它分成四块。

此外，在我讨论的这段时间，有一种用有毒物质覆盖我的神经的企图反复出现；这会让神经振动的自然能力显得似乎真的受损了，因此就连我自己有时也会产生暂时变蠢的印象。其中一种毒剂叫“醉酒毒”（poison of intoxication）；我说不清它的化学性质。有时，我吃下去的液态食物也会被奇迹放到我头部的神经上，让神经被类似 148
酱汁的东西覆盖，思维能力也会暂时受损；我很清楚地记得有一次是咖啡被放了上去。

我全身的肌肉一直以来（直到现在）都是奇迹的作用对象，其目的是阻止一切运动以及我打算从事的每一件事。比如在我弹钢琴或写作的时候，它们试图让我的手指瘫痪；或者当我在花园或楼道散步时伤害我的膝盖骨、让我无法行走。后来，奇迹的效果基本就仅限于让这些活动变得困难的程度，或是在行走时造成较温和的痛感。

我的眼睛和控制睁眼闭眼的眼皮肌肉是奇迹几乎不间断地瞄准的目标。眼睛一向具有特殊的重要性，因为一旦光束看见了什么，就会失去它们原有的破坏力，之后再进入我的身体就不会造成伤害。所见之物既可以是我睁眼时传输给光束的视觉印象，也可以是我通过想象主动在自己的内部神经系统中制造出来、让光束看到的图像。我在其他的地方还会继续讨论这种事件：灵魂语言称之为对人类的“描画”（picturing）。在这里我只想说，有一种早已有之、多年来持续不断的企图是违背我的意志闭上我的眼睛，以夺去我的视觉印象、保持光束的破坏力。这种现象几乎每时每刻都可以在我身上看到；只要认真观察，人们就能注意到，即使在我和其他人交谈时，我的眼皮会也突然垂下来或者闭上；这在正常情况下是不应发生的。为了保持眼睛睁着，我要付出大量的意志力，但因为我也并不总是在乎让眼睛一直睁着，我有时也会允许它们暂时被闭上。

149 我住在这里的头几个月，针对我眼睛的奇迹是由“小人”实施的，它们和我讲到危害我的脊髓的奇迹时提到的小人很类似。这些“小人”对我来说也是最奇特、最神秘的现象之一；但我对这些事件的客观现实性没有丝毫怀疑，因为我曾无数次用我的心眼[73]看到“小人”、听到它们的声音。奇特的是，灵魂或其单根神经可以在特定情况下出于特殊目的呈现为小人的形态（正如前面说的，只有几毫米高），

73　人们当然不能用肉眼看到发生在一个人体内的事，也看不到身体表面的某些部位，如头顶或者背后，但对我来说我可以用自己的心眼看到，因为光束为内部神经系统提供了必要的照明。

并以这种姿态在我身体内外的各个部位捣乱。那些负责睁眼、闭眼的会站在眼睛上面的眉毛里，随心所欲地用蜘蛛网一样的细丝把眼皮拉起或闭合。参与这件事的通常也是“小弗莱希格”和“小冯·W.”，还有一个小人是从丹尼尔·弗希特戈特·弗莱希格的灵魂中来的（这个灵魂当时还存在）。每当我表现出不愿意让眼皮被拉起或合上的迹象，或者对此做出实际反抗，这些“小人”就会气恼并称我为“贱货”以表达不满；如果我用海绵把它们从眼睛上抹下去，光束就会将之视为拒绝上帝奇迹之力的犯罪。而且抹掉它们也只能起到暂时效果，“小人”每次都会被重新设立。其他的“小人”通常一直在我的头部大量聚集。它们被称为“小魔鬼”。他们真的会在我头上走来走去、 150
好奇地打量奇迹有没有对我的头造成新的破坏。它们甚至会以某种方式参与我的进食，从我吃的食物里分走一部分，虽说当然只是很小的一部分；然后它们似乎会显得鼓胀一些、也会变得不那么活跃、破坏的意图也会减弱。有的“小魔鬼”会施展一种针对我的头的奇迹，我将在此稍稍展开。这种奇迹可能是一切奇迹中最狠毒的——仅次于压缩胸腔奇迹；如果我记得没错，它被称为“头部勒紧机”（the head-com pressing-machine）。在许多列光束的作用下，我的头骨上会出现一道大致沿中间劈开的深深裂痕，这多半只能从内部看到，从外部是不可见的。位于裂缝两边的“小魔鬼”会把我的头压紧，就像拧动曲柄用台钳夹紧，这会把我的头暂时向上拉长，几乎呈现梨形。这给我造成的印象极为可怕，尤其是当它伴随剧烈疼痛出现时。拧动偶尔也会放松，但只是“很随意地”松一下，因此受挤压的状态往往会持续一段时间。参与这件事的“小魔鬼”通常都是来自冯·W.灵魂的。几个月后，这些“小人”和“小魔鬼”消失了，不再出现。它们离开的时刻和后段上帝领域显现的时刻大致重合。确实，依然有奇迹以同样的方式撑开和闭合我的眼皮，但近六年来做这件事的不再是“小人”，而是光束直接驱动相应的肌肉。为了让我不能按自己的意愿睁眼和闭眼，我眼皮内部和上方负责这一运动的肌肉曾数次被奇迹移除。不过这种效果也是暂时的，出于前面提过的原因，失去的肌肉组织总是会再次复原。

151 除了上文提到的那些针对我的四肢和头骨的奇迹，还有好几种针对我的骨骼的奇迹。奇迹常常在我的足骨处，尤其是后脚跟部位制造蝎坏，给我造成相当严重的疼痛；好在最剧烈的痛苦都不会持续太久。还有一种类似的奇迹被称为*尾椎奇迹*（coccyx miracle），这是一种发生在脊椎尾端的剧烈疼痛。目的是让我无法坐下，甚至无法躺卧。总的来说，我不被允许长时间保持同一姿态或从事同一活动：我走动时，它迫使我躺下，当我躺下，它又想把我从床上赶下来。光束似乎完全没有意识到，一个真实存在的人类*必须存在于某处*。无论我处于怎样的姿势或环境、做怎样的事情，我的神经的无法抗拒的吸引力都使我始终是一个令光束（令上帝）不快的人。人们不想承认发生的事情不是我的过错，反而总倾向于利用“展现”反过来怪罪我。[74]

我相信，我在此章已经对我认为是*最重要的*（因为它们具有威胁性）奇迹做了几乎完整的描述。在下文中我还会常常提到很多其他的、不那么危险的奇迹（有些针对我的身体，有些针对我周围的物品）；其中有些和我在这里讲到的奇迹发生在同一时期，有些是后来才出现的。

74　我完全无意指责上帝犯有通常意义上的道德过错（见第 5 章结尾，以及补充说明第二辑末尾）。过错或罪是人类的概念，按其本质它们无法适用于本性不同于人类的灵魂。毕竟，人们无法期待灵魂具有人类的毅力和自我牺牲等品德。

声音所说的内容；“灵魂观点”；灵魂语言；个人经历（续） 152

12

正如第 9 章提到的，声音说的话基本上已经沦为空洞的嘈杂，单调的习语和令人疲惫的重复；它们还省略了一些词乃至音节，在语法上是不完整的。然而，对其中一些习语加以描述也许是有意思的，这可以从侧面反映出灵魂的整体思维方式，以及它们对人类生活、人类思维的看法。在其中一些习语中，我被称作“地狱王子”——这个说法大致从我在皮尔森疗养院住院时就有了。一些说法多次出现，比如：“上帝全能已经决定，地狱王子将被活活烧死”“地狱王子要对光束损失负责”“我们宣告战胜了地狱王子”，但后来又有声音说，“不是施瑞伯，弗莱希格才是真正的‘地狱王子’”；等等。

之前在生活中了解我、有机会见识我冷静严肃的天性的人都会
愿意相信，我本人绝不会斗胆提出“地狱王子”这般稀奇古怪的词， 153
更何况这个词与我外部的生活环境、我的自由遭受的种种限制如此格格不入。我的周遭环境中的一切现象中，一定没有任何东西能让人想到地狱或王子般的境遇。在我看来，被误归于我的“地狱王子”的说法，起初源于一种抽象。

上帝领域可能一直都清楚，无论世界秩序多么宏大壮阔，它都并非没有致命的弱点，因为人类神经吸引上帝神经的能力会对上帝领域构成一定的危险。当地球或者其他星球上某个地方的神经质或者道德堕落占据上风时，这种危险便会变得尖锐。为了对这种危险

形成一幅更清晰的图景，灵魂显然采用了一种人格化的方式，类似于一个民族在幼年期试图借助偶像的雕塑来更好地理解上帝的观念。“地狱王子”这个说法或许是为了表达一种对上帝有害的怪怖力量，它可能产生于人类的道德败坏，或是过度文明化带来的神经过度兴奋的普遍蔓延。随着我的神经的吸引力愈发不可抗拒，“地狱王子”似乎突然在我身上成真了。因此人们在我这里认出了一个敌人，必须动用全部的神圣力量将之摧毁；人们拒绝承认我实际上是纯净光束最好的伙伴，我的康复或是以其他令人满意的方式解决冲突的希望也只能寄托于神圣光束。但人们显然宁可接受与不洁者（“过验”灵魂——上帝真正的敌人）联手，也无法忍受让自己依赖单独一个人类——怀着对其高高在上的权力的骄傲意识，一个人类本该被蔑视。

154 另外一类具有一定现实意义的习语是人们关于“灵魂观点”（soul-conception）的说法。从根本上说，这里面包含了重要且有价值的观念。在我看来，灵魂观点原本指的是灵魂对于人类生活和思想形成的一套有些理想化的观念。我们必须记住，灵魂是从前的人类故去的精神。因此它们不仅对自己的人类过往抱有浓厚兴趣，还对它们仍然在世的亲戚朋友的命运以及发生在人类身上的一切都感兴趣；它们可以通过神经连附，或是通过实际观看得来的外部印象获得这种认识（见第 1 章）。它们会用或多或少明确的词语来表达一些行为规范和生活态度。我将引用其中的几句作为例子：“不要想身体的某些部位”是一条行为规范，它显然表达了这样的观点：一个人在正常的健康状态下，若不是受到疼痛的提醒，没有理由去想他身体的某些部位。另一个说法是“不要一有需求就去”（Not at the first demand），指一个明智的人不会允许自己被一时冲动驱使着做出这样或那样的行动。“开始的工作必须完成”表明人应该坚持追求他一开始的最终目标、不受负面影响打搅，等等。

人们在人的思维过程中区分出了“决心思想”——即人行使意
志力去做某件事——“愿望思想”“希望思想”和“恐惧思想”。“三
思思想”（thinking-it-over-thought）指一种心理学家可能也知道的
现象：它常常会导致一个人的意志转向相反方向，或至少是改变他
最初觉得倾向于遵循、进一步考虑后又自动引起怀疑的方向。“人
类的记忆思想”是指一种自动的需要，即人需要通过重复来让一个 155
突冒的重要想法铭刻在自己脑海中。“人类的记忆思想”在人的思
想和感受的自然进程中是多么根深蒂固可见于一些典型例子中：诗歌
中押韵（叠句）的反复出现，音乐作品中体现美的特定乐句也不只
出现一次而是会一再重复。“灵魂观点”中很重要的部分是关于两
性关系以及他们各自的消遣、品味之类的想法。比如床、小镜子和
梳子被认为是女性化的，藤椅和铲子是男性化的；至于游戏，象棋
是男性化的，跳棋是女性化的，等等。

灵魂很清楚男人躺在床上是侧卧的，女人是仰卧的（从性交的
角度看，她是“承受方”）。我本人在从前的生活中从来没有想过
这件事，是从灵魂那里才了解到的。根据我的阅读，比如我父亲的《室
内医学体操》（*Medical Indoor Gymnastics*，第 23 版，第 102 页），
医生们对此似乎也不了解。另外，灵魂知道男性的欲乐是由见到女
性裸体激发的，但相反，女性的欲乐相比之下很少由见到男性裸体
激发，女性裸体对两种性别有同等的激发效果。比如在游泳表演上
见到男性裸体时，女性观众是冷淡的（因此女性出席男性游泳表演
确实不像男性出席女性游泳表演那么不道德），而芭蕾舞会同时对
两性产生性刺激。我不清楚这些现象是否广为人知、被普遍认可。
我本人的观察以及我自身的欲乐神经的表现使我毫不怀疑，灵魂观
点在这方面是正确的。当然，我也很清楚我自己的（女性）欲乐神
经的反应本身不能作为证据，恰恰因为我这种女性神经出现在男性 156
身体内的情况是一种例外。

男性和女性在服装方面(基础语中说的"装备"[armamentarium])的区别是显而易见的；靴子在灵魂看来尤其是男子气概的象征。对灵魂来说，"脱下靴子"就意味着去男性化。

上述简短的评论或许能让人们对"灵魂观点"这一说法的原始含义形成大致的看法。我对它的了解部分源于明确的信息（在我患病早期接收到的），部分源于我与灵魂接触时获得的印象。因此，我对人类思维过程和人类感受的性质取得的深入洞察或许会让许多心理学家羡慕。

后来，关于"灵魂观点"的表述又有了相当不同的含义。它们沦为单纯的空话，只是为了在完全缺乏自己的思想（参见第9章）的情况下，满足有话可数的需要。"别忘了你受制于灵魂观点"和"这个对灵魂观点来说已经太过了"成为反复出现的空洞习语，多年来，它们没完没了的重复一直令人难以忍受地折磨着我，直到现在。尤其是后一句习语，它是灵魂对我的一个新的想法没话可说时的一贯反驳——这也体现在它采用的贫乏的文体形式上。相比之下，在机械重复的习语出现前的真正的基础语是灵魂真实感受的表达，在形式上也以其高贵和简明更胜一筹。

另有一些含义比较重要的习语，由于其语境的缘故我只能放在下一章讨论。

157 正如第10章结尾提到的，我的外部生活境况自1895年上半年以来，至少在某些方面变得更好受了一些。最重要的是，我开始以各种方式打发时间了。确实，我依然拒绝给亲戚写信，尤其是尽管护工M.试图劝说我，我还是不想给妻子写信。当时我还不相信在疗养院外有真正的人类存在，而是认为我看到的所有人形，尤其是我妻子来探望我时的形象，都是"被草率捏造的"，只会存在一会儿，因此，如人们建议的那样写信是一种我无心参与的荒唐行径。但另一方面，从那时起我有机会（和其他病人或者护工）下象棋和弹钢琴了。我的妻子来探望时，我在疗养院的公共休息室和图书馆弹过一两次钢琴；1895 年春天，一台小型钢琴被放进了我的房间，供我日常使用。当我重拾这件曾经在健康的日子里享受的兴趣，我心中升起的感受可以用《唐怀瑟》中的一句话准确描述：

> 全然的遗忘降临于今日和昨日之间。我的一切记忆都迅速消失殆尽，唯一记得的是我已彻底丧失了与你再度相见，哪怕只是举目望向你的希望。

在弗莱希格疗养院，我只有一次在我妻子的强烈劝说下弹了钢琴；我弹的是亨德尔（Handel）《弥赛亚》（Messiah）里的咏叹调“我知道我的救主活着”，曲谱碰巧在我手边。在我当时的状态下，我是怀着“这是今生我的手指最后一次触碰琴键了”的确信弹的。重新开始在疗养院下象棋和弹钢琴之后，这两件事就成了我之后的五年间最重要的消遣。尤其是弹钢琴，对我来说直到现在都意义非凡；不得不说，我很难想象如果弹不了钢琴，我又该怎么忍受强制思考、 158
挨过这五年间经历的一切。弹钢琴时，和我说话的声音的那些无意义的蠢话被盖过了。[74] 除了运动以外，弹钢琴是最有效的所谓“没想什么思想”（not-thinking-of-anything-thought）[*]；但为了把它从我这里夺去，人们又引入了一种灵魂语言中所谓的“音乐性的没想什么思想”。但至少我的手上以及我阅读的曲谱上的光束总能获得一种视觉印象，而且人在弹钢琴时会投入真实感受，因此所有通过“心境操弄”来“展现”我或诸如此类的企图都注定会失败。因此，弹钢琴一向是主要受诅咒的目标之一。

那些用来妨碍我的困难是难以尽述的。我的手指会瘫痪、我的

74　一个人没法一直不停地弹钢琴，所以音乐时钟也能起到同样的作用，还有（在花园里）吹口琴，我最近（1900 年春）拜托亲戚为我买了一个口琴。

*　德语为 der Nichtsdenkungsgedanke，也可以理解为“思考无的思想”。可以说，当“没想什么”变成了“思考无”，没有思想的状态本身就成了一种思想。——译者注

视线方向会被扭转以便不让我找到正确的琴键、我的手指会被引向错误的键、节拍也会由于我的手指肌肉被过早移动而加快；所有这些直到现在都还会每天发生。甚至钢琴本身也常常是奇迹的作用对象，琴弦会崩断（幸运的是近年来很少发生了）。仅在 1897 年这一年，修理琴弦的开销就至少有 86 马克。

这是其中一个在我看来证据充分、足以让他人相信我坚称的奇迹的真实性的例子。肤浅的判断可能会让一些人假定是我自己无谓地猛敲钢琴导致钢琴弦崩断的；这也是我妻子反复表明的观点，她
159 可能是听医生说的。作为回应我想指出——我相信每个专家都会支持我的观点——仅靠猛敲琴键，无论敲得多么用力，都根本不可能让钢琴弦崩断。与琴键相连的小音锤只会轻轻敲击琴弦，不可能用足以让其崩断的力道敲上去。人们可以试试尽可能大力地敲击琴键，甚至用上锤子和木棒；键盘可能会被敲碎，但他怎么也不能把琴弦敲断。近些年来，琴弦崩断的频率大大降低了——还是会偶尔发生——因为光束（上帝）对我的意图也随着灵魂欲乐的持续增强而变得没那么不友善了（这一点之后还会讲到）；而且，以所谓的“咆哮”为代表的更难受的状况（即使对光束来说也是难受的）迫使光束把弹钢琴当做对双方来说都最适宜的消遣活动。

在这方面，我还要提到另一个更早的奇迹事件，即便对于已经见识了如此大量的奇迹的我来说，这也是我经历过的最神奇的事情之一。记得当我还保持一动不动的时候（也就是 1894 年秋天），奇迹曾一度把一台完整的三角钢琴（Blüthner）放到我屋内；这似乎是冯 · W. 的奇迹之一。我很清楚这听上去有多么荒唐，因此我必须问自己这会不会是幻觉。但当时确切的情况使我很难这样认为。我清楚记得这件事发生在光天化日之下，当时我正坐在椅子或者沙发上；在我面前，我清晰看到了一架正在拼装（马上就要完工）的三角钢琴的棕色抛光面。可惜我当时对这个奇迹不屑一顾，我不想再参与

进任何奇迹里了；它们全都令我满怀厌恶，况且我已经把保持绝对
被动当做我的使命。后来我有时会后悔自己没有对这个奇迹表示欣
赏（用基础语说就是“平息它”[pacify it]），来看看它能否真的实现。 160
如果我动用意志力坚决地反对，那么几乎所有奇迹都无一例外地注
定要失败、或是变得更难实现。因此我无法确定该事件的客观背景
是怎样的：假如它真的只是幻觉，那么它一定是个极不寻常的幻觉，
因为我自认为看到的东西离我非常近。

冷热的奇迹每天都被施加到我身上，无论当我在花园散步还是
在室内时，这些奇迹的目的总是为了阻止灵魂欲乐带来的身体自然
的舒适感；比如奇迹会让我的脚变冷，脸变烫。我认为它们的生理
机制是这样的：冷奇迹会迫使血液离开身体末端，引起冷的主观感
受；而热奇迹会让血涌向我的脸和头（这些地方保持冰凉是舒适的）。
我自幼习惯了忍受冷和热，因此这些奇迹不会对我造成太大困扰，
除非是当我躺在床上的时候奇迹把我的脚变凉（这种情况经常发生）。
我常常不得不去找热的地方或者冷的地方；这样做是格外必要的，
因为我住在这里的第一年间灵魂欲乐还没有达到现在的程度，我需
要把光束引向手脚这些较冷的部位、以保护头部不受损伤。冬天，
我常常用手贴紧冰冷的树长达数分钟，或者握住雪球直到双手几乎
麻木。有一段时间（大约是 1895 年春或秋），我会在晚上把脚从窗
户的铁栅栏间伸出去，使其暴露在冰冷的雨里。只要我这样做，光
束就抵达不了对我来说更重要的头部，因此除了脚感到冰凉之外，
我身体的其他地方都是完全舒适的。[75] 我有理由猜测，这种举动被我 161
的医生注意到了，导致他们采取了对我造成极大痛苦的措施。有几
天的时间我被转移出我通常住的房间，等我回来时，发现卧室的窗
户被安上了厚重的木质卷闸，每晚会上锁，导致我的卧室一片漆黑，

75　因此，若是能在浴室洗个冷水澡将会带来奇迹般的效果。我会感觉一下子好起来、摆脱侵扰我的头和身体其他部位的奇迹威胁——尽管这种效果只能维持一小会儿。

就连清晨的第一缕阳光都很难照射进来。那些医生当然不知道这种措施对于我抵抗那些意在摧毁我理智的企图来说造成了多大的妨碍。但可想而知，这使我陷入了长期且深重的苦楚。光，对于一切人类活动来说都必不可少，对我来说它已经变得几乎比每日的饮食还重要，我需要光才能每时每刻让不了解活人的上帝确信，我的理智力量并未减弱。因此剥夺我的人造光线、延长自然的黑暗，会让我的处境变得格外艰难。我不打算质疑医生们的做法从保护我的健康、阻止我自伤这一单纯的人类视角看是否有必要。除了感冒，我的做法又能造成多大伤害呢？铁栅栏已经足以防止我跌落窗户，至于感冒的风险，他们完全可以稍等一下，看看人类对温暖的自然需求是
162 否无法阻止我让窗户开得太久。但这些都不是决定性因素。对我来说，关键点在于我只能把这些医生视为企图进一步摧毁我理智的神圣光束的工具，是这些光束在他们的神经中激起了他们的决定；医生本人当然对此没有主观意识，他们认为自己只是在依照人的思虑行事。我仍然必须坚持这一观点，因为在医生和其他人对我说的每个词背后，我都可以通过它们与我熟知的写下素材的关联（我稍后可能会试着展开讲解）觉察到神圣的影响在起作用。当我写下这些内容，我无意就过去的事情进行指责。我不会因为早先发生的事而对任何人怀有积怨；而且幸运的是，大部分的事情都已经解决。不过，我想有必要更详细地讲一讲卷闸的事，以解释多年来我对医生感到的深深的不信任，他们或许也已从我的行为注意到了一些迹象。

这些卷闸（是我所在的那一侧疗养院走廊里的唯一一扇卷闸）现在还在，但已经很久没有关上了。这种卷闸通常只出现在一二层圆形走廊上为狂躁的疯子预备的病房里。我曾在这些病房里睡过两年（1896—1898 年），后面我会讲到，在此期间，黑暗使我已经十分困难的处境变得更艰难了。

灵魂福乐作为吸引力的一个影响因素；其结果 163

13

1895年11月是我人生历史中的一个重要时刻，尤其是在我对自己未来进展的可能设想方面。我清晰记得那段时间正好是易北河上有浓重晨雾弥漫的几个美丽秋日。那期间，我的身体的女性化迹象变得如此显著，我再也无法忽略这整个进程正在逼近的目标。在那之前的几个晚上，若不是我的意志仍然在男性荣誉感的激励下坚决抵抗，我的男性性器官可能就已经缩回去了；奇迹已经十分接近完成。灵魂欲乐变得如此强烈，让我自己也感受到了女性身体的印象，首先是在我的手臂和手上，后来是我的腿、乳房、臀部及身体其他部分。我将在下一章详细讨论。

对上述事件持续数天的观察足以完全扭转我意志的方向。此前
我仍然认为，即便我的生命没有沦为之前无数凶险奇迹的牺牲品， 164
最终我也必将以自杀结束生命；除了自杀以外唯一的可能性，对我来说似乎是某种不为人类所知的恐怖结局。但现在我可以毫不怀疑地看到，无论我个人是否喜欢，世界秩序都迫切要求我去男性化，因此，*出于理性*，我唯有让自己跟变成女人的想法和解。当然，去男性化的后续展开只能是为创造新人类而从神圣光束受孕。促使我想法转变的一个原因是，我当时不相信除我以外还有真正的人类存在；相反，我认为我看到的所有人形都只是“被草率捏造的”，因此去男性化并不会伴有耻辱感。但那些企图“弃置”我并为此目的摧毁我的理智的光束，总是会伪善地向我的男性尊严发出呼吁；每

当灵魂欲乐产生，一些无数次重复的习语就会出现，比如："你在你的法定妻子面前不觉得羞耻吗？"还有更粗俗的："想想一个原本身为参议主席的人允许自己被操（f……d）。"但无论这些声音多么可恶，无论我曾多少次有机会以种种方式对这些习语的无数次重复表达义愤，我都没有允许自己长期偏离那种我已认定为对各方（对我自己和光束）都必要且有疗效的行为。

从那时起，我开始全心全意、立场鲜明地培养女性气质，只要我身边的环境允许我就会一直这样做，无论对超自然原因一无所知的他人会怎样看待我。我想知道究竟有谁在面临这样的选择——要么成为保持男性体态的痴呆者，要么成为有灵性的女人——时，不
165 会选择后者。我面临的情况恰恰只是这样。追求我从前一心热爱的事业、追求男性野心的任何其他目标、利用我的智力为人类服务的其他方式，如今都已经由于形势的变化而对我阻断了；甚至与我的妻子、亲戚的交流的机会也基本上被剥夺了，只剩下偶尔的探望和通信。[75B]我必须不受他人评价的打搅，遵照一种健康的利己主义行事，它指示我培养女性气质，其方式我在后面会更详细地讲到。只有这样，我才能在白天和晚上（至少在一定程度上）忍受我的身体状况，并获得修复神经所必须的睡眠；高纯度的欲乐最终会过渡进睡眠状态——这一点可能医学界也了解。如此行事，我同时也服务了光束即上帝本身明确表达出的旨趣。如果我允许上帝——他似乎出于错误的预设认为我的理智是可摧毁的，正朝这违背世界秩序的目标努力——将他的反向策略一直进行下去，只会让无意义的噪音，即主要是疯子发出的噪音充斥我的环境；多年来的经验已经无可辩驳地证实了这一点。更详细的内容我要等到以后才能说明。[76]

75B （1903 年 3 月补充）正如文中可见的，本章节也是我在松嫩施泰因的围墙内彻底与世隔绝期间写成的；现在我必须对某些细节稍作调整，但这里的基本观念依然是正确的。

76 在我与妻子相处时我必须格外慎重，我对她依然完整保留着昔日的爱。有时，我可能会因为在谈话或书面通信中过于坦率而失败。我的妻子当然不可能完全理解我的思想倾向；当她听说我一心惦记着有可能变成女人的想法，一定很难保持从前对我的爱和钦佩。我可以对此表示遗憾，但无法改变这一点；尽管在这里我必须提防虚情假意。

当我对事物的整体态度发生了上述转变，天堂的状况也由于同样的原因发生了本质性变化。（从上帝的全部神经中分离出来的）光束在我的吸引力的作用下在我的身体里溶解，就相当于它们的独立存在的终结，就像死亡之于人类。因此，上帝自然会尽一切努力，避免他的整体之中越来越多的部分消亡进我身体中的命运，而在预防方式的选择上的确不太挑剔。但是，当光束在我的身体中遇到它们也能参与其中的灵魂欲乐感，我的吸引力就不再令他们恐惧了。由此一来，它们便能在我的身体里或多或少充分地重获它们失去的天堂福乐的替代；这种福乐本身就是由类似欲乐的享受构成的（见第 1 章）。 166

然而，我身体里的灵魂欲乐感也不是一直以同样强度存在的；只有当弗莱希格的灵魂碎片以及其他“过验”灵魂碎片位于前面、让所有光束汇合的时候，灵魂欲乐才能充分发展。但灵魂欲乐完全缺失或程度弱得多的时期也会交替出现，这是因为绑定到天体（见第 9 章）会时常让过验灵魂撤回。这使得我身体的女性特征的表现具有某种周期性，我之后还会展开讲。不过，在上帝光束的大量注入持续了一年之后——到了 1895 年 11 月——灵魂欲乐已经变得足够强烈，有时一些光束开始愿意进入我的身体了。首先是低阶上帝（阿里曼）——在某种意义上他等同于太阳（见第 7 章）——注意到了这一现象，他离我更近，对灵魂欲乐的参与远多于离我远得多的高阶上帝（奥姆兹德）。

在 1895 年 11 月的变化发生之前，与弗莱希格——可能是作为人类，也可能是作为“过验灵魂”——过从甚密的似乎只有低阶上帝（阿里曼），因此假如第 2 章中描述的阴谋确实存在，它也没能触及到高于低阶上帝（阿里曼）的层级。直到那时为止，高阶上帝始终对我保持着更正确、总体上更友好并与世界秩序相合的态度。但现在，这个关系颠倒了。正如前面所说，低阶上帝（阿里曼）并不反对让 167

自己的一部分神经消失进我的身体，因为他在我身体中几乎总能迎来灵魂欲乐；他也切断了先前显然存在于他和弗莱希格的“过验”灵魂之间的密切关系；而弗莱希格的灵魂那时仍保留着大量人类智慧，与高阶上帝结成了某种针对我的敌对联盟。阵营关系的这一改变一直到现在，都还基本保持着。

从那以后，低阶上帝对我采取的举动总体上都是友好的，高阶上帝则更有敌意得多。这部分体现在它们的奇迹的性质上——随着时间的推移，低阶上帝的奇迹变得更像第 2 章提过的那些相对无害的花招——部分体现在他们各自的声音的说话内容上。发自低阶上帝的声音——尽管不再是即刻直接感受的真实表达，而是成了背下来的习语杂烩——在形式和内容上依然很不同于高阶上帝。它们的内容至少不全是粗鲁和辱骂的习语，而相当于是中性的胡说八道（比如“大卫和所罗门”“沙拉和萝卜”“小撮的面粉”，等等，不断重复）。其形式也不那么招我讨厌，因为它们与人类什么也不想的自然权利
168 更契合。随着时间的推移，人会习惯任由括号中提到的那些胡说八道作为“没想什么思想”的一种形式从头脑中飘过。不过，至少在本章提到的转变发生后的头一年，低阶上帝还掌握着一些具有实际含义的短语，并能就冲突的起因、化解方式及未来可能的发展的表达出相当正确的（至少是和我本人相同的）观念。但正如前面所说，它们不是即刻感受的真实表达，而是预先决定好的思维大杂烩以令人厌倦、乏味重复的方式（后来主要是通过被奇迹创造的鸟）被说进我的头脑。不过，我对这些习语还是很感兴趣的，因为它们可以让我看到上帝毕竟不像我观察到的其他现象体现出的那样，全然缺乏对源于世界秩序的必然性的理解。因此我会复述其中一些常用语。

首先由于灵魂欲乐的增加，各阵营的组成已经发生变化，这体现在一句经常重复的习语中：“两个阵营已经形成”。之后，有关上帝针对我、旨在摧毁我的理智的整个政策已经失效的想法又有各

种表达方式。有些表述是一般性的，并不指向个人，比如“知识和
能力无论如何也不会丧失”和“睡眠必须到来”；还有“一切无意
义的（即阅读思想和伪造思想的无意义之举）都会取消自身”；“最
终胜利属于人类这边”。低阶上帝有一些说法是指向我个人的，也
有些是指向他的同伴即高阶上帝的；前一类当中，尤其有一种说法
是我已经提过的：“别忘了你受制于灵魂观点”，后一类比如有“别
忘了一切展现都是无意义的”，或者“别忘了世界的终结是自相矛
盾的”，还有“毕竟你已经让天气取决于一个人类的思想了”“毕 169
竟你已经让一切神圣活动不可能了”（比如通过各种干扰奇迹让弹
钢琴、下象棋变得不可能）。在极少数情况下，人们甚至会对自己
的罪行做出某种忏悔，比如“倘若我没有把你放到被草率捏造的人
中间”“毕竟这就是著名的灵魂政策的后果”“这整个该死的情况
要怎么进行下去”“倘若这该死的人类把戏可以停止”；有时也会
以这样的措辞供认道：“我们缺乏立场。”* 即，我们应当对每个正
派人，甚至是对最可憎的罪人抱有的立场都是缺乏的；考虑到世界
秩序提供了净化的手段。有一段时间，低阶上帝用这样一句话——
正如灵魂语言中常见的那样，还需在语法上补全——表达了整个发
展趋势的目标：“还是希望欲乐达到一定程度”，也就是说，达到
让神圣光束完全不再想撤回的程度，这样，与世界秩序相合的解决
方案就会自发地实现。然而，低阶上帝也有不少习语让我不寒而栗，
换句话说，我必须竭尽我全部的理智才能坚信他不可能成功。人们
说到上帝全能的“浩大力量”还有我这边的“无望抵抗”，并认为
必须经常用一句不断重复的习语来提醒我，上帝撤离的可能性是不
受限制的：“别忘了永恒是没有限制的”。

显然，我在这里提到的低阶和高阶上帝行为的变化，以及低阶

* “立场”一词原文为 Gesinnung，英译为 feeling，Gesinnung 是“态度、信念”的意思，因此这里没有译成“感觉 / 感受”。——译者注

上帝使用的习语，都内涵着一种几乎无法化解的矛盾纠葛。即使对我来说，每次试图解决这些矛盾都会遭遇难以逾越的困难；给出真
170 正令人满意的解决所需的那种对上帝本性的完整洞察力，即使是我也并不具备，尽管我无疑具有比他人更深入得多的见解，但人类的认识能力是有限的。因此我只能因人类理解力的不充分而有所保留，在此基础上，我将斗胆发表一些试探性的评论。首先，我不能假定高阶上帝的智力或道德标准低于低阶上帝。假如后者在对事情的可能性的认识以及对世界秩序的尊重方面显得胜过了前者，我想，只能将之归结于高阶上帝比低阶上帝离我的*距离更远*这一点。

低阶和高阶上帝似乎有一个共同点：*在离得很远时*，他们都无法理解作为有机体的活人；他们似乎都陷于某种对人类来说难以理解的错误观念，即，他们把从我这里的人类神经中传出的一切——在很大程度上，他们听到的都只是光束伪造思想的结果——都当做是这个人自己的思维活动的体现；而且思维活动的暂停（无论多么短暂）以及随之而来的状态，即语词构成的明确思想不再以光束能够感知的方式从人的神经中回响出来，对他们来说就意味着此人的整体精神能力已经耗尽——或者用一个显然属于误解[77]的惯常说法：这表明*痴呆的开始*。似乎低阶和高阶上帝都倾向于一种错误观念：把神经振动产生的*神经语*（见第 5 章开头）当做人类的真实语言。
171 因此，由于人在睡梦中也会出现一些神经兴奋，人们就无法区分做梦时的精神活动和一个意识完整地运用思维能力的人的精神活动。当然，我说的只是*我这里*的情况，即一种与世界秩序相悖的、上帝与一个人类进行持续不断且不可终止的光束交流的情况。似乎只有当上帝靠近，并从我的行为、活动、或是从我和其他人交流时使用的语言中突然意识到，他是在和一个心智能力毫无减损的人类打交

77　即使痴呆者的心理活动也不会完全停止，只是精神活动出现了程度不同的病理性减退或改变。

道时，他才能放弃上述那些错误[78]观念。

上帝似乎不可能从这些经验中汲取未来的教训，这或许是他本性中固有的品质使然。这些现象年复一年、日复一日地以一模一样的方式重复，尤其每当我的思维活动出现停顿（当所谓的没想什么思想出现），他刚一看到（一眨眼间）就会立刻试图撤离，并假设我已经陷入痴呆了——这通常会表达为一句愚蠢的习语：“现在那个人应该（补上：“想”或“说”）我要让自己接受，我蠢。”后面还跟着一句寡淡无味的习语：“你为什么不说（出声来）？”或是“但还能多久”（补上：“你成功抵御光束的力量……”），等 172
等；这些话会没完没了地持续，直到我重新开始做一件事以证明我的精神力量没有减退。即使对我来说，也很难解释上帝为什么无法从经验中学习。也许我们得这样想：能获得更正确的洞见的只有最靠前的神经末端，但它们已经注定消融进我的身体里了；而远处发起撤离的部分并不分享这种正确的印象，至少印象没有充分到足以让它们改变看法。[79]因此在我看来，即使如前文所说，低阶上帝的习语储备里（他通过从他那里发出的声音把这些话说进我的头脑）包含了一些正确的观念，我也很怀疑这究竟能带来什么实质性的区别。无论如何，这些想法对我来说毫无新意，高阶上帝也只形式化地收到它们，显然无法将其吸收，也就是说不会改变他惯常的行为模式。由于低阶上帝比高阶上帝更早得知了真实的事态，他可能只是在遵循“光束必须说话”（见第 9 章）的观念，如果所说的内容听上去更合理（尽管没完没了地重复）而不全是胡说八道或赤裸裸的粗话，

78 也许可以这样解释这些错误观念的存在：在合乎世界秩序的情况下，上帝只会与已经升入天堂前庭的灵魂、或是净化中的灵魂打交道（见第 1 章），此外偶尔也会和睡眠中的人打交道，而人们在睡梦中当然不会使用出声的（人类）语言。在灵魂与灵魂的相处中，由神经运动或振动产生的神经语（因此只是轻声耳语）确实是沟通交流思想的唯一方式。

79 人们也许可以试着以另一种方式解释。可以说，学习，即从较低程度的知识提升至较高的程度，是人类的观念，它只适用于知识仍有提升空间的存在。而关于我的存在的性质，其完整知识从一开始就属于上帝，所以不会涉及到学习的问题。但我得承认这个解释对我来说显得太复杂了，因为在上帝中并不存在绝对完整的知识，尤其他对活人的知识是不完整的。

会更好一些。很早之前，我就得出了上帝不能通过经验学习的观点，
173 当时我写道[80]：“一切向外的教育性影响都必须被弃为无效”，之后的每一天都印证了这一观点的正确性。但是在这里，和之前类似的情况一样，我还是认为我必须防止读者陷入潜在的误解。深信上帝之全能、全知、慈爱的宗教信徒可能会无法理解，上帝在这里怎么被描绘成如此低等的存在，甚至单独一个人类就能在精神和道德方面胜过他。但我必须强调，我在这两方面的优势都应被视为极为相对的。我占据这种优势只是因为这里涉及到了与世界秩序相悖的情况——产生于与单个人类建立的永久的、不可解除的神经连附。在这方面我是更理智、更优秀的一方。人了解自己的本性，而且我凭着与灵魂多年的接触也对灵魂性格有十分彻底的了解，这是此前其他人类不曾有过的。而另一方面，上帝不了解活人，事实上他也没有必要了解活人，这一点我已经反复强调过。这与我承认的上帝在
174 一切其他方面，尤其是在世界的创造和演化等超自然事务方面的永恒智慧和良善，绝非不可调和。[81]

在本章的最后我想说的一点是，在过了近五年之后，目前的情况是高阶上帝对我的态度已经与（本章描述的）情况变化后低阶上帝的态度一致。高阶上帝的奇迹也开始呈现低阶上帝奇迹典型的无害特征。比如让我的雪茄烟灰落到桌子或钢琴上、吃饭时我的嘴和手被食物弄脏，等等。令我满意的是，我在几年前就预见了这一发

---

80 这些笔记出自我保持记了多年的小日记本；我以小型研究的方式按编号和日期记录了我的印象、未来可能的发展等想法。我认为我的“回忆录”——目前这部作品——有朝一日可能会成为一个全新宗教体系构造的重要信息来源，因此这些日记条目也或许会成为“回忆录”的宝贵补充。它们将使人认识到我是如何逐渐获得对超自然事物愈加正确的理解的。不过，笔记的很多部分还是超出了他人所能理解的范围，因为我的记录主要是为了对自己澄清这些问题，没有包含让其他人理解所必需的详细解释。

81 我在上文中对上帝的某些品质的表达是迟疑的，但对于另一些自人类诞生之初就被算作最棘手的问题，我却敢于给出明确的回答；尤其是关于上帝全能与人类自由意志的关系，以及所谓的宿命论等问题。根据我已获得的启示和种种印象，这些问题对我来说几乎已经明晰得如太阳一般。鉴于人们对这些问题有浓厚兴趣，我在后文将至少以概要的形式交代我的知识，以供参考。

展趋势。作为证据，我将引用我的日记中相关的一段记录（1898 年 3 月 8 日，第 17 号）：

> 目前我们只想表达这一推测性观点，即，也许总有一天，就连后段奥姆兹德都将失去干扰欲乐的兴趣，正如后段阿里曼在过去的两年半里逐渐对此失去兴趣那样；因此等到那时，经过人类想象力转化和精炼的内在欲乐，将提供比有悖于世界秩序的外在性交（f……g）更大的吸引力。

为了理解这段引文，有必要做一些解释说明。“后段”（Posterior）阿里曼和“后段”奥姆兹德（首先是由声音而不是由我自己提出的）分别是对低阶和高阶上帝的称呼，他们每天无数次地因为另一方挤 175
到前面来而退到后面去。“内在欲乐”是我身体中产生的灵魂欲乐。“有悖于世界秩序的外在性交”指的是我的一种观察：纯净光束汲取腐败物的过程会伴随它们的一种欲乐感。使用“性交”这个词不是因为我喜欢粗俗的表达，而是因为我不得不成千上万次地听着“操”和“性交”这些措辞，于是我在笔记中使用了它们的简称，以表示光束与世界秩序相悖的举动。

176 “过验灵魂”及其命运；个人经历（续）

14

除了上一章描述的事件以外，那段时间以及随后的两年间，天堂的情况还发生了一些变化，尽管没那么重要，但为了完整起见在这里还是稍作陈述。这些变化主要涉及到“过验灵魂”的命运。正如前面提到的，它们的数量曾由于灵魂分裂一度非常庞大。其中大部分基本上只参与所谓的“规避性运动”（circumventory movement），这是弗莱希格灵魂的主要部分发明的一种策略，用来从背后袭击那些无辜地靠近的神圣光束，迫使它们屈从。这一现象的画面在我的记忆中依然鲜明，但我只能放弃用文字描述它的打算；我也说不清这一现象究竟发生在“绑定到天体”之前还是之后。

可以肯定的是，数量庞大的“过验灵魂”最终对上帝全能本身也构成了滋扰。在我成功把一大部分灵魂吸引到我自己身上之后的
177 某一天，上帝全能对它们发起了突袭；结果从那以后，弗莱希格的灵魂就只剩下一两种形态了，冯·W. 的灵魂则只剩一种形态。后者甚至似乎还主动放弃了绑定，从那以后的一段时间里（大概持续了一年），它通常坐在我的嘴里或者眼睛上，没有怎么给我捣乱，甚至还给我带来了一些娱乐——我可以和它进行某种思想交流，但在交流中我几乎总是给予方，冯·W. 的灵魂是接收方。我还能饶有兴致地回忆起它最后变得几乎完全没有思想、只能接收视觉印象的那段时间，给我留下的一些非常滑稽的印象；我在身边找东西的时候它也会加入寻找，也就是说它会加入我的眼睛的观看。[82] 大约在 1897

82　这会让我的眼睛呈现出一种奇怪的、湿润的样子。冯·W. 灵魂的在场总像是一层覆盖我眼球的液态物。

年底，冯·W. 的灵魂终于在我没有留意到的情况下完全消失了。我在后期已经非常习惯它的陪伴，有一段时间没有想起它来，直到有一天突然意识到它已经消失了；我发现自己被触动了，为了纪念它的离去，我在钢琴上弹奏了贝多芬“英雄”交响曲中的葬礼进行曲。

弗莱希格的灵魂直到现在依然有少量残余（绑定在某处）；但我有充分的理由认为它早已失去了智力，也就是说，它现在也完全没有思想了，因此甚至难以满足地享受它原先违背上帝全能非法取得的天堂存在——这也是对世界秩序最强烈的肯定之一，按照世界秩序，任何与它相悖的事物都不能永久保存自身。

这样一来，原先的“过验灵魂”退场了，只剩下一个小小的例外。想到这件事，我不得不补充一些关于它们一直沿用至消失时的 178
相当古怪的名字的细节。即使读者对此兴趣不大，我也有必要记住它们，以便让与它们相关的那些可怕、骇人听闻的记忆保持鲜活。这个与上帝全能截然对立的阵营由弗莱希格和冯·W. 的灵魂碎片及其派系的追随者（“先驱者”等等）组成，有一段时间它们自称“那又怎样派”（so-what-party）。这个相当乏味的习语是从弗莱希格的灵魂那里来的，它习惯于用一句冷嘲热讽且无动于衷的“那又怎样”来回答所有关于这整个“该死的情况”（cursed affair）（也就是说，上帝的全能对于这整个彻底走上歧途的情况似乎已经了解了）的问题。这种回答也是非常能体现灵魂性格的；毕竟灵魂毫不关心未来，只要一时的享受就够了。弗莱希格灵魂的这句“那又怎样”如果翻译进人类的范畴，意思是“我根本不关心什么未来，只要我此刻感觉良好就可以”。因此，当弗莱希格的灵魂只剩下两个部分时，较远的那部分被称为“后弗莱希格”，稍近的那部分——顺带一提，它始终是智力较低的一部分——被称为中间“那又怎样派”。

关于冯·W. 的灵魂碎片，前面已经提到了“来自 W. 的下腹腐败”——这部分碎片里可能有最为不洁、因此也展现出对我最卑劣

的恶意和对上帝全能最不加掩饰的放肆的神经，其恶意和放肆体现
在一些既不符合我自己神经的运动、也不符合神经通常习惯的韵律
的一些典型习语中，比如“这可以说是不可忍受的”（in a way this is
unbearable）、“允许我”（permit me），等等（“允许我”的说法
是在它即将被从自己的位置上赶走时用的）。我躺在床上的时候它
179 就挂在我卧室外正对的墙上。另一个所谓的“中午”（mid-day）冯·W.
在性情之粗鲁无礼程度上和前者相仿；它叫这个名字是因为据说它
负责餐食，尤其是午饭。冯·W. 的另外两个灵魂形态——“不管怎
样”（anyhow）冯·W. 和“哦该死”（O damn）冯·W.，这两个
名字都是它们的自称——则表现出更得体、几乎是合乎情理的（虽
说也是易变的）性格。其中“哦该死”的说法是基础语中残留下的，
每当灵魂觉察到一种有悖于世界秩序的事情发生，就会说“哦该死，
很难说……”（O damn, that is hard to say），例如“哦该死，非常难
说上帝会允许自己被操”。

冯·W. 灵魂中的一个非常细小的部分曾一度是格外危险的，它被称为“来自 W. 的鞭子”（the scourge of von W.），因为有一种奇迹专门由他实施：他会在我的头骨内挥动一根小鞭子，造成严重的伤害并常常伴有剧痛。

我在皮尔森疗养院（“魔鬼厨房”）住院期间，还曾存在另一种冯·W. 的灵魂形态，我自己的一部分神经一定也参与了该形态的构成，因为它被称为“小冯·W. – 施瑞伯”。这个灵魂的意图是最友善的，“他”有时甚至能（通过奇迹）造出所谓的“金滴”（golden drop），这个奇迹一般来说只能由上帝的全能行使，我可以清晰地感觉到它把某种香膏状的液体放到我的头部或者其他受损部位，一瞬间就能实现治疗效果。

在第 13 章讲述的变化发生后，我外部的生活不再像我之前一动不动时那么单调了；但在疗养院里生活可想而知还是相当单一。我

还是把大部分时间用来弹钢琴和下象棋，我手头的乐谱也随着亲人的赠予越来越多了。

在得到了一些彩色铅笔之后我开始记笔记，后来我又有了其他 180
的书写工具；我的处境是如此可悲，即使是一支铅笔、一块橡皮也会被我视为珍宝好好保存。我的记录起初只是罗列下一些不连贯的想法或字词；后来（1897 年起），我开始定期写日记，在日记中记下了我所经历的一切；更早之前（但也已经是 1896 年了），我只能在一本小日历上记下很少的几条笔记。与此同时，我已经开始起草我未来的“回忆录”，当时我已经有此计划。“回忆录”的草稿写在一个棕色的小本里，题为“出自我的生活”（From my Life）；它对我详细阐发目前的“回忆录”大有帮助。对这本缩略写成的笔记感兴趣的人会注意到，那里的很多内容我都还没整合进我的“回忆录”；它们会向读者表明我的洞见远比能纳入“回忆录”有限篇幅的内容更丰富。最后（自 1897 年秋天起），我又写下脚注 80 中提到的那些观察，还有笔记 B、C、I 中的小研究。

我的进食从一开始就有很大的困难（现在有时依然如此），直到今年（1900 年）的复活节，我都是在自己的房间里吃饭。人们无法想象我不得不与怎样艰巨的困难对抗；在我吃饭时的时候，不断地有奇迹在我嘴里产生；甚至那些无意义的问题，“你为什么不说（出声来）？”等等，也持续不断，尽管一个嘴里塞满食物的人是不可能出声说话的。我的牙齿也总面临危险；有好几次，我有几颗牙齿确实在吃饭时被奇迹弄碎了。还总有奇迹让我在吃饭时咬到舌头。我的胡子常常在奇迹的作用下和食物一起跑进我的嘴里——仅凭这一个原因，就足以让我在 1896 年 8 月把它剃掉。尽管我（在白天）
一点也不喜欢自己剃光的脸，但还有一些原因使我必须剃掉胡子。 181
由于第 13 章讲到的情况，我有必要（至少在晚上）维持把自己当做一个女性的想象，胡子当然会对这种幻想构成几乎不可逾越的障碍。

独自吃饭时，我几乎总是需要边吃边弹钢琴或者读书，因为即使在吃饭时我也要向遥远的上帝[83]证明我的精神力量完整无损；如果我不想这样做，就必须站着吃，或者边走动边吃。

正如前面（有些超前地）提到的，1896 年 5 月至 1898 年 12 月这两年半的时间里，我不是在分配给我的位于起居室旁边的卧室里过夜，而是在疗养院一层和二层的圆形走廊上留给痴呆病人的软垫病房里。我至今也无法理解这一安排的原因。确实，我和其他病人之间曾发生过一些暴力冲突，也和护工发生过几次冲突。我记录了每一次事件，总共约有 10 ~ 12 次，最后一次发生在 1898 年 3 月 5 日；顺带一提，在所有涉及其他病人的冲突事件中，我都是被攻击的一方。

182 导致这些冲突场面的深层原因我将在后面讨论。无论如何，我不相信医生们可以根据这些罕见事件把我视为一个在总体上受制于躁狂发作的人，他们完全也有机会观察到，我在白天从事的事情是得体、安静、符合我的智力水平的：我弹钢琴、下象棋，后来也会读书和看报。我可能偶尔会在夜间大声说话——由于脚注 63 中提到的原因不得不这样做——因此和我住同一条走廊或睡在我楼上房间的其他病人偶尔会有理由抱怨。但即使在这方面，扰乱宁静的情况也并非每天晚上或大多数晚上都会发生；况且我也经常忍受其他病人的类似打搅，尽管我的卧室和其他卧室相隔较远。

因此我只得认为，在整整两年半的时间里（只有几个晚上是例外）要求我睡在给躁狂病人设置的软垫病房中是一项极为奇怪的规定；这种病房里除了一张铁床架、一个便盆和一些被褥外，什么也没有，

83 关于上帝领域的等级制，我在上文已经反复谈过很多次（如脚注 19），因此读者可能已经对我想用“遥远的上帝”一词表达什么略有领会。人们不应想象上帝像人类那样，被一具身体限制在空间内，而应设想他是一中的多或多中的一。这些并不是我头脑中无根据的臆想，对所有这些假设（即“遥远的上帝”这一说法）我都有明确的事实依据，比如，在纯正的基础语通行时，每一个光束前列领袖都把神圣光束或他的队列中神性的代表称为“我，这遥远者”（I Who am distant）。

而且大部分时间房间都在厚重的卷闸的遮挡下一片漆黑。我想再次强调，我无意对过去提出任何抱怨；但我只假定，当一种状况在已经变得令人无法忍受且采取该措施的理由实际已不复存在后还一直持续下去，这在某种程度上是惰性导致的。

我想我可以公正地主张，疗养院里不曾有其他病人遭受过类似的待遇；周期性狂躁发作的病人会被关进软垫病房，但据我所知，他们只会被关几个星期。

因此，无论我多么无意在接下来的描述中掺杂进个人积怨，但讲述我在软垫病房的经历是多么难以忍受，也构成了我的苦难故事的完整图景的一部分。正如前面表明的，我的睡眠完全取决于天上 183
的排布；一旦上帝退得太远，我就无法入睡，这种情况会周期性地出现半天或至少几个小时。如果我不得不醒着，声音在我脑海中无意义的胡言乱语就会造成绝对无法忍受的精神折磨；而且这一年多的时间里，一旦我无法让遥远的上帝相信我没有痴呆（他认为我已经痴呆了），就会出现或轻或重的咆哮状况，我将在后面讲到。

在既没有光线又没有消遣物的软垫病房里，我该做些什么挨过无眠的夜晚？一直躺在床上是不可能的，在漆黑的病房里披着一件衬衫光脚来回踱步——就连我的拖鞋也被收走了——自然是极为无聊；而且冬天很冷，又有奇迹让我的头随时可能撞上病房低矮的梁。需要是发明之母，那几年间我尝试过各种让时间比较容易度过的办法。有时候我会花好几个小时在手绢的四个角打结再解开；一边在床上或者屋里走动，一边出声地讲述我的一些回忆，大声数数——尤其是用法语数数，因为总有问题问我还能不能说“外语”；还有背诵一些历史地理知识，比如列举出俄罗斯的历任统治者和法国的行政部门，等等。我当然不喜欢大声说话，这意味着放弃睡眠，但我常常没有别的事可做。令人格外痛苦的是屋里没有钟或火柴，我半夜醒来后无法判断时间，也不知道后半夜该做什么才好。

184 我在软垫病房中度过的最后一段时间里，木卷闸终于被打开了，于是，我可以把时间用来观测星空，[84] 凭着白天研读过的星图，我可以在晚上颇为准确地判断时间，就像古人那样。一旦木卷闸关闭，我就常常挥拳砸它直到双手破皮；有一次，我成功把一扇已经被奇迹弄松的卷闸摇下来了，结果奇迹让横杆砸到了我的头上，砸得很重，血染上了我的头和胸口。后来情况稍有好转，我可以把一个小金属盒带进病房，盒里装着铅笔、纸和所谓的“口袋棋盘”之类的小玩意儿；如果是夏天，天一亮我就可以用这些东西打发时间。正如我说的，我在这样的条件下忍耐了两年半；归根结底只是因为人类无法理解超自然事物。

84 观测星空时，我总是怀着一种不为任何人共享的独特认识：正是发源于这片星空的奇迹对我造成种类如此繁多的伤害。

“人类把戏”和“奇迹把戏”； 185
求救呼喊；说话的鸟

15

在第 13 章讲述的变化发生之后又过了一段时间，可能是 1895 年底或 1896 年初，一系列的经历使我开始批判地考察“被草率捏造的人”和“人类把戏”这一类想法，于是得出了稍有不同的看法。

尤其是我记得有三件事，让我对一向看做真实正确的情况是否确实如此产生了动摇：首先是 1895 年，我参加了疗养院院长韦伯医生一家的圣诞庆祝活动；其次是收到我住在莱茵河畔科隆的嫂子写给我的信，信上盖有科隆的邮戳；最后是庆祝法兰克福和平条约 25 周年的儿童游行——那天是 1896 年 5 月 10 日，我从窗口看到游行队伍从我窗前的皮尔纳郊区的街道上经过。这几件事情和其他类似的事情发生后——很快开始定期写信，阅读亲戚为我订的报纸——我只好不再怀疑确实存在一个在人口和分布上和之前一样的人类种群。 186
但这也带来了一个困难：我该如何把这一事实与我早先的那些明显指向相反观点的印象结合起来。不得不说，这个困难至今仍然存在，我面临着一个也许对人类来说无解的谜题。

我确信我早期的想法并非简单的“妄想”和“幻觉”，因为直到现在我仍然时时刻刻都感知到一些印象，它们使我确信——用哈姆雷特的话说就是丹麦有什么东西腐败了，也就是说，在上帝与人类的关系中有什么东西腐败了。但目前的事态如何在历史中演变而成，是突然的改变还是逐渐的过渡，以及除了光束的影响引发的生命表现（奇迹）之外生命表现可以在多大程度上不受光束的影响而独立发生，这些疑点即使对我来说也依然模糊。[84B] 我很确定诸如“被草率捏造的人”和“该死的人类把戏”这样的说法和习语，还有诸如“这该死的情况要怎么进行下去？”这类问题，以及关于“出自施瑞伯精神的新人类”的说法，都不是来自我的头脑，而是从外面被说进我脑中的。仅凭这一点，就可以使我假定与之相关的想法有某种现实基础，与某些历史事件对应。此外，在过去的六年间，我不停地——直到现在依然每时每刻地——感到的一些印象也向我提供了无可争辩的证据，即，我身边的人所说和所做的一切都是由于
187 奇迹的作用，而且与光束时而靠近时而试图再次撤离直接相关。

我在第 7 章已经提过，我身边人的交谈、对我说出的每一句话以及每一种人类活动只要伴随着一点细微的噪音——比如打开我走廊里的门锁、按下我房间的门闩、一个护工走进我屋内，等等——都会伴随着我的头部遭到痛击的感觉；这种痛感就像我的头里面突然被扯了一下，一旦上帝退得过远，这种拉扯的感觉就会非常难受，可能我头骨的一部分骨质也同时被扯下来了——至少感觉上是这样。只要我大声地（在我的房间或者花园里）朝上帝说话，我周围就会一片死寂，上帝也没有撤离的意愿，因为这时他可以接收到一个感官能力完整的人的活动的直接印象。这有时会让我感到我仿佛穿行在一群尸体当中，其他人（护工和病人）似乎彻底[85] 连一个字都说不出了。如果我让视线一直停留在女性身上时，也会出现同样的情况。
188 但一旦我移开视线或允许奇迹把我的眼睛闭上，或者一旦我从大声说话转为沉默且同时没有开始从事某种脑力活动——换句话说，一

84B 参见序言。

85 自从今年（1900 年）复活节我开始在疗养院院长韦伯医生的家庭餐桌上用餐以来，情况有了一些变化；主要是因为一直有对话在进行，停歇是短暂的。文中提到的表现形式并不总以同样的方式出现，它随着时间的推移有了变化，尤其和灵魂欲乐的增强有关。有些表现形式暂时消失了，让位给之前不曾或很少觉察到的其他形式。尤其是所谓的“咆哮”，我在后面还将更详细地讨论它。但“咆哮”的根本原因还是和之前一样：一旦上帝没有在我身体里遇到灵魂欲乐，他就显然会产生不可遏制的撤离企图，或者一旦我说的话、做的事没能提供一个完整保有精神力量的人存在的直接证据，他就会企图撤离。

旦我放任自己什么也不想，以下这些互相关联的现象几乎会在第一时间（一眨眼间）出现：

1. 我周围的噪音，主要是疯子之间的暴力冲突；当然，我周围的人大多数都是疯子；

2. 我自己身上发生的咆哮奇迹：我用于呼吸的肌肉被低阶上帝（阿里曼）驱动，让我被迫发出咆哮声，除非我非常努力地抑制它；有时这种咆哮出现得相当频繁和迅速，几乎难以忍受，让我晚上无法卧床；

3. 风扬起，无论现有的天气状况如何；短促的阵风明确地与我思维暂停的间隙吻合；

4. “救命”的呼喊，由那些与上帝的整体神经分离的神经发出，上帝撤得离我越远，呼喊声听起来就越悲惨；上帝离得越远，这些神经要跨越的距离就越远，它们显然处于某种焦虑状态。

上述现象每天都会成百上千次地发生；数年间，我想必已经观察到几万甚至几十万次了，它们每次出现的规律完全相同。其原因我已经反复强调过：每当我的思维活动停止，上帝就立刻认为我的精神力量已经耗尽，摧毁我的理智（“痴呆”）的愿望已经实现[86]， 189
撤离的可能性也由此产生。

于是撤离行动开始，为了实现撤离，奇迹会制造出第 10 章、第 136 页讲过的那种“干扰”，也就是前面说的噪音 1。低阶上帝几乎会在同一时间引起所谓的咆哮奇迹（前面说到的 2）；它似乎有两个目的：一是通过“展现”制造出一个人因痴呆而咆哮的印象，二是用咆哮声盖过高阶上帝引起的内部声音，以便他撤得更远；这样，低阶上帝（他似乎在某种程度上知道他必须允许自己被吸引）就能

86　这个意图之前会被公开承认，我经常从高阶上帝那里听到一句习语：“我们要摧毁你的理智”。但最近这句话用得少了，因为当它一遍遍重复时，也就相当于一种“没想什么思想”。

指望所有光束的聚合以及它们在我身体里引起的灵魂欲乐；换句话说，他可以让自己免于在没有灵魂欲乐的情况下进入我的身体。撤向更远处的举动会立刻扬起风（见上文提到的 3）（参见第 1 章）。然而，高阶上帝很快就会意识到，他对于我的神经的吸引力消退的期待再次落空了，吸引力仍然丝毫未减；这给一开始分离出去的上帝神经（见上文提到的 4）造成了焦虑，并表达为有真情实感的“救命”呼喊。令我始终不解的是，其他人显然听不到这种呼救[87]：这些
190 每天几百次传进我耳中的呼救声如此明确，不可能是幻觉。真实的“呼救”后面也总会立刻跟上一句背下来的习语：“但愿着该死的呼救能停下来。”

我周围人的一切生命迹象，尤其是他们的话语，都是由奇迹（光束的影响）造成的，这也明显体现在他们所说的内容中。为了解释清楚我必须稍加扩充。正如第 9 章第 126 页已经提到的，在上帝发起绑定到天体（第 122 页）之后，他不仅保留了还在天上的过验灵魂，也保留了前“天堂前庭”的残余部分，也就是那些享受福乐的人类灵魂，为的是在我神经的吸引力使它们靠近时用它们装载毒素，把它们当做前哨部队提前派下来以减缓对真正的上帝光束的吸引。人们大概相信，像这样日复一日地堆积在我身体里的大量尸毒最终可以扼制我，杀死我或是摧毁我的理智。多年来，这些神经（天堂前庭的残余）会以奇迹创造的鸟的形态出现，这也体现了内在于神圣造物之本性的奇妙关联，即使对我来说也深不可解。但一个事实——这些鸟内部的神经是已经获得福乐的人类灵魂的残余物（单根神经）——是非常确定的，因为我一刻不停的观察已经持续了数年。

我正是从多年来听到它们说话的语气中辨认出每一根神经的；根据它们究竟来自低阶上帝还是高阶上帝的阵营（由谁的奇迹产生），我完全清楚我将从它们每一个那里听到哪一句背下来的习语。它们

87　参见补充说明第一辑第 4 条结尾处的评论。

身为从前的人类神经这件事可体现在这样一个事实中：所有奇迹创 191
造的鸟一旦完全卸下运载的尸毒（即释放出被灌输进它们的话语之后），就会无一例外地用人类的声音表达出灵魂欲乐享受的真实感受，它们会说“该死的家伙”（Damned fellow）[88]或者“有点该死啊”（Somehow damned），这是它们仅有的能够表达真实感受的词语了。它们完全不理解自己先前说出的话，不理解那些背下来的习语——“背下来的”这个说法自然只能在比喻的意义上理解——它们是在对词义毫不了解的情况下将其释放的；在其他方面它们的智力似乎并不高于自然中的鸟。

我无法解释它们的神经如何能以这种方式振动，使它们的说话声或更确切地说，耳语声，听上去像那些构成背下来的习语的人类词语；因此我也无法解释其技术细节，只能假设它涉及到超自然事物，是人类完全无法理解的。[89]但多年的经验使我深知它们的效果：
它会让被奇迹制造的鸟的神经对一切感受免疫——不然它们进入我 192
的身体时是会有感受的——尤其是对灵魂欲乐或视觉印象免疫；只要它们还在释放被灌输进它们之中的（背下来的）短语，就好像它们是被蒙着眼睛进入我的，或者说它们自然的感觉能力被以某种方式暂停了。毕竟这整件事的目的——以及几年来随着灵魂欲乐的增强，这些自动话语的节奏变得越来越慢的原因——就在于让进入的声音所携带的尸毒的破坏力尽可能久地维持。然而，随之而来又有一种极为奇特的现象，它非常重要，因为它和这里提到的声音或光束对我的身体造成的破坏程度息息相关。

正如前面提到的，奇迹创造的鸟并不理解它们所说的词语的含义；但显然，它们对发音的相似性有着自然的敏感。因此在它们释

88 这里的“该死的家伙”不包含任何贬义，恰恰相反，按照基础语的一般规则，它表达了欢快的致敬或称颂。

89 （写于上文之后的数天）可能人们也曾试图让类似的过程作用于我的神经，我在暂时的痴呆或思维能力的减弱中觉察到了这一过程。人们可以想象鸟的神经被盖上了一层尸毒、被剥夺了神经振动的自然能力，也就是剥夺了它们的自然感受，而且尸毒会以某种方式把神经拉长；于是，它们就只能进行与人类字词相应的慢幅振动，最近就连这些词也被说得极为缓慢。

放背下的习语同时，它们会要么从我的神经的振动（我的思想）中，要么从我周围人谈话中，听到和它们发出的词语发音相同或相似的词；它们显然会对这种发音的相似性感到惊讶，并以某种方式被它吸引，也就是说它们会出于惊讶忘记要释放的习语的后半段，突然切入真实的感受。

我已经说过发音不一定需要完全相同，相似就足够了；况且这些鸟并不理解词语的含义，所以对它们而言，无论说的是哪一个都不重要，让我举几个例子：

"圣地亚哥"（Santiago）或者"迦太基"（Carthago）

"中国气质"（Chinesenthum）或者"耶稣基督"（Jesum Christum）

"阿本德罗特"（Abendroth）或者"雅典学园"（Athemnoth）

193 "阿里曼"（Ariman）或者"阿克曼"（Ackermann）

"镇纸"（Briefbeschwerer）或者"普吕弗先生骂"（Herr Prüfer schwört）等等。[90]

当我置身于声音令人难以忍受的乏味蠢话时，故意抛出一些发音相似的词来迷惑这些说话的鸟便成了我的消遣，这给我带来一种有些古怪的乐趣。尽管听上去滑稽，这种现象也有其严肃的一面：低阶和高阶上帝也知道奇迹创造的鸟会被相似的发音吸引，便把这一特点用作彼此对抗的王牌。双方都想后退并把另一方推向前面；每当有鸟被发音的相似性吸引，发出声音的那个阵营的吸引力就会增强。因此，低阶上帝喜欢让我周围的人说出属于高阶上帝的写下素材和声音的字词，反之亦然；而我意在结合所有的光束并实现均

90　这些例子是从具体的写下素材或话语素材中来的；"普吕弗先生"（Herr Prüfer）是这家疗养院的一个病人的名字，我经常听说它。我还可以再举成百上千个例子，但上述这些已经足够。

等的吸引力，因此总是会反向抵消他们的企图。在这方面我能举出的例子也多如海中沙。

只提几个例子："电灯"和"铁路"，还有第13章第169页提到的"浩大力量"和"无望抵抗"都是低阶上帝的写下素材。于是，高阶上帝会让我周围的谈话——也包括在院长的餐桌上吃饭时的谈话——转向"电铁路"，把所有东西都称为"浩大的"，总有人在一切恰当或不恰当的场合谈到"希望"，其频率高得出奇，完全不可能是巧合。仅这一点（此外还有许多依据）对我来说就构成了绝对的证据，即，这些人的神经是被光束（奇迹）驱使着使用这些词 194
的——他们对此自然并不知情；也就是说，这证实了所谓的"人类把戏"的现实性，低阶上帝在早些年曾经无数次谈到它。我也清楚这一切在其他人看来是多么难以置信；但我所说的一切都能每时每刻、不分场合地从日常经验中得到强有力的确认，以至于它们的客观性对我来说不容置疑。也许之后我会交代更多的细节。

关于奇迹创造的鸟，我还想再做些补充；奇怪的一点是，鸟身上的个体神经或灵魂会根据一年四季显现为不同种类的鸟的形态。同样的神经会在春天出现在雀鸟或其他鸣禽的身体里，夏天出现在燕子的身体里，冬天出现在麻雀或乌鸦的身体里。我对这些灵魂的身份非常确定，因为我很熟悉它们的声调，也能识别出我常常从它们那里听到的被植入它们的短语。[92]

这自然会引向一个问题：这些鸟会不会拥有连续的生命，还是说它们需要每天（或是每隔更长的一段时间）被奇迹重新创造出来。我只能抛出这个问题却无法回答。据我观察，奇迹创造的鸟会像自然的鸟那样进食、排泄；因此奇迹创造的状态或许可以通过摄入营 195
养来维持一段时间；我还多次注意到它们会在春天筑巢，这似乎表

92 "植入"（crammed in）这个说法是我写这本回忆录时才想到的，似乎它比"背下"（learnt by rote）和"灌输"（drummed in）更能体现鸟和那些话的关系。后两种说法或许还会让人觉得奇迹创造的鸟对词语的含义有所意识；但其实不然。它们对那些被移植的习语的言说还不及鹦鹉发达。鹦鹉重复的词是它出于自己的冲动习得的，换句话说，是它自愿重复的。而奇迹创造的鸟必须释放被植入它们的短语，既不考虑环境也无关乎它们是否愿意。

明它们具有某种繁殖力。然而它们的语言又使我确信，它们在其他的方面并非完全自然的鸟。它们数量庞大，似乎会成百上千只地出现，因此我也不敢对它们的数量给出明确的估计。可以根据它们说出的习语很容易地将之分为两组，一组来自高阶上帝，一组来自低阶上帝。

在低阶上帝那一组中，有一个鸟形的灵魂会经常出现在我身边；因此多年来声音都称它为我的“小伙伴”。春天，它通常以啄木鸟或乌鸫的形态出现，夏天是燕子，冬天是麻雀。但即使当它显现为乌鸫、燕子或者麻雀，其他声音还是会开玩笑地称它为“啄木鸟”（*picus*, the woodpecker）。我完全清楚这些年间它不断重复的习语，也经常会把这些说法以及其他奇迹创造的鸟的说法列举下来，结果总是如我所料。为了区分它们，我开玩笑地给许多灵魂鸟起了女孩的名字，因为它们在好奇心和对欲乐的偏爱等方面都很像小女孩。后来，上帝的光束也采用了这些女孩名，用以称呼相应的灵魂鸟。奇迹创造的鸟包含所有飞行迅捷的鸟，尤其是各种鸣禽：燕子、麻雀、乌鸦等。对于这几种鸟类，这些年来我还不曾见到哪一只不说话。今年夏天（1900 年）我两次乘马车出行[93]，它们都全程陪伴着我。然
196 而，疗养院院子里的鸽子不说话，据我观察，仆人宿舍里养的金丝雀也不说话，还有我窗前田地上的鸡、鸭、鹅，以及我两次外出途经的村庄里的家禽也都不说话；因此我只能认为它们只是自然的鸟类。有关说话的鸟的种种现象神奇如童话般，以至于我对观察该地区其他地方的鸟类也产生了极大兴趣；我不能假定远方那些落叶林里完全没有说话的鸟存在。[93B]

93 在此之前，近六年来我都从未走出疗养院的围墙。

93B （1903 年 3 月补充）过去几年间尽管我经常变换住所，但各种自由飞翔的鸟的说话声却一直毫无间断地持续至今。此外，我现在更偏向于用“说话的鸟”这个说法，而不是上文所用的“奇迹创造的鸟”。早先我认为，对于这些鸟会说话的唯一解释就是假定它们本身是由奇迹创造的，即它们每次都会被重新造出来。经过观察后，我认为它们更有可能是自然繁殖的鸟类，“天堂前庭”的残余物（即先前获得福乐的人类灵魂）以某种超自然方式被注入这些鸟，也可能是每次都被重新注入。鸟的身体内部确实存在这些灵魂（神经）——可能是和鸟类天然拥有的神经并存的，而且对其曾经的身份完全没有意识——对于这一点我不曾怀疑，原因我在文中已经解释过。

强制思考；其效果及表现 197

16

在前面几章我描述了过去几年间我外部生活的变化，以及神圣光束针对我的歼灭战的表现形式。现在我要补充讲讲强制思考的形式——它始终存在，形态多变。我在第 5 章已经把强制思考定义为：必须不间断地思考；这违背了人类获得精神休息的自然权利，即通过什么也不想从精神活动中暂时停歇的权利，或正如基础语所说，它扰乱了人类的"基底"。我的神经在光束的影响下会随特定的人类语词振动，其选择并不服从我自己的意志，而是受到来自外界的影响。不说完系统（system of not-finishing-a-sentence）* 从一开始就普遍存在，也就是说，我的神经被施加的振动以及由此产生的词语主要都不是完整的思想，而是观念的碎片，补全它们以形成含义就成了我的神经的任务。按照神经的本性，如果有不连贯的语词或者 198
句子的开头被丢给它们，它们就会自动试图将其补全为令人的心智满意的思想。

这些年间，随着灵魂越来越缺乏自己的思想，不说完系统也越来越盛行。尤其是好多年来会有单个的连词或副词被无数次说进我的神经；这些连词本来是引导从句的，但需要我的神经以让思想满意的方式补全它们。因此多年来，我每天几百次地听到不连贯的字词毫无上下文地被说进我的神经，比如"为什么不？"（Why not?）、"为什么，假如"（Why, if）、"为什么，因为我"（Why, because I）、"除非"（Be it）、"就他而言"（With respect to him）——也就是说，

* 德语为 System des Nichtausrendens，直译为"不说完系统"。——译者注

现在就我自己而言必须要想什么或者说什么；甚至完全无意义的“哦”（Oh）也被丢进我的神经。最后，还有一些原本表达完整的习语的碎片，比如：

1. “现在我该”（Now I shall；Nun will ich mich）[*]
2. “你要”（You were to；Sie sollen nämlich）
3. “这是我应该”（I shall；Das will ich mir）
4. “现在它一定”（It will be；Nun muß er doch）
5. “这当然是”（This of course was；Das war nu nämlich）
6. “现在我们缺乏”（Lacking now is；Fehlt uns nun）

等等。为了让读者对这些不完整的说法的原本含义有些概念，我会补上它们之前完整时的样子（尽管现在被省略了，有待我的神经补全）。这些习语本来是：

1. 现在我该让自己接受我蠢；
2. 你要被展现为嘲笑上帝者、屈服于欲乐过度的，等等；
3. 这是我应该首先考虑的；

199 4. 现在它 / 他一定已经熟透了，一块烤猪排[**]；

5. 这当然是太过了，从灵魂观点来看；
6. 现在我们缺乏主旨思想，也就是说——我们光束不具备思想。

那句关于猪排的庸俗的习语 4 是因为我自己几年前在神经语中用过“烂熟的烤猪排”这个比喻。这句话后来被选中，成为语言素材中反复出现的一句。我用“烤猪排”指我自己，表示我已经完蛋了，

---

* 此处括号内译者分别标注了英译文与德语原文，方便读者对照阅读。——译者注

** “烤猪排”是阳性名词，前面的代词“它”原文为 er，也可理解为“他”，代指施瑞伯。——译者注

也就是我抵御光束攻击我的理智的力量现在一定已经耗尽了。

“不说完”的目的与上帝一向对我的态度是一致的：要阻止他在吸引力的作用下必然地被吸入我的身体。当情况基本上还与世界秩序相合时——在绑定到光束和绑定到天体发动之前（参见第 9 章），一个片刻的感觉之统一足以让自由悬浮的灵魂从天空跳进我的嘴，结束其独立存在；这样的事件我在第 7 章第 86 页提到过，我其实经历过很多次。单凭“理智思考”也能实现同样的效果；每当光束用语法完整的句子表达自己，它们就会立刻被引向我，进入我的身体并暂时增加身体的灵魂欲乐（虽然它们可以再次撤离）。而“不说完”似乎有一种效果是让光束停在半途，这样它们就可以在增强我身体的灵魂欲乐之前就撤回；但即使这样也不能永久彻底地阻止吸引力，只能减缓它。

我很难描述出强制思考会给我造成怎样的精神压力，在它进一
步恶化之后我又不得不承受怎样的精神折磨。在最初几年里，我的 200
神经似乎无法抑制地要把每个开了头的从句都以令人类心智满意的方式继续说完[95]，就像在一般的人际交往中常常要对他人的提问做出回应一样。

我可以举个例子说明这种需要如何是人类神经的本性固有的。可以设想一个家长或者老师旁听孩子的学校考试，如果他们认真听试题，便会自动在脑海里对每个问题做出回应，可能只是像这样回应：“不知道孩子知不知道这个”。当然，在家长和老师那里不存在精神强制，他们只要把注意力从考试转移到周围的别处，就可以不必让自己的神经受累。这个例子和我的情况的本质区别也在于此。被说进我的神经的问题或疑问词会让相应的神经振动，从而强迫我头脑运作，这样我的神经便无法摆脱思考的强制。我不确定我在这

95　一眼看到（一眨眼间）就应答的能力也是神经刺激所需的，被称为“一眼看到就回答的能力”（the capacity to answer at first sight）。

里的表达方式——我的神经受光束驱使发生相应的振动——是否准确报告了情况；我直接感受到的是，说话的声音（后来主要是说话的鸟的声音）作为内部声音像长线一样进入我的头部，并且它们卸下的尸毒在那里造成了一种痛苦的紧张感。

区别于这种内部声音的是，我也会听到外部的尤其是鸟说话的声音，它们从外界、从鸟的喉咙传到我这里。不过在这两种情况下，我的神经都无法避开这些说出的字词的声音；每当我听到问题或者不完整的想法，我的神经就会自动受到刺激并迫使我想下去。在早
201 些年，我的神经不得不想下去、回答问题、补全中断的句子等等。要到后来我才能逐渐让我的神经（我的“基底”）习惯于无视这种强迫它们想下去的刺激，而是只重复这些词和短语，将其转化为没想什么思想。很长时间以来，我都是这样应对那些需要补上完整的从句才能说完的连词和副词的。比如当我听到“为什么，因为我”或者“除非”，我会尽可能长时间地重复它们，而不是试图将之与我以前的想法联系起来、补全含义。

每当人们企图用“倘若我的”这样的说法迫使我的神经产生恐惧观念（并不真实存在于我头脑中，而是被错误地归于我的），我也会采取同样的办法。我很清楚接下去“预计”会发生什么——通常会有相应的奇迹同时发生，我会在身体里感受到它；估计会跟在后面的有时是“倘若我的欲乐没有被打扰”，有时是“倘若我的靴子没有被奇迹脱下”，有时是“倘若我的鼻子、眼睛、膝盖骨、头骨等等没有被奇迹影响”。

在我的神经已经习惯了抑制相应的刺激之后，我就不用再被迫用词语完整表述这些无意义的话了，它们只会导致伪造的思想；我满足于不断重复“倘若我的”这几个字而不对此做任何补充。在一般的对话中，人们当然可以用“你到底是什么意思”，甚至是用辱骂来回击并保护自己。但这对我来说非常困难，因为如果我这样说，

光束总是会回答“这个我已有”，并伴随着第 9 章提到的效果。而 202
且无论如何，长期让神经整天反问“你到底是什么意思”或者辱骂，都是难以忍受的。[96]

强制思考的本质在于它侵犯了人类思维的自由，或者说侵犯了什么也不想的自由，随着说话的声音越来越慢，它变得更加难忍了。它的减慢与我身体的灵魂欲乐增强（尽管有那些“写下”）以及光束用来跨越天体（它们悬挂的地方）和我的身体之间的遥远距离的语言材料极度匮乏有关。

不曾像我这样亲身体验这一现象的人，无法想象这些话变得有多慢。“但当然”被说成了“但——当——然——”，“那你怎么
不拉屎”被说成“那——你——怎——么……”，每句话可能都要 203
三十到六十秒才能说完。这势必会让每个人——如果他不像我这样在自卫方式上越来越有创意——感到紧张和不耐烦，甚至暴跳如雷；为了让人们对这种紧张不安稍有领会，也许可以举个例子：就像法官要一直听一个头脑迟钝的证人说话，或是老师听一个口齿不清的学生说话，他们费尽力气也判断不出被询问者回答的或是想说的究竟是什么。

弹钢琴和读书看报——只要我头脑的状态允许——是我的主要防御手段，它可以让哪怕最冗长的声音也停下来；如果在晚上不方便做这些事，或者白天我头脑的状态需要我换件事做的时候，我发

96 只有人们设想某人用人类语言对另一个人做了灵魂语言一直以来对我做的事，才能体会到强制思考对人最基本的权利的巨大侵犯，以及我的耐心遭受了怎样超乎人类设想的考验。想象有个人一直待在另一个人面前，整天用不连贯的习语骚扰他，就像光束对我说的那样：“倘若我的”“那这就只是”“你要”，等等。如果有人像这样说话，对方除了把他赶出家门并附送几句合情合理的辱骂之外，人们还能指望别的结果吗？我也本应有权做自己头脑的主人，阻止陌生人的入侵。但这对光束是不可能做到的，因为我无法阻止它们对我的神经产生影响；这是上帝的奇迹之力决定的。人类语言（大声说）是捍卫我的家神圣不受侵犯的最后手段；但我不能总是用这种办法，有时是考虑到我的环境，有时是因为一直大声说话会妨碍一切明智的活动的进行，而且晚上大声说话会影响睡眠。因此，人们会试图用“你为什么不说（出声来）”这样的问题，或是用辱骂的话来刺激我大声说（参见第 9 章）。近来在我对这些事情的认识越来越清晰之后，只要有机会（无论是在对话中还是独处时），我就不会阻止自己利用大声说话的办法。

现背诵诗歌通常是个很好的补救。我将大量诗歌熟记于心，尤其是席勒的叙事诗、席勒和歌德戏剧的长篇段落，还有歌剧里的咏叹调和幽默诗、马克斯（Max）和莫里茨（Moritz）的诗、《蓬头皮特》（Stuwelpeter）和史贝克特（Spekter）的寓言，我会一字不漏地默默背诵它们。它们作为诗歌的质量好坏当然不重要；无论这些韵律多么无足轻重，但和我的神经被迫听着的可怕废话相比，就连低俗的诗句也是价值连城的心灵鸡汤。

即使在我背诵诗歌时，我也必须与那些时常会削弱其效果的困难对抗；试图打乱我思维的奇迹会作用于我的神经，让它想不起来熟记于心的诗歌的下一句；或者当最顽固的内部声音终于因吟诵长诗平息下来，全部光束的聚合使我达到了灵魂欲乐强烈的状态，低阶上帝就开始发动咆哮奇迹，直到我喘不过气，就连轻声背诵也无法继续。于是，随着上帝的全能从外部不断发起新的方法，以减缓
204 吸引力、阻止睡眠和完整灵魂欲乐所需的全部光束的聚合，我也不得不时常改变自己的做法。最近我发现，不出声音地数数、一直数到尽可能大的数字是很有帮助的，但长时间数下去自然非常无聊。当比较严重的身体疼痛出现或咆哮持续不断时（这种情况即使在现在也并不少见），最后的补救措施就是大声咒骂，我有时不得不这样做，虽然我真诚地希望以后会越来越不需要这样。

上述所有现象在数年间都有所变化，直到现在，根据特定时间灵魂欲乐存在的程度以及上帝撤离的距离，情况依然有所不同。但总体上，我在多年前做出的预测变得一天比一天更真实了；下面这段摘录可以作为证据，节选自脚注 80 中提到的笔记 B 中的“小研究 13”：

> 1898 年 1 月 16 日
>
> 在此期间，也就是说在去男性化完成之前要经历的几年或是几十年间，我们的策略的方向总体上是清晰的。**毫无疑问，情况对我们来说每年、每天、每周都会变得更轻松**，可能会有反复，这是由于另一方缺乏必要的洞察力，而且上帝领域的构成以及灵魂的特征决定了这种洞察**或许永远无法实现**；因此总会有微弱的企图想要回避与世界秩序相合的解决方案。

前面提到的问句“那你为什么不拉屎”具有十分独特的含义，尽管这个话题可能有些不妥，我必须对此稍加评论。排泄的需要和我身体的其他方面一样，是由奇迹唤起的；这是通过推动肠道里的 205
粪便向前（有时也向后）移动实现的，或者是尽管上一次排泄后的剩余物已经不多，但还有少量的残留物黏在我后面的时候。这个奇迹是由高阶上帝发动的，每天至少会重复几十次。它和一个观念有关——这个观念令人类难以理解，只能通过上帝彻底不理解作为有机体的活人来解释，即“拉……”（sh……）在某种意义上是终极行动，当奇迹产生拉……的冲动，摧毁我的理智的目标就达成了，光束的最终撤离也变得可能。要想追溯这个观念的起源，人们必须假设存在某种对排泄行为的象征意义的误解，即认为一个像我这样与神圣光束建立了特殊关联的人，在某种程度上有权在全世界拉……。

但与此同时，针对我的举措显然是完全背信弃义的（perfidy）[97]。每当奇迹产生了排泄的需要，我周围就会有其他人——通过刺激此人的神经——被安排到厕所去，以阻止我排便；我频繁地（几千次地）注意到这一点，其规律性使人绝无可能认为它是巧合。跟在“那

97 关于“背信弃义”一词的使用，大概无需再提醒读者我之前已经解释过的观念（第 5 章结尾；脚注 74，第 11 章，第 13 章第 173 页）：上帝对我采取的行动是出于自卫——尽管这种危险是他自己造成的——因此他把自己置于一切人类和道德考量之上。

你为什么不拉……？”这个问题后面的回答通常是：“因为我蠢吧。”
我几乎不愿动笔写下如此荒唐的胡说八道：上帝出于盲目和对人性
206 的缺乏了解，竟然会假定某个人会因单纯的愚蠢而不能拉……——
这明明是所有动物都能做到的。当我排泄（通常是排泄到便桶里，
因为厕所几乎总是被人占着），这种行为总会伴随着强烈的灵魂欲
乐的形成。摆脱粪便对肠道造成的压力会产生一种强烈的舒适感，
尤其是欲乐神经的舒适感；我排尿时也是这样。因此当我排便或排
尿时，所有光束都总会无一例外地汇聚到一起，也正是为了避免所
有光束的汇聚，人们会企图用奇迹消除排泄冲动（通常都不成功）。

前文续；灵魂语言意义上的“描画” 207

17

从上一章的叙述中读者会得出这样的印象：强制思考令我遭受的考验在许多方面都远超一般人类的能力和耐心所需承受的地步。但说实话，我也要补充说，有些时候、至少是偶尔，我承担的过错也得到了某种补偿。除了我多年来获得的关于超自然事物的知识——哪怕以地球上的一切财宝作为交换，我也不愿意抹除我的记忆——我还要谈一谈强制思考对我的精神起的激励作用。被丢进我的神经的那些不连贯的、表达因果关系或其他关系的连词（“为什么只是”“为什么因为”“为什么因为我”“那么除非”“至少”，等等）迫使我琢磨了许多往往被他人忽视的东西，这深化了我的思考。我周围的一切人类活动、公园或窗外的每一个自然景象，都会在我之中激起一些思想；如果我又听到“为什么只是”“为什么因为”被说进
我的神经，我便不得不（至少我受到激励的程度远大于其他人）思 208
考这些事物背后的成因或目的。

比如其中一个例子：在写这几句话的时候，疗养院的院子里正在新建一座房子，我隔壁的房间还安了新的炉子。当我看着这些工程进行，一个想法自发地产生了：这个人或这些工人此刻正忙着做这做那，如果与此同时“那为什么”或者“为什么因为”被说进了我的神经，我就不可避免地要对自己解释这每一项工作的原因和目的。数年来，类似的情况已经发生过无数次，读书和看报尤其会激起新的想法。由于被迫不断追溯每个事件、每种感受、每个观念的因果关系，我逐渐对几乎一切自然现象以及艺术、科学等人类活动

的本质形成了更深的洞察，远超出那些认为日常事件不值得思考的人所能达到的程度。尤其是在感觉和感受方面，令人满意地解释原因（“但为什么”）通常并不容易；事实上，大多数对“为什么”的询问都是不恰当的，比如对于这种句子：“这朵玫瑰很好闻”，或者“这首诗的诗意表达很美”“这幅画很棒”“这首曲子的旋律格外悠扬”。但是声音还是会在我心中激起问题，促使我思考；不过正如我说过的，持续不断的思考太让人疲倦，我也（虽然是逐渐地）学会了如何在一定程度上让自己摆脱思考的负担。当然，一个相信上帝创世的人总能对一切事物、一切事件的理由给出一个终极因：“因为上帝创造了世界”。但在这一事实与生命的个别过程之间还存在无数的中间环节，这些环节是格外有趣且值得探究的。在强制
209 思考的激发下，我在词源学问题上下了许多功夫，不得不说，我在健康的日子里就已经对词源学感兴趣了。

最后，还可以以一个很平常的事件为例来解释：我遇见一个据说名叫施耐德（Schneider）的人。看到他，一个自发产生的思维是：“这个人叫施耐德”或者“这个是施耐德先生”。而与此同时，“但为什么”或“为什么因为”也在我的神经中回响起来。在普通的人际交往中，回答可能是：“为什么？多么愚蠢的问题，这个人就是叫施耐德。”但我的神经无法、或是几乎无法这样回答。为什么这个人应该是施耐德先生，或者为什么他被称为施耐德先生——这样的问题一旦被提出，我的神经的平静就会被打破。这个相当古怪的“为什么”——尤其当它重复了许多遍——会自动占据我的神经，直到思考被转向其它地方。我的神经也许先是会回答：嗯，这个人名叫施耐德，因为他的父亲也叫施耐德。但这个微不足道的答案并不能真正平复我的神经。另一连串的思维发动了：为什么所有人都会得到一个名字，名字在不同时期和不同民族那里的不同形式，名字的各种不同出处（职业、出身、特殊身体素质，等等）。因此在强制

思考的压力下，一个极为简单的观察就成了一项颇为艰巨的精神任务的起点，通常并非没有收获。

与光束交流——这是强制思考的实质原因——有关的另一个有趣现象是所谓的“描画”，我在前面第 5 章略微提到过。可能只有我一个人知道——就连科学也不知道——人类把所有往事保存在记忆里靠的是留在他神经上的持久印象，这些印象是作为*画面*存在于他头脑中的。由于我的内在神经系统被光束照亮，这些画面可以被
主动再造；描画的本质也在于此。之前我曾以另一种方式表达过这 210
个想法（见 1898 年 10 月 29 日的“小研究 49”）：

“（灵魂语言意义上的）描画指的是有意识地运用人的想象力、在头脑中产生画面（主要是往事的画面），继而画面可以被光束观看。”[98] 借助生动的想象力，我可以制造出我生活中一切往事的画面，包括人物、动植物、自然中的各种物体、日常用品，使这些画面在我的头脑中变得可见，或者如果我想让我自己的神经和光束看到它们，我也可以让它们变得从外部可见。我对天气现象以及其他事件也可以做同样的事情；比如，我可以让天下雨或者打雷——这是一种十分有效的“描画”，因为天气尤其是打雷会被光束看做神圣奇迹之力的体现；我也可以让我的公寓窗前的一栋房子冒起烟来，等
等。所有这些当然只存在于我的想象中，但光束会以某种方式得到 211

98　上面这条“小研究”的后续内容涉及到人类意义上的描画，人们可能会感兴趣，所以在此附上：

人类意义上的描画指的是在一个表面上再现对象（与物理性的、立体的再现相对），且*没有颜色*（与绘画相对；或者人们也可以说绘画是制造有颜色的画面）；尤其它*要么*是单纯的*复制*（从自然中来），即再造在外部世界实际看到过的事物，人的*想象力*不在其中发挥任何作用，*要么*是创造出展现了外部世界尚不存在的事物的画面，这或是出于单纯的艺术目的（表现美、为自己和他人带来愉悦），*或*是出于实用目的，即为了制造与画面相应的事物（模型、建筑图纸，等等），后者包含了想象力的运作（“幻想”一词源于 φαινεμαι［看起来］）。德语的 *Einbildungskraft*［想象力］一词清晰体现了“某物*被放入*头脑或人的意识中”这一观念，该物不存在于外部，因此“想象某物”（*Sicheinbilden*, *Vorgaukeln*）的说法指的是*病态*的想象力，它在某人眼前唤起某种东西（希望等），它无法实现，却成为不恰当或是错误行动的动因。

这篇小研究在风格上自然是有缺陷的，因为做笔记时我还没有想到我有朝一日可能希望把这些内容向他人传达。

“这些事物和现象确实存在”的印象。我也可以把自己“描画”到不同的地方，比如在弹钢琴的同时我看着自己站在隔壁房间的镜子前，身着女装；或者晚上当我躺在床上，我可以给自己以及光束营造一种我的身体具有女性乳房和女性性器官的印象；我在第 13 章已经讲到这样做的重要性和原因。在我的身体上描画女性的臀部——honi soit qui mal y pense（对此心怀邪念者可耻）——已经变成一种习惯，每当我弯腰时基本都会自动这样做。因此在这个意义上，“描画”可以说是一种反向奇迹。正如光束把它们想要看到的画面丢进我的神经（尤其是在梦中），我也能反过来为光束制造我想让它们看到的画面。

没有经历过我所经历的事情的人，无法想象“描画”的能力对我来说已经变得多么重要。在我永无止境的乏味生活中，在声音无意义的蠢话给我带来的精神折磨中，“描画”确实常常是一种慰藉和安抚。能够在心眼中重新描画出关于旅行、景色的往事是多么令人愉快啊——在光束比较配合的时候，它们逼真得惊人，有真实的色彩，让我和光束都能对我想重见的景色获得几乎精准的印象，如亲眼所见。

在写这几句话时，我试着（作为一种试验）让马特洪峰的形状出现在视野中——在迪特斯巴赫（Dittersbach）附近，山峰绝美地耸立的画面——我确信无论是闭着眼睛还是睁着眼睛，我都能在某种程度上成功做到。类似地，这些年来我也无数次看到我认识的人的形象走进我的房间，或在花园走动，每当我想看到他们，我就会“描
212 画”[99]他们；我也给我在别处见过的卡通形象赋予形态，尤其是《飞页》（*Fliegende Blätter*）里的幽默卡通，等等。在不眠之夜，我常常对光束的奇迹把戏进行报复，在我的卧室或者病房里唤起各式各样

99　比如我曾在白天或是夜里，让拿破仑或者腓特烈大帝经过我的房间，或者让威廉皇帝穿着盛装出现在我的衣柜里，等等。

的形象，严肃的、幽默的、在感官上刺激或令人恐惧的；我以这种方式获得的娱乐是我对抗难以忍受的无聊的重要手段。我也常常给我的钢琴弹奏配上相应的“描画”，尤其是当我演奏钢琴改编曲的时候。我可以通过在心眼中“描画”整个演出过程、角色、布景等等，造出整部歌剧或歌剧片段，它们有时惊人地逼真。由于我大部分时间都在和奇迹制造的鸟打交道，我有时会开玩笑地“描画”它们如何出现然后被猫吃掉等等，来让自己开心。像这样的“描画”自然需要花费大量脑力，而且需要我的头脑和精神状态良好；当这些条件具备，并且我成功地让我想要描画的画面颇为准确地显现，我可以从中获得相当大的乐趣。除了单纯的娱乐以外，“描画”还有另一个同样重要的意义：正如第 11 章提过的，看见画面可以净化光束，然后它们再进入我的身体时就不再有通常的破坏力。因此，反奇迹经常试图遮蔽我“描画”的东西；但只要我意志坚定，通常都能获胜，让画面始终对我和对光束可见，尽管它们也常常会模糊和褪色。当我想准确地弹奏钢琴，也必须进行“描画”，因为如果能争取到光束的善意，奇迹就会变得不那么烦人。

最后，强制思考还有一个并非无足轻重的伴生现象：我听到的 213
所有噪音，尤其是那些会持续一段时间的噪音（火车铁轨的哐当声、汽船的隆隆声、音乐会的声音，等等）似乎都在说一些词语，有些是声音说进我脑海的词语，有些是我自己思考时所用的词。

与太阳的语言、奇迹创造的鸟的语言相比，这种说话只是一种主观感受：被说出的或是正在形成中的字词声，和我与此同时接受到的听觉印象——铁轨、蒸汽机、嘎吱作响的靴子等等——相伴；我完全无意断言，铁轨、汽船等事物会像太阳和鸟那样真正地说话。但这种现象尤其会让光束不安，因为（正如第 7 章第 90 页提过的）这些光束原本居住在遥远天堂，已经习惯了极为神圣的宁静；所有噪音都必定会吓到它们。因此它们不断地用这样的说法：“倘若这该死的铁路不再说话”“倘若这该死的汽船不再说话”，等等。这些习语当然起不到实际用途。事实上，认为仅仅通过用词语表达出希望它停止的愿望就能阻止一种骚扰的观念，似乎是灵魂性格的特征之一。比如，当奇迹让我的脸变热、脚变冷时，我被不断催促着说出：“倘若这该死的热可以停止”“倘若我的脚不是这么冷”；而作为一个现实的人，我自然更倾向于用冷水洗脸或者通过揉搓来温暖我的脚。至于灵魂性格的这一特点算不算是一种弱点，对这个问题必须谨慎作答：按照世界秩序，灵魂存在仅仅是为了享乐，而不像人类或地球上的其他造物那样，是为了实际行动。对于铁路等噪音的说话声，我自然是无动于衷的，它们变得重要是因为它们成为了我所掌握的一种对抗光束伪造思想的武器。凭借意志力，我可
214 以（尽管只是暂时地）按我自己的意愿控制我神经的振动，隔绝外部的振动。正如一句话说的，“我主宰一切噪音”，因此我可以在火车和汽船经过时，把某种没想什么思想施加给光束，从而让我的神经获得暂时的平静。

上帝和创造过程；自生成； 215
奇迹创造的昆虫；“视线方向”；检验系统

18

尽管在前面的章节中我已经讲过许多关于神迹的事情，但那些涉及的都是对我的身体的破坏以及对我所做的一切的干扰。这些显然都是非正常状况的标志，产生于世界秩序本身的脱轨。光束的使命显然不是对抗一个人类个体、着手摧毁他的身体，它们的根本目的是创造。光束以及上帝的奇迹创造力的这一根本功能在诸多方面依然有所体现；因此我将基于观察详细讲述我的观点。我清楚，这是人类心智有史以来面临的最困难的课题，也可想而知，我只能给出一些简短精炼的不完整观察。创造的根本秘密即使对我来说也依然高深莫测，我将努力讲出我仅有的粗浅认识。

如前所述（第 1 章，脚注 11），我认为神圣创造的本质在于光束——它们带着在外部世界创造某物的有意识的意愿被派下来——
的一种局部自我牺牲。上帝意愿让某物存在，带着这种意愿派遣光束， 216
他所意愿之物就会立刻成真。《圣经》里意味深长地说：“上帝说，要有光，于是就有了光。”但想要彻底理解这一点超出了人类的能力。然而，神圣创造能力似乎也不完全是不受约束的，它在某种程度上取决于一些前提条件，主要涉及到与创造即将展开的天体的空间关系，因此似乎与靠近该天体有关。

要想创造一个完整的人类——我们必须假设这种创造行动在久远的过去确实发生了——必须付出不同寻常的力量，需要格外地靠近该天体；这种事态若是永久持续，可能会与宇宙其他地方的需要不相容，甚至可能与上帝的存在本身不相容。

关于人的这一说法也适用于一切高等动物生命，它们是在已经存在的低等动物形态之后被创造出来的。因此我们可以假定，任意天体上的一切创造都并非如达尔文假设的那样，是早先的物种形态逐渐演化出新的物种，而是一系列单独的创造行动；新的物种每一次都是作为其他物种的模本被创造出来，尽管可能也携带一些关于早先形态的记忆。每个物种可能都只造出了一个或几个模本，它们从一开始就被赋予了繁衍能力，在适宜的条件下可以增殖到任意数量。当然，每当一个新的物种被创造，都必须具备允许该物种持久生存的条件；该天体的物理条件（温度、空气、水等）必须发展到一定程度，也必须存在一定数量的植物和低等动物形态为高等物种
217 提供养料。人类是整个创造的辉煌顶点，他是按上帝的形象塑造的，按照造物计划，人类这种存在在死后将再次转化回上帝中。（参见第 1 章，脚注 11）。

我无法对我在这里粗略勾勒的宇宙论做出详细的科学说明，因为我几乎完全不具备这种条件。我接触不到科学资料；而且大部分时间我的健康状况都不允许，我的头会在我工作期间不断受到打扰，破坏性的奇迹会让我无法集中精力；况且，从科学上证明上述观念的艰巨任务，也许需要由一个比我更聪慧的人来完成。

因此，我将只叙述将我引向这一观念的观察。我的目的在于向读者表明，他面对的不仅是一个可怜的精神病人的空洞臆想——人们依然对我持这样的看法——而是一种基于其他人不曾了解的十分特殊的经验持续多年努力思考的成果。这些成果可能不是全方面的完整真理，但也远比人们数千年来就这个话题做出的一切思考和写作都更接近真相。

我最重要的观察是，多年来我体验了由神迹开展的直接的创世（创造）——尽管只有低等动物的创造——并仍然在身边时时

刻刻地经历着。由此我得出了明确的定论：自生成（spontaneous
generation）（无亲代的生成［generatio aequivoca］）确实存在；但
这一概念不同于自然科学中的唯物主义含义，即无机物质可以偶然
地彼此结合，产生出组织化的（有机的）生命存在；这里用的“自
生成”有着截然不同的含义，它指的是生命在神圣意志力或神圣创
造力的有目的展现下产生。像这样创造出来的动物会根据每天的时 218
间或季节的不同而属于不同的物种；除了蜘蛛以外，最常见的是各
种昆虫，尤其是苍蝇、蚊子、黄蜂、蜜蜂、熊蜂、蚂蚁、蠼螋、蝴蝶、
夜蛾、飞蛾等。这些动物总会在确定的场合按确定的规律出现在我
周围；它们出现得如此频繁，无疑是每一次新创造出来的，不可能
是以前就存在并偶然来到我身边的。比如我可以无一例外地准确预
测出，只要我在花园的长椅上坐下且奇迹把我的眼睛闭上——这样
要不了多久，全部光束的汇聚就能带来睡眠——一只苍蝇、黄蜂、
蜜蜂或者一群蚊子就会出现，阻止我睡觉。这些奇迹大多是由低阶
上帝（阿里曼）发动的；但根据我的印象，近来高阶上帝（奥姆兹德）
也会实施这种相对无害的奇迹；因为正如前文所说，随着灵魂欲乐
的稳步增加，就连他对我的敌对态度也大大缓和了。

我有极为严格可信的证据证明这些生物不是偶然飞向我的，而
是每一次为了我新造出的生命。我知道想要同等程度地说服其他人
是很困难的，但说服他人不是我的主要目的。目前，我完全无意宣
传我对奇迹的信仰或是我关于神圣事物的观念；我满足于讲述我的
经历和观察，期待着这些能在我身上观察到的奇迹现象的总体图
景——它在未来或将变得愈加明显——将使其他人不得不承认其真
实性，哪怕还需要等到多年之后。有人可能会反对说，苍蝇在房间
里飞来飞去、黄蜂于特定时段在户外出现等现象都没有什么特别的，
只是我病态的想象力让我相信它们是和我本人有关的神迹。那么我 219
还想列举一些更重要的事情，它们使我确信情况并非如人所说。每

当前面提到的那几种昆虫出现，也会有一种影响我的视线方向的奇迹同时发生；我之前还没有提过这个奇迹，但它多年来它经常出现。毕竟，光束想要一直看着它们喜欢的东西，这主要要么是能激起它们的欲乐感受的女性，要么是能激起光束的创造之喜悦的它们自己的奇迹（参见第 1 章对此的说法）。因此，我的眼球肌肉会受到影响向某个方向运动，使我的视线必须落在刚被创造出来的事物（不然就是某个女性）上。

这样的事件反复出现了成千上万次，其客观现实性是不容置疑的；我本人怎么会有丝毫的意愿特意去关注碰巧出现在我周围的苍蝇、黄蜂、蝴蝶之类的存在呢？况且人们不应怀疑，我自己一定知道我的眼睛究竟是被牵引向一个无关事物，还是我出于自己的意愿观看周围的有趣事物。[100] 此外，对我说话的声音总会把这些现象变成
220 特殊的话题。有两种方式：要么是错误地把恐惧或愿望归咎于我的神经，比如，倘若这该死的苍蝇、该死的黄蜂等等能停下来；要么是利用这种场合来实现一种检验意图。这是因为上帝（正如第 13 章所说）无法摆脱这样的观念：一旦“没想什么”出现，也就是说一旦不再有语词形式的思想从我的神经中产生，我就陷入了完全愚蠢的状态（“痴呆”）；但他总会想确认是不是这样，想确认他期待已久的终于能撤回光束的时刻是否真的到来了。

这种检验方式非常奇怪，凡是了解人类天性的人都会感到难以理解。我周围的人会在神经受到的刺激下说出特定的词语，比如一

100 文中提到的引导我的视线的奇迹也会在其他场合出现；最近，由于光束对我的态度总体上更友善了，它甚至会完全为了我的方便而发生。比如我几乎每天都会注意到，当我从书堆里寻找一本书或几张曲谱，或当我寻找一个体积太小、没能第一时间注意到的物件（一根针或者一把小剪刀，等等），奇迹就会（转动我的眼睛）把我的视线引向所需的物件上。根据这一现实性不容置疑的现象，可以得出一些在我看来关于神性和神圣力量的至关重要的知识。可以得出两条结论：首先，光束（也有许多其他理由让我认识到这一点）能够阅读我的思想（不然它们怎么能知道我此刻在找什么呢）；其次，它们必须知道我找的物件在哪里；换句话说，上帝能够借助日光看到这个物件在哪儿，而且看得远比人眼更明晰、完善。顺带一提，日光无需十分充足，即使是晚上昏暗的光线也已足够；甚至在半黑或者全黑的时，我常常也能在视线受到的引导下摸到这些物件。

个疯子可能会抛出一个深奥词汇（也许是用外语），可能是他们依然记得的过去的知识；这些术语传进我的耳朵的同时，会有“已收录”（has been recorded）（即，已在意识或理解中收录）这几个字被说进我的神经：比如，在一个疯子毫无上下文地说“理性主义”或“社会民主”的同时，声音会说“已收录”，试图以此确认“理性主义”和“社会民主”这两个词对我来说还有没有意义，换句话说，我是否还有足够的理智理解这些词。

那种认为我已经痴呆的观点是如此顽固，而且认为我已经痴呆到如此地步，需要日复一日怀疑我还能不能认出周围的人、能不能理解平常的自然现象或是日常物件和艺术品，甚至怀疑我还知不知道我是谁或曾经是谁。每当我的视线被指向相应的现象或事物，用 221
于检验的“已收录”这个说法就会在我的神经中响起；举几个例子，我不得不听着：“枢密院顾问——已收录”“高级护工——已收录”“烤猪排——已收录”“铁路——已收录”，甚至还有“参议主席——已收录”，等等。多年来，它们日复一日、一刻不停地重复着。我想说，虽然写出来令人难以置信（Incredibile scriptu），但这一切都非常真实，即便对其他人来说，接受上帝完全没有能力对活人做出正确判断这一观点是非常困难的；就连我也是在无数次观察后才逐渐习惯了这一想法。

这个检验我的系统在奇迹制造的昆虫方面也有类似的表现。比如目前这个季节（9月初），我在花园散步时会有很多蝴蝶。每当有蝴蝶出现，首先，我的视线会被引向这只在那一刻才被新创造出的生命，然后，“蝴蝶——已收录”这几个字会被声音说进我的神经；这表明人们认为我很可能认不出来蝴蝶了，于是检验我，看看我还知不知道“蝴蝶”这个词的意思。

这些观察会给最清醒的读者一个印象：我身上发生了不可思议的事情。当然，人们可能会怀疑我有没有说真话的能力或意愿，换句话说，我是否言过其实或陷入了自欺。但我可以说——无论人们如何看待我的心智能力——我可以不带保留地宣称自己具有两种品质：绝对的诚实和非比寻常的观察力；任何一个在我健康的日子里认识我或是对我现在的行为举止有所目睹的人，都不会对此提出异议。

222 关于奇迹创造的低等动物（昆虫等），我已经说过，它们会根据季节和时间的不同而有所区别。

即使是上帝本身也不能在任意时候创造他想要的东西。他的创造力的程度取决于——根据季节和时间——太阳和地球在某一刻的位置关系；在我看来似乎也取决于天气的瞬时状况。人们必须记住，根据我前面讨论过的观点（第 1 章和第 7 章，脚注 44），太阳本身并不是与上帝分离的自足力量——甚至在某种意义上，她就是上帝：换句话说，太阳是上帝的奇迹力量距地球最近的工具。上帝只能根据他与某一天体之间确立的空间关系以及由此产生的光热条件进行创造。因此蝴蝶只在白天出现，黄蜂、蜜蜂和熊蜂通常出现在温暖的日子里；夜蛾、蚊子和飞蛾在晚上出现，灯光也会吸引它们。

这一点究竟是否适用于我在第 15 章提到的奇迹创造的（说话的）鸟类，是很难判断的。[100B] 我在第 15 章提到，说话的鸟的种类符合人们在特定季节经常看到的类型。但这两种现象有一个本质区别：说话的鸟中包含先前人类的灵魂残片，奇迹创造的昆虫则不然。我头脑里说话的声音会和我身边的黄蜂、苍蝇的嗡嗡作响混在一起，仿佛后者会说话。这无疑只是一种主观感受，和第 17 章结尾提到的与火车和汽船的噪音属于同一类。但我还要谈一谈奇迹创造的昆虫
223 的另一个有趣细节，这可以证实它们确实是新创造的生命：它们的恼人程度之多少，直接取决于上帝对我的态度是否友善；而上帝对我的态度正如前面表明的，又取决于我当时灵魂欲乐程度以及上帝

100B　参见脚注 93B，第 196 页。

撤回的距离；他离得越远、灵魂欲乐越少，他对我的举动就越不友善。态度友善或不友善的时段会在一天之内迅速交替。当上帝对我不友善，蠼螋和蜘蛛等就会在夜间出现，白天则是黄蜂和熊蜂等——都是凶狠烦人的动物，甚至可能会咬人引起疼痛；而苍蝇、蛾子、蝴蝶这些不会对我造成不快的昆虫，会在上帝友善时出现。

在这方面，我最后还得提一下所谓的*恐怖奇迹*（frightening-miracle），这大概也是上帝奇迹创造力的一种表现。恐怖奇迹这个词不是我自己提出的，而是从声音那里来的，它指明了这些奇迹原本意图实现的*效果*；多年来，它们一直以各式各样形式在我身边展开。

最初几年，当我躺在床上时（没有睡着，而是醒着），有时会出现各种庞大、古怪、龙一般的形状，紧挨着我的床，几乎和我的床一样大，而且离得特别近，我几乎能用手碰到它们。第 6 章提到我在弗莱希格疗养院多次见到的“黑熊”和“白熊”，可能就属于这类“恐怖奇迹”。多年来，恐怖奇迹会相当突然地以黑影的形态（在白天）出现在离我很近的地方，或者晚上在我经过走廊或是弹钢琴的时候出现。它们几乎天天出现，有时也会呈现出人的形态。我甚至可以自己激发起恐怖奇迹或是类似的东西：如果我把手放到白色的表面，比如我房间的白漆门或者炉灶的白釉上，我就会看到 224 奇形怪状的扭曲的影子，这显然是阳光的某种变化造成的。我非常确定这些现象不只是我的主观感觉，（即克雷佩林《精神病学》第 110 页所说的“幻觉”），因为每当恐怖奇迹发生，我的注意力都由于视线受引导（转动我的眼球）而特意被吸引到那里。这在我弹钢琴时格外明显：按照我的自由意志，我的思想一定会停留在面前的曲谱或是音乐唤起的美感上。但我的眼球会被突然转动、视线被引向门或者我周围某处创造出来的影子上。我推测——人们当然只能推测——或许应把“恐怖奇迹”看做神圣创造的最初开端，在某些情况下，这些创造会进一步凝结为“被草率捏造的人”，进而引向对真实人类和持久存在的事物的创造。当然，随着时间的推移我逐渐习惯了它们，这些奇迹失去了对我的恐吓效果；如今，它们只会因为把我的注意力突然从我真正感兴趣的事物上转移开才给我带来麻烦。

下一章，我将讨论上帝本质的其他一些方面，以及神圣创造的本质。

前文续；上帝的全能与人的自由意志 225

19

在上一章中我表达了我的观点，即自生成（无亲代的生成）确实会发生；我举出了我对奇迹创造的昆虫的观察作为证据。不过为了防止误解，我必须提出一些保留意见。也许最好这样表达：自生成在我们地球上再一次发生，是因为出现了违背世界秩序的状况；它可能已经有几千年没有在地球上发生过了。“自生成”只不过是我根据《圣经》和其他宗教文本的语言，用来称呼凭借神迹创造的一个直白的说法。

我对于上帝及其造物的关系的基本看法是这样的：上帝在我们
地球上——可能也会在发展到同样程度的其他天体上——行使奇迹
权能，直到实现创造人类这一终极目的。从那以后，他就任由受造
的有机世界自行发展，只在极为特殊的情况下（假如有这种情况） 226
才通过奇迹直接干预（参见第 1 章）。总的来说，他把活动转向了
其他天体以及把过世人类的灵魂吸引向福乐这件事上；他自身退到
了相当远的距离外。[101]

人们不能指望我对这个基本观念给出科学证据，我也无意写一篇关于宇宙演化史的科学论文。我只想讲出我所经历和了解的，并根据这些知识得出一些合理的结论。我主要是期待从我的个人命运

101　我相信我记得曾在我们的某部宗教文献中读到一句话：“主——在他完成创造工作之后——远行去了”；这句话似乎形象地表达了我想传达的意思。很长时间以来，我一直以为这句话出自《圣经》的某个地方；但我成功弄到一本《圣经》之后，却发现里面没有这句话，至少不在我翻找过的《创世纪》中关于创造的讲述里。《圣经》的其他地方究竟有没有这句话可以由神学家回答。我相信这个想法的表述并非出自我自己的头脑。所以假如它不在我们的宗教文献里，我就只好假定它是我在某个已经忘记的场合下，从声音那里得知的。

及其未来的后续发展中获得对我的根本观念的证实；总有一天，其他的人也必将认识到我本人已经成为神迹的中心。那时将由他人从科学角度解释我暗示的结论，或许也要加以纠正。现在我要回到我的主题上。

我假定，某一天体上的全部创造工作是由一连串的单独创造行动构成的，总体而言，创造是从低级一直进发到高级有机生命形态。这当然不是什么新观点，它其实也是最近研究演化史的学者的共识。
227 关键问题在于，该相信演化的原因是盲目的偶然性且这种偶然以某种奇特的方式引向了更完美的形态，还是必须承认存在一个“智慧因”（上帝）怀着有意识的意愿向着越来越高级的形态进发。这种发展是有目的导向的（杜 – 普雷尔），这一点，即使是那些倾向于把“神学观念的顽固性”归结为大部分人缺乏智慧的科学家也必须承认。我在书中记录的一切使我确信，存在一个活的上帝。因此我可以在我接收到的超自然印象的启发下，从一个全新的角度审视上帝与他创造的世界的关系。

正如第 1 章已经提到的，我和其他人一样，对于天体本身（恒星、行星等）是否也由上帝创造所知甚少；因此我只好对康德 – 拉普拉斯的“星云假说”是否正确持开放态度。至于有机世界，在我看来人们必须从根本上区分植物界和动物界的受造方式。我们当然可以假定，上帝的神经（光束）的细微部分在创造行动中转化成了动物灵魂的形态，它们无论多么低级，都依然具有神圣光束共有的那种自我意识的独一品质。但至少从人类的角度来说，要理解神圣光束如何进入植物——它们虽然也在某种程度上是活的，却完全缺乏自我意识——却是非常困难的。我们可以假定，植物世界可能是在某种适宜的条件下，仅凭和阳光一起照射到地球上的光束反射被创造的；有可能上帝创造有机动物世界的时候距离地球更近，比如在金星上，这可能会与此同时在仍欠发达的地球上让整个植物世界产生

出来。但我必须承认，在这方面我没有获得任何神圣预兆，所以继
续讨论下去我可能会陷入毫无成效的臆测，任何一个自然科学的学 228
生都可能把我证伪。但当我断言神圣光束有这样的潜能——能将自身转化为各种动物，甚至最终化为人类——我的立场就稳固得多了，光束可以从自身产生出这些造物来。

在这方面我有着一种极为特殊的经验和观察。首先我想说，当高阶上帝的光束（神经）在我的神经的吸引力作用下向下俯冲时，我的头脑中经常会浮现出一个人形的图像。幸运的是我正好可以借助一幅实际存在的画——它和我经常在头脑中看到的画面惊人地相似——而无需用语言描述它们。这幅画是普拉迪利亚（Pradilla）的“爱之圆舞”（Liebesreigen），收录于《现代艺术》（*Modern Art*，柏林，Richard Bong 出版）第 5 卷；在画面的左上角可以看到一位女性，双臂伸出、双手合十地降下。我们只要把她换成男性，就能相当准确地呈现高阶上帝的神经降下时出现在我头脑中的图景。头部、胸部和双臂清晰明确，双臂摆向一侧，好像这些神经正在努力克服下降途中的阻碍——拥堵在天穹上的弗莱希格灵魂的神经（见第 8 章）。低阶上帝（阿里曼）的光束也常常在我头脑中产生一个有人脸的画面，一旦灵魂欲乐出现，他就开始咂舌头，就像人类吃到自己喜欢的东西或是获得感官享受的印象时的样子。

在这里，我必须再次讲回前面提到的“小人”（第 6 章、第 11 章）。我经常注意到，灵魂（光束）在特定情况下会以小人的形态出现在我的头或身体的某处；因此人们必须假定，化为人形或成为人类的
能力是神圣光束固有的潜能。因此，可以从一种全新的角度阐释《圣 229
经》中众所周知的一句话：“他照着自己的形象造人，按照神的形象他造了他。”看来必须从字面意思理解《圣经》中的这段话，但迄今为止还没有人敢做此解读。

据推测，人是上帝所能创造的最高造物。其他一切造物都只是

上帝为了造人这一终极目的而做的一系列漫长准备。只创造人类当然是荒谬的，因为人类的存续依赖于许多低等动物形态提供营养或用于其他目的。创造人类这一最高形态的能力，必然包含了创造低等动物形态的能力。只有为他备好土壤，人才能被创造出来。在人类被造之前的一整个系列的动物形态中，我们可以发现其结构越来越接近人类。

每当上帝造出某一单个的物种，他对该物种的创造工作就完成了；当他造出人类，整个创造工作就完成了。每个物种都能凭着提供给它的生存条件、凭着繁殖能力和太阳持续的供热保存自身。不同的物种及其个体能在多大程度上取得成功则取决于它们各自的适应力和个体技能，不再受上帝的直接干预。

关于上帝的全知全能与人的意志自由的关系，我想在这里对前面的论述（第 13 章，脚注 81）作一些补充。[103] 人类一直在思索这个
230 问题：上帝是否知道未来？如果他知道，这又如何与人类无疑存在的意志自由相协调？为了确立正确的视角，我们必须记住，从某种意义上说，在上帝那里既没有过去也没有未来；上帝本身不会对命运或未来的机遇有任何期待；他在每时每刻都保持同一；这正是永恒的观念暗含的。但换个方式说，关于上帝是否知道他的造物——既包括物种也包括个体——的未来这件事，最好用几个例子来回答。因此我将提出这样一个问题：就未来而言，神圣全知的存在是否意味着上帝预先知道这些内容：

1. 数百万在世的活人中，每一个个体将活到多大岁数？
2. 一个蜘蛛网在特定的时间内能否捕到苍蝇，捕到哪只？

103　在我最早看到的异象（大约是 1894 年 3 月初）中，有关上帝与人类意志自由的关系的暗示就发挥了重要作用；在我的印象中，可以说是在上帝向我显现的第一个异象中，这个暗示就已经存在。可惜我已记不清细节，因为过了太久，而且后来我又经历了许多各式各样的异象。但我确实记得第二天早上我对弗莱希格教授说了这件事，并就异象的内容和他进行了交谈。

3. 成千上万的彩票号码中，哪个会中奖？

4. 目前日本和欧洲列强对中国的战争,实现和平的条件将是什么？

我想，这些例子恰恰阐明了几个世纪以来中世纪经院哲学讨论宿命论及相关问题的方式。其实只要提出这些假设性的问题，我们就会意识到，对它们作出肯定的回答是荒谬的。上述每个例子都涉及到个体或民族最关心的甚至是它们性命攸关的问题；但对上帝来 231
说，它们统统是无足轻重的。上帝为他创造的所有物种（因此也间接地为属于这些物种的每个个体）提供了自我保存的必要条件；至于它们能否善用这些条件并取得成功，则取决于这些存在本身；因此上帝是不可能预先知道的。[104] 当然，这并不排除上帝可能会对他创造的高级生命形态给予特殊的关注，尤其是关注全人类的存亡或是某个单个个体。因此在适当的、非常罕见的情况下，他甚至在事后也可以通过奇迹直接干预。

我在本章讲到的一切都是与世界秩序相合的情况。但我的情况导致这种情况发生了根本的改变，其意义就连我本人也无法完全评估。由于上帝不得不被再次拉近地球，并永远留在和它相对较近的位置上——同时可能导致其他天体被忽略、新的福乐的实现也无疑中断了——地球再次成了神迹的永久舞台。光束似乎不可能处于完全不活动的状态；创造（通过奇迹生产）毕竟是它们的本性。如果 232
目前它们无论如何都无法履行它们在世界秩序下应当履行的任务，奇迹的力量就被转向了其他方面，事实上，它沦为了一种无意义、

104　但关于上面提到的例子 3 我也要补充说，理论上，只要上帝愿意，他就可以决定彩票的中奖数字。就像我在自己身上以及在周围环境中体验到的类似的奇迹：把从箱里抽奖的某个人（一个孤儿）的视线甚至是肌肉直接引向上帝希望他抽中的号码，并非不可能。只要上帝愿意，他就可以知道箱内的各个号码在哪里。我是根据脚注 100 中提到的事件中得出这个结论的；即，上帝显然知道我需要却无法立刻看到的一个小物件究竟在哪里。但当然，这种彩票奇迹（假如我能用这个简称的话）是永远不会发生的，因为上帝没有动机动用奇迹之力帮助一个没有特殊长处的人获得好运。换句话说，在这一类情况下上帝并不知道未来，但只要他有足够强大的动机，他就总是可以获知未来。

无成果的力量的彰显。

奇迹首先是指向我个人和我使用的各种物件；奇迹影响我周围所有人的行为举止，光束作用于他们的神经，让他们说话、咳嗽、打喷嚏、甚至放屁和解手，以及一切其他的自然机能；奇迹还会影响我周围的各种动物，甚至马的嘶鸣、狗的吠叫等等，都是通过作用于它们的神经实现的。最后，奇迹还被用来重新创造低等动物（比如上一章提到的昆虫）；所有这些都徒劳无益，因为这些事情是动物和人本来就能做到，被重新造出的昆虫所属的物种也已经大量存在，没有必要重新造出它们。

因此，奇迹的行使对我来说是一种无用的折磨，对其他人和动物来说则是一种无意义的把戏。甚至对上帝来说，这种情况（如前所述）也是相当糟糕的。他对新造出的事物的喜悦只能持续很短的时间，很快就会让位给焦虑，这在一些神经中是显而易见的：它们在我的吸引力作用下从上帝的神经全体中分离出来，喊着“救命”向我降下。至于这种令每一方都如此难过的状况能否以及如何能回归正轨、恢复与世界秩序相合的状态，我只能加以推测；我将在本书结尾处再补充一些相关的思考。

光束在与我有关的事情上的自我中心性；个人事务的后续进展 233

20

关于上帝无法理解作为有机体的活人、无法正确判断活人的思想这件事（这在很多方面都对我意义重大），我还想补充一点。我可以简单地表述说：*发生的一切都涉及到我*。写下这句话时，我很清楚别人可能倾向于认为我病态地自负；我很清楚，这种把一切都和自己联系起来、把发生的一切事件都联系到自己个人的倾向，在精神病患者那里是普遍存在的。但我的情况恰恰相反：是由于上帝进入了与我单独的神经连附，我在某种意义上变成了对上帝来说的唯一一个人类，或者说是一切都要围着他转的人，发生的一切都一定和他有关，因此从他本人的角度看，他也必须把一切都联系到自己。

这种完全荒谬的想法我起初自然是无法理解的，但多年的经验
让我不得不承认，这个事实无时无刻不显现着。比如当我阅读书或 234
读报时，人们会认为我读到的想法是我自己的；当我弹奏乐曲或为钢琴改编的歌剧时，人们会认为歌曲或歌剧台词表达的是我自己的感受。未受过教育的人在看戏时也有这种天真的无知，以为演员表达的想法真的就是他们自己的感受，或者演员本人就是他们表演的人。当然了，这只会让我觉得好笑：比如当我演奏《魔笛》中的咏叹调“哦，我感觉到它消失了，永远消失了，这爱的喜悦”或是“地狱的复仇在我心中沸腾，死亡和绝望的火焰在我周围燃烧”时，我从头脑中听到的声音就假定我从现在起真的永远失去了一切幸福，或者我真的陷入了绝望，等等。人们不应低估我的耐心多年来遭受

了怎样的考验，我不得不听那些插嘴的问话可怕的胡说八道：“你为什么不说（出声来）？”“已收录”。这是如此的无意义，以至于很长一段时间我都不清楚上帝本身是否对此负有责任，还是说它归咎于某个遥远星球上的某些无灵魂的低等造物，它们像“草率捏造的人”那样被造出来，用于写下和提问的活动。

我在我的“小研究”里多次讨论过支持以及反对这种观点的理由，有兴趣的人可以参阅那里的细节。我倾向于相信（但无法做出最终的表态），是遥远的上帝自身引起了这些无意义的问话，上帝也受到同样的错误预设支配。[105]这里体现出的对人性和人类心灵的无
235 知，实际上并不比其他那些我必须假定上帝亲自参与其中的现象更严重——简单来说，比如撤回（见第 16 章末尾），还有假定什么也不想就等于痴呆、把神经语当作人类的真正语言（第 13 章），等等。

由于上帝与我建立了一种有悖于世界秩序的关系，便不能说他是无过失的，这一点我已经满意地证明了；一定是他自己决定采取整个针对我的策略，并发起了写下系统、不说完系统、绑定到天体，等等。这整个策略的目标是不可实现的。然而在整整一年内，我一直在为自己的理智担忧，那时我对奇迹的影响以及它们造成的完全超出人类经验范围的恐怖还完全不了解。但是在过去的五年间我逐渐认识到，世界秩序并没有提供——哪怕对上帝也没有提供——摧毁人类理智的手段。但即使是现在，上帝还在让自己按相反的策略行事、尽可能地把我“弃置”；为了实现这一策略，他不断发起新的系统，让我日复一日地感受到这一点。即使是现在他也无法摆脱这些错误观念。但我必须再次强调，我并不认为这与相信上帝在世界秩序允许的行动范围内的永恒智慧有任何不可调和之处。

我被要求把人们做出和说出的一切都和自己联系起来，尤其是

105 在前面（第 9 章，第 124—126 页）我曾提出相反的观点。因为这些问题按其本性就不可能有绝对的定论；因此即便是现在，当新的印象显得一会儿支持一种观念一会儿支持另一种观念时，我仍然会摇摆不定。

当我平时在疗养院花园散步的时候。因此，我待在病院花园的时段
总是麻烦重重，前些年，这还导致了我与其他病人的暴力冲突。长
期以来，我身体里的灵魂欲乐是如此强烈，以至于一切光束的聚合
随时都可能发生，从而满足睡眠的必要条件；因此多年来，如果没 236
有出现让光束撤回的所谓“干扰”（参见第 10 章），我在长椅上坐
不到两分钟就会睡着。有时，“干扰”是以无害的方式凭借奇迹创
造昆虫开展的（如第 18 章所述）；有时也以其他方式进行，比如让
疗养院的病人开始和我说话或是在我附近发出噪音。这无疑是因为
他们的神经受到了奇迹的刺激，因为每当这种情况发生（第 7 章和
第 15 章），我的头都会同时感到一阵或轻或重的疼痛。

由于病人[106]大多是文化水平低、品味粗野的疯子，常常会说粗话，光束也想让我把这些粗话和我自己联系起来。有时光束会让我在事先没有争吵的情况下真的遭到攻击，比如某个 D. 博士曾在我和另一个病人安静地下象棋时攻击我。我总是尽可能地试图无视来自周围疯子的辱骂。但无视也总有限度；当那些疯子离我太近，或者全然不顾我通过沉默展现的鄙夷而持续侮辱我时，如果我不愿表现得像个懦夫，就只好以同样的方式回敬他们。在这种情况下，往往会一来二去地导致实际的暴力冲突发生；顺带一提，尽管同时有猛烈的奇迹作用于我的膝盖骨，让我无法和人搏斗，我还是总能成功地把我的袭击者放倒在地。

这几年来，我有幸避免了公开的肢体冲突，但即使是现在，我 237
每次哪怕只是在疗养院的花园里散步，也要竭尽技巧和克制才能避免实际的不雅场面。因为那种驱使疯子对我进行语言侮辱的方式仍在继续，同时，声音的那些“已收录”“你为什么不说（出声来？）”“因为我蠢吧”，甚至“因为我害怕”等等的愚蠢的喋喋不休都向我表明，上帝仍然有意让我把那些侮辱的话和我自己联系起来。

106　他们的名字当然也都被“写下”了。

因此，这些年来我养成了下午散步时把棋盘带到花园里，并把大部分时间用来下棋的习惯，以尽量维持和平，同时向上帝证明我的理智依然完好。甚至在严寒的冬天里，有一小段时间我不得不站着下棋，但我还是坚持下来了。即使在房间里我也会遭受同样的骚扰，总是有其他病人无缘无故地走进来（这就是所谓的“干扰”）；这一切毫无疑问是与超自然事物有关的。

上述事件以及一些其他的考虑使我在大约一年前决定争取在一段时间内从这家疗养院出院。我着实属于有教养的人，而不属于疯子的行列；只要我和有教养的人待在一起，比如在疗养院院长的餐桌上吃饭时（我从 1900 年复活节开始在那里用餐），许多奇迹导致的恶果就会消失，尤其是所谓的咆哮；因为在这些场合我有机会参与公开的谈话，向上帝证明我的心智力量并未减退。尽管我患有神
238 经疾病，却不患有任何导致我无法照料个人事务（《民法典》，§6），或是使人能依据行政法违背我的个人意愿将我拘禁的精神疾病。[107]

因此，当我得知我早在 1895 年就已被置于临时监护下，去年秋天（1899 年）我便向有关部门询问对我的临时监护是否将成为永久性，或是应予以撤销。与我的期望相悖的是，1900 年 3 月德累斯顿地方法院根据该疗养院医学专家的报告以及同年 1 月的一场听证会，决定正式下令取消我的法律行为能力。由于我认为该判决的理由不成立，我便按照程序对检察机关提起诉讼，要求恢复我的法律行为能力。法院（德累斯顿地区法院）仍未做出裁决，但预计今年内能做出。目前还没有必要提供案件的细节，假如有更多人对我的案例感兴趣，德累斯顿地方法院和地区法院的档案中有完整的记录。其中也涉及到我的宗教观点。

本章的线索几乎不知不觉地把我从对上帝本质的思考引向了我

---

107 今年年初，我写了一篇题为《在何种情况下可以违背精神病人的意愿将其拘留在公共机构？》的论文，尝试在法律期刊上发表。可惜该杂志的编辑以版面不足为由拒绝了这篇论文。如果本书得以出版，我打算把这篇文章列入附录。

自己的事务。那么我希望再补充几句。最近，我的外部生活环境有
了明显的变化，我想说，它变得更有尊严了，尤其是在疗养院部门
对待我的方式上；也许其中一个原因是，我的书面作品表明在我的
案例中人们面对的那些表现形式毕竟有可能超出了一般科学经验的 239
范围。我的身体状况难以描述；它常常在非常健康和各种程度不一
的痛苦与不适之间迅速切换。身体的舒适感取决于灵魂欲乐，它有
时是非常完善和强烈的，尤其当我躺在床上的时候，我只需稍稍发
挥想象力就能获得一种感官愉悦——它很明确地是对女性性交时的
性快感的预先体验。

下一章我会回来更详细地讨论这一点。另一方面，在种种针对
我的奇迹的作用下，各种痛苦状态会交替出现（即每当上帝再次撤
回时），它们几乎总是突然出现，又在短时间内有规律地消失。除
了我前面已经提过的奇迹，我还遭受过坐骨神经痛、小腿抽筋、瘫痪、
突然的饥饿，等等；早些时候还经常出现腰痛和牙痛。有时我腰痛
得很厉害（当时我还睡在软垫病房），不得不喊叫着把自己从床上
弄起来——喊叫是半自发的；牙痛有时也很剧烈，让我无法从事任
何脑力活动。即使是现在，我依然几乎不间断地受到头痛的折磨，
这是一种不为他人所知的特殊头痛，普通的头痛无法与它相提并论。
这种撕裂和拉扯的疼痛是由于绑定到天体的光束——在灵魂欲乐变
得很强烈时——试图从我这里撤回造成的。与此同时，咆哮奇迹也
经常发生，它常常一次又一次地出现，引起一种非常难受的头部震荡；
如果它发生在我吃饭时，我必须很小心地不把嘴里的东西吐出来。
我的状况的这种迅速变化会给人一种疯狂的总体印象，我的整个生
活也带有这种印记，更何况我周围的人大多都是疯子，制造着各种 240
各样不合情理的事件。

我很少能长时间从事一件事；当我读书、写作或者投身类似的事情持续一段时间时，头痛就会发作，迫使我换件事做。因此，我

常常被迫用琐事来填充时间；做这些事是（除了弹钢琴之外）最能让我的身体舒适的。在过去的几年间，我只好让自己忙于一些琐碎的事情，比如把东西粘起来、给图画填色一类；那些算作女性工作的事情对我的身体舒适尤其有益，比如缝纫、掸灰、铺床、洗衣等等。即使是现在，我有时除了弹钢琴以外，就只能做这些琐碎的工作，因为这时我头脑的状况不允许我从事更适宜的、需要花费脑力的劳动。总的来说，我的睡眠比以前好多了；我已经提过，有时持续的咆哮状况（咆哮与强烈的感官愉悦交替出现）会让我没法躺在床上。今年，我也有好几次被迫在午夜或凌晨一点坐起来，靠人工照明（现在已经有人工照明了）一直坐到天亮，或者在夏天不点灯地坐到天亮；大约有三分之一的夜晚，我必须凌晨三四点就起床。我的睡眠常常受到梦的打扰；梦中一些有代表性的内容（和培养“女性感受”相对的“被留在男性一边”）使我频繁地注意到它们是在光束作用下产生的。但我现在的梦很少有异象的特征，即很少有格外清晰的印象。

我听到的说话声一直在变化，甚至在我写作本书的短时间内也有所变化。之前用到的一些习语现在已经几乎听不到了，关于“没
241 想什么思想”的话也基本上没有了。自从我在第 16 章做过描述后，声音的语速变得更慢了，几乎只剩下头脑里的嗞嗞声，假如我不是（必须说是很不幸地）早已能根据经验提前知道接下来会出现的是哪句无意义的习语，我现在已经很难分辨出单个字词了。

我认为上述变化很可能会持续下去，它们都与灵魂欲乐的增加有关；出于同样的原因，针对我的神迹也将在未来进一步变化。目前最麻烦的是咆哮状况——仅次于偶尔的头痛——过去两三年来我一直深受其扰；去年，它几乎成了一种难以忍受的灾难。我不敢预测它在未来能否有所改善；但假如我能搬到这家疗养院外居住，我相信，由于前面讲到的原因，这些情况将会有所改善。

福乐和欲乐的相互关系； 242
这一关系对个人行为的影响

21

到目前为止，我几乎不曾试图列举事实来证明我声称的奇迹的真实性，也没有尝试证明我的宗教观念的真实性。除了多次提到的咆哮状况之外，[108]我的身体状况也提供了充分的证据，如果加以检查，便能发现我的身体呈现出对每个人来说都有足够说服力的明显女性特征。因此我将在本章集中讨论这个问题；首先，我将附上我之前写给这家疗养院院长的信，有些是节选，有些是信件全文。

由于德累斯顿地区法院于1900年3月13日宣判取消我的法律行
为能力，我于同月24日向此疗养院院长寄了一封信，其中列举了我 243
打算反驳该判决的比较重要的基本点——我后来确实上诉了。我指出，在我看来对于未来的所有诉讼，法院都应要求疗养院院方提供一份关于我的进一步的专家报告，因此，有必要让专家了解到我本人对于我的疾病性质的看法，请他在给出报告之前留意到某些要点。1900年3月24日的这份信件中，以下的段落与此相关：

> 当然，我的目的远非想要通过有理有据的论证说服其他人相信我这里所谓的“妄想”和“幻觉”的真实性。我很清楚在目前阶段，我只能在十分有限的范围内做到这一点。至于以后，

108　补充本条说明的这段时间（1901年2月），这种咆哮状况每天早上都会出现：当我起床、穿衣洗漱，或因其他原因裸露身体（甚至是洗澡时），都会引起如此不同寻常的场面，在我看来凡是受过教育的人都将确信有超自然的事情发生在我身上。可惜每天的这个时段我周围只有一群教育水平低的护工或者疯子。我认为随着时间的推移，这些表现还将有进一步的变化。

一种发生我的身体上的完全超出人类经验范围的变化能否对此提供证据，只有在未来才能得知。目前，我只想解释一点：我随时都准备好让我的身体接受医学检查，以确定我的断言是否正确，即，我的整个身体从头顶到脚底都充满了欲乐神经，而这种情况只会出现在成年女性身上，据我所知，男性的欲乐神经只存在于性器官内以及周围区域。

如果医学检查能证实我的断言为真，且医学不得不承认一
244 个男性身体中出现这种现象是无法用人类的自然方式加以解释的，那么我关于我的身体在很大程度上受到神圣奇迹的影响这一“妄想”，便会对更多的人呈现出一种相当不同的面貌来。

寄出第一封信之后，我又于3月26日寄出了第二封信，现附上信件原文：

作为我在3月24日所作陈述的后续，我想恳请疗养院院长向我提供一个帮助。我在上一封信中解释了为什么我身体内欲乐神经的发展对我来说至关重要，这既关系到我的宗教信仰，也是我打算对地区法院取消我的法律行为能力的判决提出异议的关键依据。

因此，我非常希望获得有关下述问题的信息：

1. 神经科学是否承认存在一种特殊的神经，其功能是传导欲乐感受（即欲乐神经或感觉神经——我曾经听韦伯教授用过这个词——或是其他某个科学术语）？

2. 我坚持认为这种欲乐神经存在于女性的全身上下，而在男性身上只存在于性器官及周围——这一观点是否正确？我讲

述的是神经科学已知的事实，还是说在该科学目前的阶段，它将被视为错误？

如果您能为我提供一份书面解释，或者借给我一本讨论相 245
关问题的神经科学书籍，让我自己从中摘取所需的段落，我将不胜感激。

您恭顺的仆人

签名

后来，我又于3月30日寄出了第三封信：

继我在3月26日致疗养院院长的有关欲乐神经的信件后，韦伯教授昨晚很友好地同意与我谈话，并借给我两本医学图书馆的书籍。现在，我想再回到前面提到的问题上，这不仅是出于我的个人兴趣，也由于我认为发生在我身体上可见的变化或许能促进该领域内新的科学洞见。

如果我正确理解了韦伯教授的说法，神经科学并不承认存在一种特殊的神经作为感官愉悦的载体；他也反对认为这种神经可以从外部触摸到的观点，神经一般都非常细小。但另一方面，他也不否认这样一个事实，即感官愉悦——无论其生理基础是怎样的——在女性那里出现的程度高于男性，且涉及到整个身体，尤其乳房在感官愉悦的感知中起着非常重要的作用。在我看来只能把这一事实解释为，某些器官（无论它们被称为肌腱、神经还是什么别的）在女性身体上的覆盖程度比在男性身上更广。就我自己而言，我在主观上确信这种器官在我身体内的发展程

度——正如我反复强调的，这是神迹作用的结果——只会在女
246 性身体上出现。当我用手轻压我身体的任何部位，我都能感觉到皮肤底下有某种丝状或索状结构；尤其是在我的胸部与女性乳房相对应的位置上格外明显，可以感觉到它们的末端有结状的增厚。通过按压这种结构，我可以产生一种女性的感官愉悦的感觉，尤其当我想着一些女性化的东西的时候更明显。顺便一提，我这样做并不是为了感官欲望，但为了成功入睡或者不让自己遭受几乎难以忍受的痛苦，我不得不这样做。

有一次在我的嫂子来探望我时，我在她的手臂上感受到了一模一样的丝状或索状结构（当时我已经开始关注这一方面了），因此我假定这种结构是以相同的方式存在于每个女性身上的。

我也相信，我有理由认为正是这些结构赋予了女性皮肤特有的柔软，这在我的身体上也异乎寻常地明显。

我还要补充一点是，我身上尚在形成中的女性特征呈现出一定的周期性，其间隔时间越来越短。一切女性化的事物都会吸引上帝的神经；因此当他想从我这里撤回时，他就会试图通过奇迹让我身上明显的女性特征消退。其结果是，我所谓的“欲乐神经”的结构会被推进至更深一点的地方，在皮肤表面不那么明显了，我的胸也会变得更平坦一些，等等。但过不了多久，当光束不得不再次接近，“欲乐神经”（如果沿用这个词）会变得更明显，我的胸也会再次隆起，等等。这种变化会在几分钟之内发生。

247 疗养院院长可以毫不怀疑地相信，我在这里所做的披露不仅是出于我的个人利益，也是为了科学的旨趣；当我揭露这些在我看来与超自然事物相关的情况时，我相信我不必担心因为

谈论这些作为普通人应感到羞耻的事情而遭受指责。

您恭顺的仆人

签名

对上述内容我想再补充几句。

我当然不怀疑韦伯教授在和我谈话时（如我在 3 月 30 日的信件里提到的）提供的信息确实代表了神经科学现阶段的知识水平。可是我不得不带着一个外行人在此类问题上应有的谦逊表达我的信念：前面提到的那种能在我身体上观察到的丝状或索状物确实是神经，因此特殊的欲乐神经的确存在，专门用于传导欲乐感。对我来说，证据就在于这些结构（正如我明确知道的）全都源自先前上帝的神经，它们不会因为进入我的体内而失去作为神经的性质；证据也在于，我在任何时候都可以通过轻轻按压这些结构激起欲乐的真实感受。因此我沿用“欲乐神经”一词也是情有可原的。

六年多以来，上帝光束或神经的持续注入使我的身体中充满了这种欲乐神经。因此不足为奇的是，我的身体已经被它们完全浸透，其程度就连女性也难以企及。正如我在 3 月 30 日的信件中提到的，248
这些神经的外在表现具有规律的周期性，这取决于上帝是否撤回到更远处——一旦我缺乏光束必须在我这里找到的思想——或是被迫被我吸引过来。

当光束接近，我的胸部给人的印象就像一个发育良好的女性乳房；每一个想要亲眼观察我的人都可以目睹这一现象。因此，我可以通过观察我的身体提供客观证据。不过，只是瞥一眼还不够，观察者必须花 10 ~ 15 分钟待在我旁边。这样，每个人就都会注意到我的胸部的周期性膨胀和收缩。我的腋下和胸前自然也有毛发，但它们相对稀疏；我的乳头也还像男性乳头一样小。但尽管如此，我仍敢断言，任何一个看到我赤裸上半身站在镜子前的人，都会产生明确无疑的、感到这是一具女性躯体的印象——尤其是当这种幻象被一些女性装饰物强化时。我可以毫不犹豫补充说，一旦我离开这所疗养院，我可以给任何一位严肃的、以科学旨趣而不仅是单纯的好奇心为出发点的专家提供一个观察我的身体的机会；不过，我本人不会发起这样的检查。如果这样的现象不曾在男性身体上被观察到，那么正如我一贯坚持的，我相信我将已提供了充足的证据，可以让一个严肃的人产生深刻的怀疑：迄今为止被归于幻觉和妄想的东西是否终归是现实？我对其奇迹性质的全部信念、对于发生于我个人以及我身体上的现象给出的解释是否也因此建立在真理之上？

欲乐神经的存在使我可以培养女性感受，我将之视作我的权利，
249 从某种意义上说这也是我的义务。为了不因这样的坦白而失去那些我重视的人们的尊重，我必须讲述更多的细节。

很少有人像我这样，从小就在极为严格的道德规范下长大，并终身在尤其是性的问题上极为节制，这一点我可以肯定。因此在我这里，单纯的低级感官愉悦不能被视为动机；假如我的男子气概仍有可能得到满足，我自然更偏向这样做；当我与其他人接触，我也不会流露出任何性欲。只是，一旦我与上帝独处，我就（如果可以这样说的话）必须不断地、或至少在某些时候，努力给神圣光束提供一种处于性高潮中的女性的印象；为此，我不得不采取种种可能的方式，动用我全部的智慧和想象力。

在本书中，我经常提到欲乐与永恒福乐的密切关联。欲乐可以看做是永恒福乐的构成部分，在某种意义上，它是人类和一切生物生而有之的。从这个角度看，席勒的《欢乐颂》就如同神圣启示的预示和回顾：“蛆虫也被赋予了欲乐，何况是上帝面前的天使”。但这两种欲乐有着本质的区别。欲乐享受或福乐是作为目的本身被永久赐予灵魂的，但在人类和其他活物身上，欲乐享受只是物种保

存的手段。因此存在对于人类欲乐的道德限制。过度的欲乐会让人无法履行其他的义务，这将妨碍他实现精神和道德的更高完满；确实，经验告诉我们，不只是个人，整个民族都曾因欲乐过度毁于一旦。但对我来说，这种对欲乐的道德限制已不复存在，甚至在某种意义上指向了相反的方向。为了避免误解我必须指出，当我提到我有义 250
务培养欲乐，我指的绝不是针对其他人（女性）的性欲，更不是性交，而是说我必须想象自己同时是男人和女人并与自己性交，或以某种方式使自己达到某种性兴奋——这在其他情况下可能会被视为不道德的——但这和手淫或其他类似想法都无关。

这种行为是我不得不做的，因为上帝与我建立了一种违背世界秩序的关系；尽管这听起来有些矛盾，但我有理由把第一次十字军东征的战士们的一句话用在我自己身上：Dieu le veut（这是上帝的旨意）。由于我的神经吸引力——这在过去的一段时间里已经变得无法解除——上帝与我个人不可分割地联系在一起；在我的余生中，上帝都不可能让自己摆脱我的神经（尽管他企图摆脱），或许除非是通过实现我的去男性化。但另一方面，上帝要求持续的享乐，这是在世界秩序下灵魂正常的存在方式。在与世界秩序相悖的情况下，尽可能地通过高度的灵魂欲乐来向他提供这种享乐是我的义务。如果我能在这一过程中获得一点感官愉悦，我想这也是我应得的，这是对我过去多年来经受的过度痛苦和匮乏的小小补偿；这也是对我现在仍然不得不遭受的种种痛苦考验和磨难（尤其是当灵魂欲乐减弱时）的小小补偿。我清楚我并未违背任何道德义务，而只是做了理智在这种反常的情况下指示我做的事；关于这对我和妻子的关系的影响，见我在第 13 章脚注 76 中的评论。

251 我当然不可能把一整天或者大部分时间都花在欲乐观念上，或者让想象力指向这些观念。这种做法逾越了人的本性；人不只是为欲乐享受而生的，因此仅仅把欲乐享受当做生活的唯一目的对我来说也和对其他人一样不自然。而另一方面，持续地思考、让智能神经毫无喘息机会地持续运作（就像光束通过强制思考强加于我的那样），同样不符合人类天性。在我所处的这种疯狂境地下——我指的不是我和环境的关系，而是上帝和我之间这种违背世界秩序的荒谬关系——我安排生活的方式就在于找到一个合适的中间点，让人和上帝双方都比较好过；换句话说，要让神圣光束在我的身体里找到它们可以共享的灵魂欲乐——只有这样它们才能接受进入我的身体——而我也可以让智能神经得到必要的休息（尤其是在晚上）并以与我的智识需要相称的方式支配自己。

为了实现这一点，双方都难免会有些不愉快，都不得不以确实违背自己本性的方式行事。灵魂欲乐并不总是完全充盈，而是会周期性地减退，部分原因在于上帝发动了撤回，部分原因在于我不能不间断地培养欲乐。而每一种精神活动，以及沉溺于人类什么都不想的自然权利（尤其是外出散步时），都会伴随着身体舒适度的显著下降。为了在智力活动以外得到必要的休息，尤其是在晚上入睡时、白天正餐之后、早上刚醒来时，我感到自己有权通过培养前面所说的这种欲乐来让身体状况变得可以忍受，甚至也获得一些感官的舒适感。

252 多年的经验向我证实了这一观点：我确实相信，只要我能始终在与我自己的性接触中扮演女性角色、始终让目光停留在女性身上、始终看着女性的图片，等等，上帝就永远不会试图撤回（他的撤回总会大大损害我的身体舒适），而是会持久不断地追随我的吸引力。

我还想提到，低阶上帝（阿里曼）其实也确认了这一观点，不久前，他在载入写下系统并让光束说出的几句习语中建议了某种行为模式。从来自低阶上帝的声音那里，常常能听到诸如“欲乐已经成为敬畏上帝的”“让你自己性兴奋”这类说法。在我与上帝的关系中，通常的道德观念显然已被颠倒了。如果对人类来说，欲乐被准许是因为它在婚姻中得到了神圣化并服务于繁衍的目的，而欲乐本身算不上什么。在我和上帝的关系中，欲乐却成了“敬畏上帝的”（God-fearing），也就是说，它是解决与世界秩序相悖的状况造成的利益冲突的最令人满意的方式。

只要我的思维稍有停顿且同时没有专心培养欲乐——这当然是难免的，谁也不可能时刻思考或是时刻培养欲乐——就会出现前面提到过的种种不适后果：咆哮状况以及身体的痛苦、周围的疯子发出粗俗的噪音、上帝发出“救命”的呼喊。因此按照常理，我会尽可能地在思维暂停的每个空隙里——也就是在智力活动休息的时段——填充上欲乐的培养。

253 最后的考虑；未来的前景

22

我的著作即将完成。我完全没有写尽我在近七年的神经疾病期间获得的经验和超自然印象；但我想我已经充分交代了情况，使人们可以理解我的宗教观点并解释我行为举止的某些特别之处。现在我只想就未来再谈几句。

“这该死的情况要怎么进行下去？”“我会怎么样？那个人应该……”[109]（补上：说或想）——这些问题都是光束多年来反复说进我头脑中的；尽管它们都基于伪造，并不是我自己的想法，但这暗
254 示着即使上帝也对这个彻底出错的情况有所觉察。光束本身对这些问题的回答，即它们错误归于我的神经的说法（“出自施瑞伯精神的新人类”“我不知道，那个人应该……”等等）是如此幼稚，我无需再强调它们。我自己的想法是这样的：

我当然无法确切地预测我将会怎样，怎么才能把与世界秩序相悖的情况——上帝显然发现在我的神经的吸引下，他与整个地球的关系背离了世界秩序——引向正轨。这种混乱在人类的经验内找不到类比，在世界秩序中似乎也没有应对这种状况的准备。在这样的情况下谁能预测未来呢？我能完全明确地给出的只有一个否定的表述，即上帝摧毁我的理智的目标永远不会得逞。正如前面提到的（第20章，第235页），我多年来一直非常清楚这一点；有了这种认识，

109　这句习语里的“那个人”（He）和很多其他地方一样，指的自然是我。（译按：“那个人”原文为Derjenige，即“那个男人”。）人们或许可能会把这句话补充为：“那个人，仍然是我们（光束）唯一感兴趣的”，或者类似的说法。我的名字显然是故意被省略的，因为人们似乎陷于一种错觉，认为总有一天我将失去对自己身份的意识。

在我患病最初几年间威胁我的一个主要因素就消除了。对于一个在各方面都极有天赋的人（我可以不带夸大地这样讲我自己）来说，还有什么比失去理智、沦为智障更可怕的吗？因此，一旦多年的经验使我完全确信，一切指向这一目的的企图都注定失败——因为在世界秩序下，即便是上帝也没有能力摧毁一个人的理智——或将发生在我身上的一切就都显得或多或少地无关紧要了。

我自然也会从肯定的方面考虑我的未来。在我彻底改变想法（见第 13 章）之后的几年里，我一直活在对于我的去男性化（变成女人）将在某一天完成的期待里；尤其是当我认为其他人类已经灭亡，这 255
个举措在我看来是绝对必要的，因为它是对人类的复兴做的准备。的确，我依然认为这是与世界秩序的本质最为相符的解决方案。在宇宙历史的早期，以复兴种群为目的的去男性化确实很可能发生过很多次（参见第 5 章），有可能是在我们地球上，也可能是在其他星球上。作用于我的许多奇迹（参见第 11 章开头）以及用欲乐神经充满我身体的做法，也都明确指向去男性化。但是在过验灵魂出现后由上帝开启的有悖于世界秩序的情况下（绑定到天体等），去男性化究竟能否完成，我是不敢断言的；鉴于我不得不纠正原先关于人类已经灭亡的观点，预测未来就变得更困难了。因此确实有可能，在我生命的最后阶段我虽然会表现出强烈的女性迹象，但仍将作为男性死去。

这就又引出了另一个问题：我究竟是不是终有一死之人，究竟有什么可以置我于死地。从我体验到的神圣光束修复身体的能力来看（参见前面的讨论），我相信一般的疾病甚至外部的暴力都不可能让我死去。比如如果我落水，或者想对着自己的头或胸口开枪——我现在当然已经没有这种想法了——我猜测我暂时会出现相应于溺死或枪伤致昏迷的现象，这对其他人来说可能是致命的。但只要光束交流还保持着，我将难免再次苏醒，心脏和循环系统又会重新开

始运作，受损的内脏和骨骼也会恢复。人们只要想一想在我患病的头几年间，我如何常常在没有内脏（或者内脏严重受损）、部分骨
256 骼被毁的情况下活着，而其他人几乎是不可能幸存的。当时修复我的受损内脏的力量如今依然活跃，因此我很难设想我会死于前面提到的那些原因。这也适用于可能由自然原因（如疾病）导致的死亡。因此，我似乎只能死于通常所说的衰老。即使是科学也说不清楚死于衰老究竟是怎么回事。尽管人们可以描述它的外在表现，其真实原因据我所知仍未被发现：为什么一个人到了一定的年龄就必须死去，这个问题尚无定解。在我看来，一切造物都只被分配了一定额度的生命力，生命力的耗尽将导致重要器官的衰竭。因此我设想，尽管光束可以修复一具仍有生命力的身体遭受的任何伤害，它们却无法取代生命力本身。

这个问题的另一方面是，若我死去上帝将会怎样——假如我可以这样表达。我确信，目前上帝与地球及其他人类的整个关系都取决于他和我之间的特殊关系。因此假如我这个人因死亡而不复存在，这种关系也将必须改变；至于其他人能否注意到这一改变，我不好判断。可能到了那时，必将采取一些确保回归到正常世界秩序的手段（比如停止绑定到天体、彻底镇压残余的过验灵魂，等等），到目前为止，人们还没有把这种举措推行到底的意志力。我相信只有这样，上帝才能重新恢复他在世界秩序下的职责，尤其是恢复建立新的福乐的任务。考虑到我与上帝多年来的关系，我几乎可以肯定
257 我的神经是第一批被提升至福乐的神经中的一员。至于在我死后上帝要采取什么具体措施，我想我很难做出预测，我只知道这意味废除那些有悖于世界秩序的安排，而对此我只有一些含糊的观念。

至于我有生之年的生活，我相信在没有特殊的困难的情况下，我的外部环境在一定程度上的改善将指日可待，我将重获法律行为能力、被释放出院，等等。无论别人如何看待我的“妄想”，他们

迟早会认识到，他们并不是在和一个一般意义上的疯子打交道。

但即使是这样也无法弥补我在过去七年间遭受的苦难和剥夺。因此我有一种感觉，在我未来的生活中，有某种了不起的满足在等待着我——它并不来自人类，在某种程度上这是形势本身合乎逻辑的发展。在弗莱希格疗养院，当我刚刚瞥见世界秩序的奇妙和谐，同时又承受着伤人的耻辱、每天面临着可怕的危险时，我对光束想出了这样一句话：必定有某种相称的公义，不可能让一个牢牢立足于世界秩序、道德上清白无瑕的人类在与敌对力量的斗争中，作为他人罪过的受害者白白牺牲。我当时对这句话没有什么证据，它主要是一种直觉，但多年的经验几乎出乎我预料地证明了它的正确性。胜利的天平越来越向我这边倾斜，针对我的企图逐渐失去了原先的敌对性质，日益增强的灵魂欲乐也让我的身体状况和其他外部环境更能忍受了。因此我相信，我的期待并没有错：一种非常特殊的胜利之棕榈枝终将属于我。我不确定它将以何种形式出现。我想说，
有可能我的去男性化将会完成，神圣的受孕将使我怀抱子孙，或者 258
我的名字将赢得了不起的声望，胜过成千上万在智力上更有天赋的人。这样的想法听上去或许是古怪而虚妄的，在我仍身陷其中的可悲处境下，它们甚至是可笑的。但只有能完全了解我过去这些年间承受的痛苦的人，才能理解我必然会产生这样的想法。当我想到我的牺牲——失去了光荣的职位，幸福的婚姻名存实亡，被剥夺了生活中的一切乐趣，遭受身体的痛苦、精神的折磨和前所未有的恐惧——浮现出来的这幅殉难画面我只能将之与耶稣基督的受难相提并论。同时，这幅画面的背景是无比宏大的，我本人以及我的个人命运只是它的前景。如果说地球上一切造物的延续都完全有赖于上帝与我建立起来的特殊关系，那么在我为自己的理智和上帝的净化作斗争时矢志不渝的忠诚将会换来的胜利之报偿，也注定是非同寻常的。

现在我即将谈到我这部著作的最后一点。我认为，我个人命运的未来发展、我的宗教观念的传播及其真实性的有力证明，很可能在人类的宗教观念中引发一场有史以来绝无仅有的根本性变革。我不会低估推翻所有现存宗教体系的潜在危险。但我相信，真理必胜的力量强大得足以抵消宗教情感的暂时混乱所造成的一切损害。

259 尽管许多教条，尤其是迄今为止被公认为真理的基督教教条都必须加以修正，但是对于一个活的上帝的存在以及死后灵魂不朽的绝对确定的知识，对人类来说一定是祝福：因此我怀着这样的希望收尾，愿福星保佑我的努力取得成功。

“回忆录”补充说明

1900年10月—1901年6月 263

第一辑

1

关于奇迹

（1900年10月）

针对我的奇迹自然是毫无间断的。由于前面提到过原因，它们持续得越久，就越表现为相对无害的恶作剧。可以用一个小例子说明我的意思。

1900年10月5日，理发师给我刮胡子的时候把我划伤了一个小口子，这种事以前也经常发生。后来经过花园时，我遇见了政府顾问M.，他立刻注意到了我伤口上的那块很不起眼的小纱布（大概这么大“〇”），并向我问起它；我诚实地说，是理发师把我划伤了。

这个小事件对我来说极为有趣、富于启发，因为我知道它的深层关联。这个伤口无疑是来自高阶上帝的神迹造成的，这是我根据 264
之前发生过的无数个类似事件了解到的。由于上帝需要前面提到过的“干扰”，他就作用于理发师的手部肌肉，让它快速运动，造成了划伤。

政府顾问M.一上来就谈论这个小伤口，是因为上帝（在与世界秩序相悖的情况下）喜欢让他对我施展的奇迹的效果成为谈话的主题；这似乎可以满足光束特殊的虚荣心。[110] 奇迹似乎以两种方式作用

110　在这一点上它们很像人类。人类在意识到在他们的成就或勤奋等被评论的时候，也总是会高兴。

于政府顾问 M.：作用于他的眼部肌肉，让他看到我嘴唇上边的伤口和纱布；作用于他的神经（意志），让他询问受伤的原因。问题以这样的措辞被向我提出："你嘴上的那个是什么？"

我曾无数次注意到这一类奇迹，在我吃饭的时候，我的嘴、手、桌布或餐巾都会被弄脏。这种现象似乎在我妻子或妹妹来访时变得格外频繁，比如当我在她们面前喝可可，奇迹会让可可洒在我的嘴唇上、手上、桌布或是餐巾上，我的妻子和妹妹也总会谴责上几句。

在疗养院院长的餐桌上或是在其他地方吃饭时，我也有过类似的经历。被轻拿轻放的盘子碎成两半，佣人、在场的其他人甚至是我自己拿着的物件（比如我的棋子、钢笔、雪茄盒等）会突然掉到地上、易碎物品被摔坏。这一切都是奇迹造成的；因此其破坏效果常常在一段时间内成为我周围人的谈资。

2

265 关于神圣智识与人类智识的关系

（1900年10月11日）

我想，人们有理由认为神圣智识至少相当于之前每一代人类智识之总和。因为上帝会在人死后同化所有的人类神经，从而把他们的智识总和汇聚到自己身上，并逐渐去除那些只对个体有意义、但作为具有普遍价值的智识的一部分已经没有用处的回忆。

比如，我毫不怀疑上帝了解铁路的观念。他是怎么获得这种知识的呢？上帝（在与世界秩序相符的情况下）只能获得火车行驶的外部印象，就像他获得地球上其他一切事件的外部印象那样；上帝总是可以通过与熟悉铁路的特性的人类进行神经连附，掌握关于铁路用途和功能的更深入的信息。但我们很难想象他为什么会想要这样做。无论如何，随着时间的推移，一代又一代熟悉铁路的重要性的人类神经都累积到上帝那里，上帝就由此获得了关于铁路的知识。

那么，人们是否要假设，上帝只能通过先前人类代际的智识才能获得他的智慧呢？一切显然都与这种假设背道而驰。如果上帝自己创造了人类及其他一切活物，我们就不能假设他的智识要从人类处接收而来。尤其是在创造的领域内，我们不可避免地要假定一种内在的神圣智慧的存在。但是如果上帝只能通过吸收无数人类神经
才获得对人类事务、人类智识生活、人类语言等等的洞察，这也并 266
不与他在创造方面具备的知识完全矛盾。

这一假设无可辩驳，因为上帝在与我交谈时使用了人类的语言，尤其是德语（在与世界秩序相符的情况依然占上风时，上帝与灵魂交流时用的是基础语），甚至在呼喊“救命”时、低阶上帝阿里曼参与灵魂欲乐时，也会用“我很满足”来表达真实的情感。

3

关于人类把戏

（1901年1月）

开始写作“回忆录”之后，我对所谓的“人类把戏”又有了更多的观察（参见“回忆录”第 7 章，尤其是第 15 章）。我几乎每天都到皮尔纳镇和周边地区散步远足，去过好几次剧院、参加了疗养院的礼拜，有一次甚至去德累斯顿看望我的妻子。因此我当然看到许许多多的人，见识了整个德累斯顿的繁忙喧嚣的城市生活。这一切都无可否认地表明，人类（以及动物）的生命表现不完全是在光

束的作用下产生的，相反，生命表现可以独立于光束的影响产生——我之前就猜到事实有可能是这样。（参见“回忆录”第 15 章，在那里我曾表示这个问题仍然是个谜。[111]）比如当我在剧院听演出或在教堂听布道，我无法坚持认为舞台上的演员或讲坛上的牧师说的每一
267 句话都是由于神经受到奇迹的影响说出的；我当然也毫不怀疑，即使我本人不在场，演出和仪式也一样会进行。不过，我在这些场合以及许多类似场合的观察使我确信，我的在场并非对他人的行为毫无影响；为了发动让光束撤回所必需的“干扰”（参见第 10 章和第 15 章），我周围的人会成为奇迹作用的对象。这种现象在我去剧院和教堂的时候是最不明显的。因为在这些场合，上帝本人可以说是在剧院和教堂里在场的（也就是说他通过神经连附，分享了我在剧院和在礼拜时的所有视觉和听觉印象）；那些始终好奇的光束也会全神贯注地观看这些场景，以至于撤回的意图微乎其微。但即使在这种情况下，也会出现一些“干扰”，仅限于教堂或剧院里人们的几句轻言细语，或者是来自演员、剧院观众、教堂会众的一阵咳嗽。

我确信这些现象和其他一些现象一样，都是奇迹造成的；因为我的头痛发作（参见“回忆录”第 15 章）和说话的声音会同时出现。每当我在皮尔纳街上或城郊散步、去商店或餐馆，都会经历同样的情况；甚至在周围村庄的公共场所，与我同处一室的陌生人也会故
268 意在谈话中使用和第 9 章提到的写下素材有关的词语。但我也必须补充一点：写下素材已经扩展得相当庞大，现在几乎把人类语言中用到的所有词语都包含在内了。因此人们很可能会认为这纯粹是巧合。但某些词语的不断重复仍然是非常明显的，足以使人确信某人用到这些词是因为他的相应神经受到了故意的刺激。我周围的环境中时有发生的无声沉默也同样重要（参见“回忆录”第 15 章），它

111 如果人们考虑到我被关在精神病院围墙内长达六年之久，除了短暂的医疗探访和亲人的几次探视之外，我能见到的只有精神错乱的病人和没有教养的护工，就可以理解为什么我对上述问题及其相关情况感到含糊不清了。

尤其会出现在我弹钢琴并伴随音乐阅读歌词——即当我用神经语阅读歌词，或是当我聚精会神地读书、读报、读我的“回忆录”片段等时候，甚至是当我偶尔放声歌唱时。人们可以设想护工本该在楼道里走来走去、忙于他们的日常工作，病人也会像往常一样进出房间。可事实并非如此。不过一旦我停下来、沉浸于什么也不想，或者一旦灵魂欲乐在全部光束的汇聚下变得过强、为了实现撤回而发起“干扰”，我周围的人就会在一瞬间（一眨眼间）恢复这些事情。对此我只能这样解释：虽然卷入其中的人本身有采取这些行动的能力，但在那一刻如果他们没有从光束那里接收到做这些事情的冲动（如离开房间、打开我的门——病人们经常故意这样做），是不会这样做的。

4

关于幻觉

（1901年2月）

就我所知，幻觉指的是一个患有神经疾病的人的神经受到某种
刺激，使他确信自己产生了对外部世界的事件的印象；印象通常通 269
过视觉或听觉被感知到，但它们实际上并不存在。根据我的阅读，
比如我在克雷佩林的《精神病学》第 6 版第 1 册第 102 页读到的，科
学界似乎否认幻觉具有任何现实背景。在我看来，这种说法无疑是
错误的，至少是以偏概全的。我承认在许多情况下，或许是大多数
情况下，产生幻觉者本人确信观察到的物体和事件只存在于他们的
想象中。比如我作为一个外行人也知道，患有酒毒性谵妄的人看到
的“小人”“小老鼠”实际当然不存在。克雷佩林讨论过的许多其
他视觉和听幻觉也是如此。（见《精神病学》第 6 版，第 1 册，第

145 页）但是如果我们面对的是具有“超自然起源”的声音（见克雷佩林《精神病学》，第 6 版，第 1 册，第 117 页），就必须对这种理性主义和纯粹唯物主义（如果我可以这样说的话）态度持深切的怀疑态度。当然，当我明确坚称这些感觉具有外部原因时，我只能替我自己发言；尽管这表明以前或许曾出现过类似的情况。也就是说，其他人那里的一些被认为是纯粹主观的感觉印象（错觉、幻觉，或者如外行人所说的单纯臆想）或许也有一定的客观基础，即使比我这里的客观性少很多；即，它们可能也是由超自然因素引起的。

为了表述清楚，我会尝试更严密地描述我接收到的作为“声音”“异象”的听觉和视觉印象。但和往常一样，我想再次强调（见“回忆录”第 6 章），我并不反对将神经系统的病理性兴奋至少当做上述一切现象产生的必要条件。有幸拥有健康神经的人（一般情
270 况下）[112] 都不会产生“错觉”“幻觉”“异象”或是叫其他名字的这一类现象。因此，如果所有人都能免受这些经历，当然是件好事；这样人们在主观上会觉得好受得多。但这并不意味着，神经系统疾病引发的事件是完全缺乏客观根据的，或必须被视为全然缺乏外部原因的神经兴奋。因此，我不会像克雷佩林那样一再惊讶于（如《精神病学》第 6 版，第 1 册，第 112、116、163 页等）“声音”等现象对有幻觉的病人来说似乎远比“他们身边的一切话语”更有说服力。相比于因神经患病而收到超自然印象的人，神经健康的人可以说在精神上是盲的；因此他也不太可能说服一个看见异象者相信他所见并非真实，正如一个仍有视力的人不会被盲人说服颜色不存在、蓝色不是蓝色、红色不是红色，等等。交代了这些之后，我现在将开始讨论对我说话的声音以及我接收到的异象的性质。

这些“声音”在我这里表现为神经冲动，而且总有着轻声耳语的质地，听起来像是从远处传来的人的语词——只有 1894 年 7 月初

112　我会举出《圣经》中类似异象的经验作为可能的反例。

的一个晚上是例外（见第 10 章开头）。这些年来，它们的内容和语速都发生了很大变化。

其中最重要的几点我都已经讲过了；最核心的一点是，它们是彻底无意义的话，因为这些习语在文体上不完整，还包含了许多为了激怒我、让我打破睡眠所需的安静的谩骂之词。如果确实如克雷 271
佩林《精神病学》第 6 版第 1 册第 116 页指出的那样，其他有幻听的人也会听到挑衅性的声音[113]，那么我必须指明一个事实，我相信，这会让我的情况明显区别于一切其他相似的病理状态，使我的感觉受到的刺激与其他人的幻听不可相提并论，其成因也一定截然不同。虽然我在这方面没有确切的了解，但我推测，其他人听到的声音只是间歇性的，换句话说，幻听只是有间隔地出现，存在着没有声音的暂停间隔。而在我这里不曾有过这样的停顿；自从我与上帝接触以来——只有最初的几个星期是例外，那时在“神圣”时期之外还有“不神圣”时期（参见“回忆录”第 6 章结尾）——也就是说，近七年来除了睡觉时，我不曾有一刻听不到声音。声音无时无刻不伴随着我，即使当我与他人交谈时它们也持续不断；甚至当我专心致志地做其他事情，比如读书、看报、弹钢琴的时候，它们也不屈不挠地持续着；只有在我大声对别人说话或者自言自语时，它们才会被更大的说话声盖过，使我不再能听到。但熟悉的习语稍后又会立刻恢复，有时是从句子中间响起，因此我知道这些话语在对话期间还在继续，也就是说，那些产生较弱的话音的神经刺激或神经振动， 272
即使在我大声说话时也还在继续。

正如“回忆录”第 16 章提到的，说话声音的节奏从那时起就变得慢得几乎超乎想象。其原因我已经解释过：我身体的灵魂欲乐越

113　至于克雷佩林在《精神病学》第 6 版第 1 册第 16 页讲到的，幻听者会从猪叫、狗叫、鸡叫等声音里听出挑衅声音，我认为他提到的这种现象正是我在“回忆录”第 17 章谈到的仿佛在说话的汽船和火车等事物引起的主观感受。这种情况显然只是因为在接收到作为语音的神经刺激的同时，听到了外部噪音的声响，于是仿佛声响中回荡着声音说出语词。无论如何，至少在我这里，必须把这些声响和鸟、太阳等真的会说话的声音明确区分开。

强——上帝神经的不间断注入使其急剧且持续地增强——说话的声音就必须越慢，以便用它们仅有的那些贫乏、重复的习语跨越它们所处的天体与我的身体之间遥远的距离。[114]现在，这些声音的嘶嘶声就好比沙漏里沙子落下的声音，我几乎分辨不出或是很难分辨出单个的词语了。我自然不会费力去分辨它们，而是会尽量忽略说出的内容。但当我确实听出了熟知的习语里的个别单词，我无法阻止我的记忆补上剩下的内容（我对这些无数次重复的内容已经非常熟悉了），因此“自动回忆思想”（automatic-remembering-thought）——灵魂语言对这种现象的称呼——本身会让我的神经一直振动直到句子完成。虽然一开始，我觉得这种夸张的减速会加剧我的神经的不安（参见第16章），但实际上它带来了稳步的改善。一开始我不得不自动地听着声音，极为痛苦地忍耐好几秒钟等待一句话的后半句
273 说完；但最近放慢变得更加显著了，而且正如前面所说，声音退化成了含糊的嘶嘶声。因此我已经能习惯这种情况，不需要再通过做事情（如弹钢琴、读书写作等等）来盖过声音，只要用神经语数1、2、3、4……就让思考暂停（即所谓的没想什么思想）。我至少能实现一个效果：必须先说一个脏字，要让这个字在我的心耳中被清晰听到，然后我就可以随心所欲地让它在我的神经里回响任意遍数。这种情况下常用到的脏字过于粗俗，我不愿把它付诸纸上；对此感兴趣的人可以参考我的许多零散的笔记。一旦用这种方式止住“内部声音”，光束就必须再次接近，我会听到由说话的鸟传进我的耳朵的外部声音。至于它们说了什么对我来说自然无关紧要；很好理解——多年来熟悉了这种现象之后，当我喂养的鸟儿对我喊出“你不觉得羞耻吗”（在你妻子面前？）一类的话时，我已经不再会觉得受伤了。这一

114　“倘若你没有犯下灵魂谋杀”；“他现在一定已经熟透了/完蛋了”；“想想这样一个人曾经是参议主席”；“那你不觉得可耻吗”（补上：在你妻子面前）；“你为什么不说”（补上：出声来？）；“你还说”（补上：外语吗？）；“现在确实”（补上：对灵魂观点来说太过了），等等。

切再次印证了“一切无意义之物推向极端都终将毁灭自身”这句话的真实性——低阶上帝（阿里曼）反复重申过这个说法：“一切无意义的都会取消自身”。

在我这里，视觉刺激（视幻觉）几乎和听觉刺激（声音、听幻觉）
一样持续不断。我可以用心眼看到光束承载着声音以及准备卸到我
身上的尸毒，它们是从地平线远方的某处接近我的头部的长长的丝
线。如果我的眼睛被奇迹闭上，或当我主动闭上眼睛，我就只能用
心眼看见它们；也就是说，它们作为向我的头部延伸的长长丝线，
被反映到我的内部神经系统上。当我的眼睛睁着，我就可以用肉眼
看到同样的现象；我看到这些细丝从地平线外的一个或多个遥远的 274
地点发出，时而向我的头伸展，时而从我的头撤回。每次撤回都伴
随着一阵明晰、往往剧烈的头痛。[115] 这些丝线（也是声音的载体）被
拽进我的头，在里面做环形运动，很像是我的头被一个钻头从内部
挖空了。

这可想而知会伴随着非常难受的感觉；不过至少在过去几年间，
身体痛苦本身已经变得次要了。虽然它们一开始非常可怕，几乎难
以忍受，但人可以习惯种种身体痛苦。因此最近这些我仍需每天忍
受的痛苦（与欲乐的时段交替出现）并没有严重到妨碍我从事一些
智力活动，或是平静地与他人交谈。有规律地与光束的撤离相伴发
生的咆哮状况是更烦人的。我当然认为在奇迹的作用下不得不像野
兽一样咆哮是有失尊严的；而且如果咆哮反复出现，它本身也会给
头部造成痛苦的震荡。不过在某些时候，只要咆哮没有太过分，我
还是得允许它们发生，尤其是晚上当我无法采用大声说话、弹钢琴 275

115 除了头，我身体的其他部位也会因为尸毒被卸载进去而感到疼痛。身体的每个部位都会受影响；有时我的腹部被填满污物（且总伴随着“你为什么不拉屎”这个问题），引起排泄的迫切需要，甚至有时会突然腹泻；有时我感到肺部和精索刺痛、手指麻痹（尤其是在弹钢琴和写作时）、行走时下肢也有时会感到程度不等的剧烈疼痛（膝盖骨痛、大腿痛、脚肿胀让靴子显得太紧）， 等等。并不是所有的奇迹都是尸毒卸载造成的，它们通常是光束本身的力量直接引起的，比如光束让我闭上眼睛、引起种种麻痹状态等。

等其他防御措施的时候。这时，咆哮的好处在于可以用它的噪音盖过被说进我脑子里的种种声音，让光束很快地重新聚集起来。如果已经接近早上的起床时间，但我的起居室还因为通风、打扫等原因无法使用，我可以借助咆哮再次入睡，或者至少能身体舒适地躺在床上。

我必须随时随地受某种目的思想（purposeful thought）的引导，这对人类来说至关重要，但光束显然无法理解；我必须每时每刻问自己：你现在想睡觉还是休息、还是从事某种智力活动或身体活动，如排泄等。通常，任何目的的实现都需要全部光束的聚合，即便排泄也是这样（正如“回忆录”第 21 章结尾处所说的）；尽管人们说了很多关于“拉……”的话，一种通过奇迹阻挠我排泄的企图却始终存在，因为排泄的满足会产生灵魂欲乐。因此，当我想睡觉或进行排泄等活动，就必须暂时忍受咆哮等不便，才能落实这些对我的身体健康不可或缺的事情。对于格外受到奇迹阻挠的排泄活动，目前我最好的办法是坐在便桶上弹钢琴，直到我能够尿出来，然后（通常还需一些努力）再排空肠道。确实是这样，尽管这听上去相当不可思议；因为我可以通过弹钢琴迫使那些想从我这里撤离的光束接近我，从而克服妨碍我排空肠道的阻力。

关于异象（视幻觉），我还想补充几个很有意思的点。首先，那些似乎从太阳或者其他遥远天体处靠近、指向我头部的丝线不是沿直线接近我，而是沿圆形或抛物线的轨迹过来，可能类似于古罗
276 马人绕转向柱（Meta）驾驶战车的游戏中的运动轨迹，或类似一种特殊的保龄球游戏（skittles）：球系在绳子上，先要绕过一根柱子，再撞上九根球棒。我能清晰地看到我头脑里的这个环形或抛物线（如果睁着眼睛，可以看到它在天上）；作为声音载体的丝线通常不是直接从太阳在天空中的实际方位处来（尽管至少有一部分是从太阳

那里来的），而是从某个或多或少与之相对的方向来。我想，我有理由把这一点和前面（"回忆录"第 9 章）讨论过的"绑定到天体"联系起来。光束的直接接近必须被避免，或至少要以某种机械手段将之减速，不然它们就会直接射入我的身体、被一种大大增强的吸引力吸到我这里来，并进一步增强我身体里的灵魂欲乐；换句话说——如果我可以这样表达的话——上帝将很难把自己保持在天堂。当光线接近，我的头脑里会出现一些明亮的光点，或者当我睁开眼睛，光点会出现在天空中——现在它每次出现的间隔时间相对较短。我之前曾把这种异象称为奥姆兹德太阳（"回忆录"第 7 章，脚注 44），因为那时我认为这些光点是某个极远的天体的反光，由于距离遥远，它在人眼看来显得只是星星一样的光斑或亮点。但多年来无数次类似观察使我倾向于修正这一观点。现在，我认为可以把这些光点看做是从高阶上帝（奥姆兹德）的神经总体中分离出来的光束粒子；每当承载尸毒的不洁光束丝线用尽，这些颗粒就会作为纯洁的上帝光束被推向我。这个想法基于这样一个事实：我对这些光点的觉察通常都会伴随着呼救声音的听觉印象。因此我只好假定，呼救来自这些在焦虑状态下被推向我的光束或上帝神经；由于它们纯洁，在人眼看来就像光。我毫不怀疑它们是高阶上帝的神经， 277
原因在此就不赘述了。我甚至相信，我已经找到了一个解释能令人满意地说明为什么只有我一个人能听到呼救声而其他人却听不到（参见"回忆录"第 15 章）。这种现象可能类似于打电话，向我头部延伸过去的光丝就像电话线；从很远处传来的微弱呼救声只有我能听到，就像电话通信只能被接电话的人听到，位于发出方和接收方中间的第三人是听不到的。

5

关于上帝的本性

（1901年3、4月）

我过去七年的经历，以及神赐的奇迹在我本人和我的周围环境中的无数次显现，常常让我思考这样一个问题——如果可以这样表述的话——人们该如何设想上帝存在的空间状况。“回忆录”第1章已经交代了最重要的观点。从上一段的评论中也可以看出，我最近放弃了认为存在一个单独的奥姆兹德太阳的假设，这个假设曾经是我的前提（第7章，第91页）。但另一方面，我把另一个观念至少作为假设保留了下来：太阳以及一切其他恒星发光放热的力量并不是它们的内在属性，而是*以某种方式衍生自上帝的*。至于能否把这一点类比到行星，正如前面说的，还需要非常谨慎；因为我完全
278 确定上帝会以太阳为中介对我说话，正如他也以太阳为中介创造万物并制造奇迹。人们必须假定，神圣光束或神经之总体要么散布在天空的一些单点上，要么充满整个空间——其覆盖范围当然远过我们最强大的望远镜能观测到的最远的天体。在我看来，后一种说法更可取得多：它似乎同时预设了永恒以及力量的宏大展现，在相隔甚远处依然体现在一般性的创造活动中，而且（在违背世界秩序的情况占据主导的情况下）也通过施加奇迹影响在个别生命体中展现出来。在重复体验过成千上万次之后，奇迹的这种影响力对我来说已经成为绝对确定的事实；其真实性容不得丝毫质疑。当然，我对这个问题的进一步阐述只是假设性的，我将之付诸纸上，只是为了给后人提供更多的思考素材。

总的来说，我必须坚持我之前得出的看法，即，在由于与单独一个人类（我本人）建立神经连附而导致的违背世界秩序的情况下，上帝无法充分理解作为有机体的活人（“回忆录”第5、13、20章）。

我的后续经历也证实了这一点。在正常情况下，上帝只需要与灵魂和尸体接触，为的是把它们的神经吸上去，因此他完全误解了一个真实活着的身体的需要，而把我当成灵魂对待，有时也把我当成尸体，他认为可以把灵魂的思维模式、感觉模式以及语言等强加于我，向我要求持续的享乐或持续的思考，等等。

我们不得不假定上帝怀有的无数误解的基础便在于此，这也是我多年来不得不承受的几乎无法忍受的精神折磨的根源。而当上帝
可以以我为中介（通过分享我的视觉印象）感知到一些东西、当灵 279
魂欲乐存在于我的身体中并能提供享乐、或当我的精神活动产生出以语词表述的思想时，上帝会得到一定程度的满足。这时，他从我这里撤离的倾向就不存在或几乎不存在了。我只得猜测，他必须周期性地从我这里撤离只是因为几年前出现的与世界秩序相悖的安排（绑定到天体等）。但是，持续地享乐或持续地思考对人类来说是不可能的。因此一旦我纵容自己什么也不想、同时也没有致力于培育前面所说的灵魂欲乐，光束的撤离就会立刻发动，并伴随着或多或少令人不快的表现（疼痛感、咆哮状况、我周围的噪音）。奇迹也会周期性地把我的眼睛闭上，以便夺去我的那些会吸引光束的视觉印象。

由于灵魂欲乐的稳步增强会让所有“内部声音”平息，现在，光束再次接近的时间间隔越来越短了（常常只隔几分钟），这也取决于外部设立的“系统”。光束接近后欲乐状态就会出现，如果我躺在床上，这必定可以让我入睡；但睡眠时间的长短不一定总能满足人体的需要。即使是现在，有些夜晚我仍会在短暂的睡眠后醒来，受到咆哮的侵扰。如果这种情况持续一段时间，我也没能再次入睡，我自然会问自己是不是最好起床、做些事情来让自己忙起来，也许还可以抽根雪茄。具体采取怎样的做法要取决于时间。我很不喜欢在半夜或非常寒冷的时候起床。如果天快亮了、我也觉得自己睡够了，

280 起床就算不上多大的牺牲；在这种情况下，我起床后通常会觉得很舒服；但是一旦起来，就相当于在下次上床之前都放弃了睡眠。起床总会伴随着尖锐的、有时剧烈的疼痛；圣诞前有一段时间，疼痛（如腰痛）强烈得让我必须在一位护工——他应我的要求在隔壁的房间睡了几个晚上——的帮助下才能坐起身、下床。[116]

由于上帝进入了与我单独的神经连附，我也因此成为了他唯一
281 关注的人类，由此产生了一个很重要的问题：上帝看和听的能力是否仅限于我一个人以及我周围发生的事情？我现在还不敢回答这个问题；但未来的经历很可能会提供可靠的指示，让我对这个问题给出肯定或否定的回答。现在，太阳放出的光和热无疑还和以前一样遍布整个地球；但光束（即上帝的神经总体）的观看能力并不是不可能仅限于我本人以及我的周遭环境——正如人们谈起 1870 年战争后的许多年里法国的对外政策时的一个说法：他们一直盯着孚日山

116 （1901 年 6 月补充）在我补充这几行内容时，疼痛的表现又发生了变化。现在刚一下床，我的躯干（肩胛骨等）和大腿就会出现瘫痪的迹象，虽然不怎么疼痛，但在它比较严重的一段时间内我的身体会完全蜷曲，无法挺直走路。这些表现和其他种种奇迹造成的表现一样，都是比较短暂的；通常走上几步之后，我就能正常行走了，白天也能走很远的路；最近我曾多次去远足，比如一直走到波斯贝格（Porsberg）和巴伦施泰因（Bärenstein）等地。这些事件没能成为详实科学观察的对象令我感到非常遗憾；任何一个在早晨看着我起床的人都无疑会认为，这个人不可能在白天进行任何体力运动。我曾多次书面邀请医生来我床边观察这些事件，但他们不觉得有必要进一步调查，对此我也能理解。因为如果他们难免将感到我身上发生了某些奇异事件且这些事件又不符合常规人类经验，他们又能怎么办呢？如果他们考虑到奇迹的可能性，便难免要担心自己会受到同事、受到反宗教媒体以及我们这个不信奇迹的时代的嘲笑。此外，人们也能想得到当他们面对自己似乎无法解释的事情，自然会持一种保留态度；他们更没有义务进行深入研究，因为他们总是可以认为，即使这真的涉及到奇迹，医学既没有必要也没有能力对这种现象的本质做出解释。

本月初以来我开始去易北河游泳，先是在不会游泳的人去的浅滩游，昨天（6 月 21 日）又第一次去了只有水性好的人才会去的易北河中部；在我游泳时又发生了奇特的事情。一开始在浅滩上，我好几次出现了严重的瘫痪迹象，不过每次都很快消失，并没有吓到我；这些迹象只影响到我的一条手臂或腿，因为我很擅长游泳，在必要时完全可以仰泳，或者在少一条胳膊、一条腿甚至同时少了二者的情况下也能游一小会儿。无论如何我都不会完全失能，顶多是游动得比较困难。昨天在易北河的开阔水面游泳时，有奇迹出现让我的呼吸频率大大加快，而且让我一坐到浮木上就全身发抖；瘫痪的迹象本来不太明显，但当我在开阔水面游泳时就变得非常显著。所有这些迹象都在不断变化中，在未来或许会逐渐减弱。我很清楚我能在多大程度上相信自己，因此尽管出现了这些状况，我也不害怕在深水中游泳；但人们可以想象如果一个人在深水游泳时预期到随时会有奇迹作用于他、令他难以动弹，一定会产生非常怪异的感觉。

脉（Vosges）的峡谷，就像被催眠了一样。* 太阳本身并不是一个有生命或是能观看的存在，但它放出的光却是或曾经是上帝感知地上万物的渠道。无论如何，奇迹只会发生在我身上或是我周围。最近几天，我又得到了这方面的有力一个证明，我认为值得在此一提。3月 16 日——我相信我没有记错日期——是今年第一个温暖如春、阳光明媚的日子。早上我去了花园；现在我每天只会在那待半小时到 282
四十分钟，因为我在花园的停留总会陷入几乎持续不断的咆哮——除非我有机会大声交谈，但这是不太可能的，因为我周围几乎全是疯子。那天我非常疲倦，因为前一晚睡得很糟糕；我坐在长椅上，开始（用神经语）数 1、2、3、4——我没事做的时候经常这样数——以盖过传来的声音。我的眼睛被奇迹闭上，很快睡意袭来。然后一只黄蜂立即出现在我眼前，在我即将入睡的时候吓了我一跳——这样的事情在我在花园短暂停留期间（约半小时）连续发生了三次，其间我换了几次长凳。我相信我有理由说，这是那天花园里的唯一一只黄蜂，因为我在落座的间隙期间走动时没有看到其他的黄蜂。这些黄蜂是高阶上帝（奥姆兹德）的奇迹，让我得知这一点的证据在此就不赘述了；就在前一年，黄蜂还是低阶上帝（阿里曼）发动的奇迹，当时高阶上帝的奇迹还带有明显的敌意（如煽动疯子等）。之后一天的下午，我远足时在邻村的埃本海特（Ebenheit）旅店花园里坐下休息时，又有几只奇迹创造的飞来飞去的蚊子出现在我面前，而且只出现在我的周围。

今天早上（3 月 19 日），天气状况和 3 月 16 日相似，我决定在花园散步时触发黄蜂奇迹。我像往常一样在长椅上坐下：先是闭上眼睛，然后是咆哮奇迹。我本人默默地数数，等待着接下来要发生的事。但这次，“干扰”以另一种形式出现了：当我静静坐在长凳上，

---

* 法国志愿军在孚日山谷战役中败给普鲁士军队。——译者注

只是偶尔发出奇迹造成的咆哮声，一个病人向我走来（我之前不可
283 能注意过他，因为我的眼睛又被奇迹闭上了）。他在完全没有被招惹的情况下狠狠打了一下我的胳膊；我自然是站了起来，大声和他对峙了几句。我之前并不认识这位病人，后来问了一位护工才知道他叫 G.。这件小事本身虽然微不足道，但或许可以说明我在疗养院花园的这些年对我的圆通和克制提出了多么高的要求；正如前面提到的（第 20 章），这种语言和肢体攻击一度非常频繁，其深层原因总是光束的影响。

我曾在多处提到，光束是“缺乏主旨思想的”，或者说它们不具备思想。这个观念不是我自发想出的，而是根据我一向从声音本身那里接收到的说法得出的；即使是现在，基本上每隔两分钟，在它们释放完其他的乏味习语之后我就会听到这个说法：“现在我们缺乏主旨思想”。这个说法背后一定有某种真实的东西，我想值得对它的含义稍作探讨。光束缺乏主旨思想绝不是指上帝本身失去了原有的智慧，也不是说他的智慧有所减少。假如是这样，他显然就不再能在我周遭他人的神经中激起任何决定了，也不能再用奇迹让他们说出符合其教育水平的说法，等等；如果是这样，他也就无法再用奇迹引导我的视线方向、试图检验我，等等（见“回忆录”第18 章），但事实上这一切都还在时刻进行着。

因此我想我们可以假定，起初就在光束总体中（当它们作为静态的集团）内在于上帝的智慧的总量和程度始终相同（在有关活人的方面，它也始终是有限的）；而“缺乏主旨思想”这一说法的含
284 义只适用于那些朝向单独一个人类运动的光束——这种与世界秩序相悖的状态是由我神经的吸引力造成的。我必须再次声明，我从未与神圣光束或神经有过直接的、排他性的接触，在我和上帝之间总是隔着所谓的中间层级，在上帝的纯净光束能抵达我这里之前，必须先排除它们的影响。这些中间层级之前是（现在有一部分依然是）

“过验灵魂”，一度数目庞大（参见“回忆录”第 8 章和第 14 章），此外还有一些为了减缓吸引力而保留下来的原“天堂前庭”残余；我必须假定，它们和从那时起一直无间断地对我说话的“说话的鸟”的神经是一样的。

所有这些中间层级，即弗莱希格教授过验灵魂的剩余部分、“天堂前庭”的残余部分，都被放进了鸟的身体，它们已经完全失去了原先人类水平或高于人类水平的智识，变得彻底没有思想了，就像人类所谓的“遗忘”。人类不可能永远记住生活中获得的全部印象；很多印象，尤其是不太重要的那些很快就会遗失。类似的情况（但效果当然强烈得多）似乎也会发生或已经发生在灵魂上——这些灵魂没有进入上帝，然后逐渐失去个人记忆并完成其作为已故灵魂在世界秩序下的使命，而是继续作为个体灵魂独自四处飘荡，既没有与上帝融合，也没有与神圣智识重聚。这种情况在世界秩序下是不 285
可设想的，它的发生只是因为我与上帝之间出现了违背世界秩序的状况。这所有的独立灵魂都已经消散，可能只剩下一两根神经，完全丧失了思考能力，但似乎还保留着一定程度的感受力，因此能够感受或分享它们在我身体里遇到的欲乐。它们甚至失去了独立言语的能力——只有鸟除外，在它们分享我身体的欲乐的瞬间（一眨眼间）仍然能说出“该死的家伙”“有点该死啊”这样的词语——这些话确凿无疑地证明了它们是曾经会说基础语的灵魂的残余。

我能清楚识别出这些词语表达的真情实感，与“灌输进”它们的神经的习语有着鲜明的反差（参见“回忆录”第 15 章，脚注 92），反差既体现在效果上——真实的声音不会给我造成痛苦或其他伤害，反而有助于增加灵魂欲乐——也体现在声响上，尤其是它们说话的节奏。真正的词语是按一切神经特有的速率被说出的，随着被灌输的习语的节奏越来越慢，二者的区别也更加明显。但是，没有思想的神经为了减缓接近的速度，也必须说话。由于它们缺乏自己的思想、它们装载尸毒的地方（恒星或天体）也没有具备的自己的思想的存在——写下系统正是由它们运行的，人们可以设想它们是像“被草率捏造的人”那样的人形存在或是别的什么样子——所以当它们接近，静态的神圣光束总体就只能把从我这里读到的不成形的思想赋予或灌输进它们（通常会把这些思想伪造成相反的意思）、供它们说出；要么评论即将作用于我的奇迹；要么依赖于之前的写下素材（主要是我自己的思想）；要么，当一切都已经释放
286 出去、在我这里只剩下没想什么思想的时候，它们就诉诸于最后一句习语：“现在我们缺乏主旨思想”，后面又跟着“你为什么不说”（出声来），等等。这是我对光束“缺乏主旨思想”这一重复了成千上万次的表达的粗略描绘。这些当然都只是假设，因为和一切超自然事物一样，完整洞察真实情况超出了人类的能力范围；但我想，我的描述已经给出了一幅颇为准确的图景。

还有其他理由使我相信，上帝本身——或换句话说，静止光束之整体——还保有非凡的智识，它可能是一种远超一切人类智识的智慧。这种智慧体现在低阶上帝（阿里曼）所用的一系列说法中——它们不是真实的说法，而是“背下来”和“灌输”的（在“回忆录”第 13 章和第 21 章中提到过：“希望欲乐已经达到一定程度”“最终胜利属于人类这边”“一切无意义的都会取消自身”“让你自己性兴奋”“欲乐已经成为敬畏上帝的”，等等）。[117] 不得不说，我是在很多年之后才认识到这些句子的真实性的；起初，我对其中一些句子持怀疑态度，比如好几年前（1894 或 1895 年）低阶上帝为了指导我的行为而经常重复的一句习语是：“座右铭必须是‘对我都行’（as far as I am concerned）[*]。”这句话的意思是，我应该停止对未来的担忧，相信永恒，默默把个人命运交付事物的自然发展进程。

117　顺便说一句，声音已经不再采用这种话语形式了；不断的重复使它们成了一种“没想什么思想”，于是就不再能减缓吸引力了。但因为我还记得它们，有时会特意回想它们。

*　德语原文为“Meinetwegen”，它除了“就我而言”还有“随便、好吧”的意思。——译者注

但当时我无法接受这样的建议，怀着无动于衷的“对我都行”的态 287
度对我一切经历不管不顾；我必须说，这从人的角度看是很容易理解的。

当时，威胁着我的身心的奇迹还太可怕，我的身体遭受的伤害也太可怕（见“回忆录”第 11 章），我不得不为自己的未来忧虑。每个人在面临生命威胁时都会忧虑未来。但随着时间的推移我已经习惯了它们；而且最重要的一点是，我没有必要再为自己的理智担忧了，因此我可以把“对我都行”当做自己的座右铭，以此心境面对未来。即使现在我也时有不快：有时日日夜夜的咆哮状况让我几乎忍无可忍，再加上喋喋不休的声音造成的精神折磨以及身体的疼痛。这些负面因素的持续时间往往很短；它们是为了抵消日益增长的灵魂欲乐，由对我更加严酷的“系统”发动的。当它发现我身体的灵魂欲乐剧增，就会试图减缓吸引力、撤离到更远处，以阻止带来欲乐或睡眠的全部光束的聚合。为此，针对我的系统会更加严酷地发挥作用，这体现在说话声音和光丝的分布、说话的内容等方面。但它们的效果从不持久；灵魂欲乐的增加很快会占上风，带来身体和精神状态更为舒适的一段时间。“对我都行”这句口号的情况同样适用于另一句话：“一切无意义的都会取消自身。”很多年前我刚刚从声音那里听到这句话时（最近我已经不再听到它了），我难以置信。我想到历史上的荒唐之事无疑会长期主导个人乃至整个国家，引起的灾难并不总能得到弥补。不过，几年来的经验令我相信
了它的真实性。一个（在某种意义上可以说）永恒为他服务的人， 288
能够无视一切无意义之事，因为他确信这些无意义总有穷尽时，合理的状态总会恢复。

我详细讨论了这些说法，因为它们非常重要，可以证明超凡的神圣智慧多年前就认清了这种事态中的某些真理（正如许多其他事情一样），而我要等到很久之后才能理解它们。我感到很难把这种

超凡智慧与它在其他方面——比如这种针对我的全然荒谬的举措（正如结果体现出来的）等等——表现出的无知加以调和。[118] 这个问题多年来几乎持续困扰着我，我也不得不承认，我将永远找不出一个完善的解决方案，这个问题将永远是个谜。我必须重申，在上帝与我之间产生的违背世界秩序的情况下，上帝并不了解活人。至少一开始的时候，他一定以为有可能摧毁我的理智或是让我痴呆。他可能是从一个错误的观点出发的：他认为自己面对的是个无论如何已经几乎痴呆的人，可能还是在道德上一文不值的人；可能这种观念也免除了他对我采取这般举措本应有的顾虑。他在最初几年间有可能对我的心智和道德状态做出这样的误判，多半是因为那时他每次撤离和重新接近我的时间间隔还比较长。

由于灵魂欲乐迅速增加，这样的间隔已经短了许多；无知显然让位于更准确的觉察。然而，如果灵魂在我的身体里找不到享乐（福
289 乐）这种在世界秩序下灵魂的存在形式，哪怕只是片刻，它们似乎总会有不可抗拒的撤回倾向；也可能它们是因为违背世界秩序的事态而被迫撤回的。人们可能已经意识到撤回无法作为长久之计，还是必须接近我，于是光束伴随着“救命”的呼喊（即在焦虑状态下）又被推向我。

这一现象只能通过灵魂的性情截然不同于人类的性情来解释。灵魂的天性并不像人在某些情况下表现出的那样，蔑视死亡——比如士兵，尤其是战时的军官。它们在这方面就像小孩子，一刻也不能放弃他们的糖果（灵魂欲乐）。至少那些一开始决定撤离的光束似乎是这样。由于奇迹在很大程度上失去了先前的可怕效果，发生在我身上的几乎所有事情中，上帝都表现得可笑甚至幼稚。因此为了保护自己，我常常要被迫大声嘲笑上帝；有时我不得不这样做，

118　低阶上帝（阿里曼）自己也认识到了这种荒谬性（正如“回忆录”第 13 章提到的），他说：“毕竟这就是著名的灵魂政策的后果。”

以便让那个经常用咆哮状况、用无意义的胡言乱语等等把我折磨得忍无可忍的遥远的某处相信，人们面对的不是一个痴呆的人，而是一个能完全掌控局面的人。但我必须再次强调，这一切都只是暂时的插曲，我相信，最迟在我死后这种状况便会结束；换句话说，只有我有权嘲笑上帝，其他人都不行。对其他人来说上帝始终是全能的天地造物主，是万物的终极因，是他们未来的救赎，应受到崇拜和高度尊敬——尽管有一些传统的宗教信条确实需要修正。

6 290

关于未来：杂谈

（1901年4、5月）

我在“回忆录”第22章中说过，未来等待着我的是一种满足，或是对我所遭受的痛苦和剥夺的报偿；根据新的观察，这种报偿的表现形式越来越具体了。甚至在几个月后的今天，我想我对它的性质还能讲得更详细。不过就目前来说，我的生活是一种不可思议的混杂：既有欲乐状态，也有痛苦的感受和其他种种烦恼，其中除了咆哮，还有常常在我周围响起的夸张噪音。谈话中，每个对我说出的字依然伴随着对我的头部的一阵重击；在光束退得太远时这种重击有时会造成相当剧烈的痛苦。尤其在连续几天彻夜难眠之后，这种感受会让人筋疲力尽；如果同时还有奇迹引起的牙痛之类的其他疼痛，情况就更糟糕了。

另一方面，我每天都会有一段时间可以说是飘然于欲乐中，也就是说，一种与女性欲乐感相应的难以言喻的舒适感遍布我的全身。它完全不需要我一直让想象力逗留在性方面，这种感受在其他情况下也会出现；比如当我读到一首诗中尤为动人的段落、在钢琴上弹奏一首在审美上格外令我愉悦的乐曲、或是郊游时享受自然美景，这种基于灵魂欲乐的舒适时刻真的能让我预先体验到某种福乐。目前这些感觉还只是短暂的：在欲乐最强烈时，奇迹造成的头痛或牙痛会阻止欲乐的充分发展（充分发展的欲乐会让光束不可抗拒地被
291 吸引过来）。而我整个人在这种状态下的感受是很难描述的；有时我的脖子以下都享受着至高的欲乐，头部却感觉很糟糕。

不过，我想我可以预料到痛苦在未来将会减少，欲乐或福乐的状态将占上风。灵魂欲乐正稳步增强，因此进入我身体的光束也越来越多地收到欲乐的印象；现在它们已经越来越难以通过对我的身体施加痛苦来减少欲乐了。不过，我从那些声音进入时说的话里可以推断出，这种意图依然存在，人们想“用奇迹影响我的眼睛”，比如把尸毒注射到我眼睛里，或者造成牙痛，也就是把尸毒卸入我的牙齿，等等。但最近光束对我身体的这些部分的接触减少了，同时，我身体的其他部位的欲乐感占了上风；原本要注入我的眼睛或牙齿的尸毒被无害地释放到我身体的其他部位，比如胸部或者手臂。据此我想我可以预测，在不久的将来，在我有生之年，我将提前享受到其他人类只有等到死后才能享有的福乐。这种福乐以欲乐享受为主，其充分发展需要我幻想自己是女性或想要成为女性。这自然不是我的品位，但我必须服从的世界秩序的必然性要求我接受这些观念，不然我的身体状态就会痛苦不堪，会被奇迹造成的咆哮或是疯狂的噪音弄得难以忍受。[118A] 我失去了以其他方式运用我的心智能力为人类服务、赢得人类眼中的荣誉或声望的机会，对此我获得的最
292 有意义的替代品，就是关于上帝及神圣事务的知识，这是与神圣光束的不间断接触带给我的。以此，我希望我能成为中间人，将我从个人命运中获得的知识富有成效地传播到更远、更广的地方，这样，

118A　现在我又必须对这一说法做出一定程度的修正。

我将有机会帮助人类正确看待上帝与世界的关系，以及宗教真理和救赎的启示，即使要等到我去世很久以后。

至于在我死时——我必然会在某时死去——这一切会如何演变，我自然无从知晓。根据"回忆录"第22章表达的观点，我想我只会死于衰老。我希望在我临终之际，我将不再置身疗养院，而是身处秩序井然的家庭生活，有亲人在身边陪伴，因为那时我大概需要比在疗养院能得到的更多的关爱。我也认为在我的病榻或临终的床前，人们可能会观察到一些非同寻常的现象，因此我希望各个领域的科学工作者能有机会前来目睹，也许他们能就我的宗教思想的真实性得出重要结论。目前，我离获释出院的目标还很遥远；"回忆录"第20章中提到的下级法院取消我的法律行为能力的判决（德累斯顿地方法院1901年4月15日宣判）已被确认。我还不清楚该判决的依据是什么，因此也不确定我是否会向高级法院提出申诉；但无论如何，我完全相信我的法律行为能力总有一天将恢复，我将获释出院，即使这不能很快实现，也将在几年内发生。

我还想补充一些与上述内容没有直接关系的评述；它们因为篇 293
幅太短不便单独成章。

*

在我接受到的超自然印象的启发下，这些年来我对民间传说和迷信进行了大量的思考。如今，我对这些故事以及先人的神话有了截然不同的认识。我认为，大多数民间传说中都蕴藏着真理的谷粒，关于超自然事物的某些预兆随着时间的推移被许多人认识到，人的幻想的故意阐发自然又将之放大，以至于现在很难将这颗真理的谷粒剥离出来。如果我手头有充分的文献资料，我可能会试着从这个角度对一些民间传说的内容加以研究。

由于缺乏这样的资料，我只能举两个例子。众所周知，有一种迷信认为鬼魂会在午夜时分出没，午夜是鬼魂与人类交流的唯一时机，到了一点，它们就不得不回到坟墓。在我看来，这种迷信是建立在一种正确的信念上的，即，梦并不总是入睡者的神经不受外界影响地振动，在某些情况下，梦也产生于与亡灵的交流（神经连附，很可能是与已故亲人的神经连附，见“回忆录”第 1 章）。而午夜时分的一个小时是睡眠最深的时段，有理由认为这是最适合与亡灵交流的时间。另一个例子，我想提一下“魔鬼可以钻过钥匙孔”这句俗语背后的观念。在我看来，这种信念的一个正确依据是，任何人造的机械障碍都无法阻止光束的进入。我在我自己身上每时每刻
294 体验着这一点；无论多厚的墙壁、关得多严实的窗户，都无法阻止光丝以一种人类无法理解的方式穿透，抵达我身体的任何部位，尤其是头部。

*

如果这本书得以出版，我很清楚有一个人可能会因此感到受伤，这就是莱比锡的弗莱希格教授。我在今年 1901 年 2 月 4 日写给本疗养院院长的备注中已经详细讨论过这个问题，现将措辞转写于此：

> 正如疗养院院长所了解的，我正在考虑出版我的回忆录，希望在对我的监护令解除后将之出版。
>
> 很长时间以来我都怀疑它能否成功出版。我很清楚，“回忆录”的某些章节可能会让莱比锡的弗莱希格教授感到必须以诽谤罪起诉我，甚至要求撤销整本书的发行，将之视为应受惩罚的罪行（《刑法典》，§§40）。尽管如此，我最终还是决定继续推进出版。

我清楚我对弗莱希格教授不带有任何私人敌意。因此，我在回忆录中提到的与他有关的事项，都是在我看来对于理解我的论题而言至关重要的部分。如果出版，我可能会删去我的“回忆录”中可能稍显冒犯的非必要脚注（已删除）。我希望弗莱希格教授对我的“回忆录”内容的科学兴趣能够胜过可能的个人敏感性。倘若情况并非如此，出版本作品对我来说的重要性，以及我希望借此丰富科学知识、澄清宗教观点的愿望是如此之 295
强烈，使我甘愿承担被起诉诽谤的风险，以及书籍有可能停止发行的经济损失的威胁。

我致信疗养院院长不是为了就我是否会遭遇处罚征求意见，而是为了再次提供新的证据，证明我多么仔细地提前考虑过我的一切行为的后果，从而表明人们认为我无法处理个人事务的看法是多么没有道理。

松嫩施泰因，1901 年 2 月 4 日

您最忠实的仆人

（签名）

我还想再补充几句。

我不得不推测，弗莱希格教授一定至少还保留着对我住在莱比锡大学神经诊所（他是那里的院长）期间的外部事件的一些记忆。我不敢说他本人曾对涉及到他的名字的那些超自然事件有所觉察；但尽管我和弗莱希格教授的私人关系早已退居幕后（因此我在这方面持续的兴趣只能是外部引发的），那些声音依然每天提到他的名字。我必须承认，作为一个人类的弗莱希格教授无论在过去还是现在，都有可能是置身事外的；但一个人的灵魂如何能在他还活着的时候

在他身体之外独立存在，这仍是一个谜。不过，我从许多直接观察中可以确定，这样一个灵魂或至少是灵魂部分的确曾经存在且依然存在。因此我必须承认有这样一种可能性，即我在“回忆录”第一
296 部分中提到的弗莱希格这个名字，指的只是弗莱希格的灵魂，它区别于作为活人的弗莱希格；其独立存在是明确的，虽然无法以自然的方式解释。人们应当明白，我在我的出版计划中无意以任何方式攻击活着的弗莱希格教授的名誉。[118B]

7

关于火化

（1901年5月）

最近，有组织地推广火葬的运动变得相当活跃，这引发了我的一些思考，其他人可能也会感兴趣。在我看来，宗教虔诚人士对这种尸体处理方式提出的反对意见值得严肃认真的考虑，因为人们可以问，将自己的尸体付诸火化的人是否会因此失去来世重新苏醒并获得福乐的机会。[119]*就连灵魂也不是纯粹的精神，而是以神经为物质为基础的*。因此，如果神经在火化中被完全摧毁，就排除了灵魂升
297 至福乐的可能性。作为一个神经生理学方面的外行人，我无法确定这一前提是否属实。但我可以肯定的是，火化的情况与死于意外火灾、或是中世纪烧死异教徒和女巫的情况截然不同。在后两种情况

118B　我不仅在有关我的法律行为能力的诉讼结束后反复修改过我的作品，还删除、更改并尽量弱化了一些表述的语气，因此我认为已经不存在涉及到侮辱性内容的问题了。我相信，我已经删去了医学专家报告，一审、二审判决书以及我本人向法庭提交的书面陈述中有可能导致起诉的全部内容。

119　在我看来，在世界秩序下，存在或是福乐在死后的延续是绝对毋庸置疑的（尤其参见“回忆录”第 1 章）。但该说法自然并不与这一事实矛盾：只要违背世界秩序的状况依然存在于上帝和我个人的关系中，新的福乐的确立就会中止（参见“回忆录”第 2 章末尾和第 5 章末尾）。

下，被火烧死的主要死因可能是窒息，很难说身体被完全烧毁了；即使是软组织部分，可能主要也只是被烧焦了；骨头和骨内（尤其是头骨内）的神经末梢无疑不会被完全烧毁。因此这些情况很难与现代火葬相提并论，现代火葬场通过极高的温度和隔绝空气等手段，系统地实现了或几乎实现了彻底的摧毁，让死者只剩下一小撮灰烬。在这一过程中，神经至少有可能发生了生理或化学变化、排除了神经在来世重新苏醒的可能性。

鉴于这一点，我认为人们经常强调的火葬在美学、卫生或经济方面的优势必须远远退居次位。即使是经济上的好处也是极不确定的；尤其是假如我们设想火化成为普遍习俗，节省墓地等方面的预期收益也很可能被高昂成本抵消。大多数人不太可能在未来的几个世纪内放弃土葬的旧习俗。让每个小村庄、小区域都拥有自己的火葬场的时代也不太可能到来。然而，一个在道德上具有决定性意义的问题始终存在：现代火葬与未来福乐的希望是否兼容？

我很清楚，许多人都对这个问题漠不关心。他们的漠不关心不 298
一定是由于无信仰或者无神论的倾向。有些人对人死后尸体腐烂的反感压倒了一切其他考虑；尤其在悲观主义者那里，关于来世新的存在形态的含糊观念常常引起一种情绪，让他们说服自己和他人对死后的生活毫不关心；仿佛他们很乐意让死亡终结一切、让他们的一切痕迹彻底消失，以免留下的东西让其他人扫兴。但我相信我的假设没有大错：这种情绪在真实死亡的恐怖变得近在咫尺时便将不复存在。当一个人在漫长的病痛中面临死亡迫近的威胁，一些安慰和希望对他来说是必不可少的；如果一个人认为自己对宗教问题的态度已经让他而失去了一切希望，于是将自己排除在宗教的宽慰之外，那么他临终前的痛苦将是可怕的。如果一个人安排了火葬，他可能还会痛苦地担忧自己是否亲自招致了希望的破灭。我想说，一个人如果能在这种情况下取消火葬，他是幸福的，因为他对火葬的安排可能是在身体健康时怀着无忧无虑的心态做出的。

至于该不该允许神职人员在火化仪式上给予教会的祝福，或是为悲伤的哀悼者说几句宽慰的话，回答会因个人的感受而异。但毫无疑问，笃信的神职人员在这种情况下的处境是十分艰难的。他难免会感到，一个人做出火化的决定，表明他对死后的继续存在这一
299 重要问题漠不关心；此外，大概所有神职人员都会理解我在这里提出的怀疑：在神经被完全摧毁后，福乐还能否存在呢？

人们不应被这样一种反对意见蒙蔽，即，相信火葬会影响人死后复活的可能性，与上帝全能的观念不符。上帝的全能并非绝对，也不是毫无限制的；正如上帝无法让一个孩子的灵魂或是一个陷于罪恶的人类灵魂，获得他能让一个在智力上相当于艺术科学伟人的成年人灵魂、或一个道德高尚者的灵魂同样程度的福乐。同理，人类也有可能因为自己的所作所为丧失死后复活的可能性，尽管这种复活是他在世界秩序下应得的。在这里，人的自由意志也和其他地方一样，不受上帝全能的限制（参见“回忆录”第 19 章）；人可以用这种意志自由实现就连上帝也无法逆转的后果。

1902年10月 300

第二辑

对于上文只有少量内容需要补充。

我的外部环境、法律行为能力的恢复以及即将离开疗养院的事情，在序言中已经有所提及。令我满意的是，我在“回忆录”第 22 章开头的预言不久后也得到了证实。

奇迹和说话的声音依然持续。语速越来越慢，以至于字词几乎听不出来了（见“回忆录”第 16 章和“补充说明”第 4 条）；但正如补充说明第 4 条指出的，声音仍然持续不断。奇迹继续呈现出越来越无害的特征。只是偶尔，尤其当我躺在床上的时候，会出现严重的抽筋和麻痹，主要发生在下肢和背部，其目的是妨碍我起床或者在床上改变姿势；出于同样的目的，我的骨头尤其是小腿骨也会遭受剧烈的疼痛。我依然经常（每天数次）受到撕裂般的头痛的折磨，
这种头痛会伴随光束的每一次撤离发生和消退；“补充说明”第 4 301
条已经描述过这种头痛，它有时相当剧烈，使得长时间的阅读或类似活动无法进行。短暂地感到头骨骨质变薄、被犁出沟壑的现象仍然存在，这不太可能只是主观感觉。我的睡眠对于我目前的年龄来说基本正常，它总体上令我满意，通常不需要服用人工安眠药。

咆哮状况虽然没有彻底消失，但已经不那么严重了，主要是因为我掌握了一种办法，可以在咆哮会对他人造成严重困扰的时候成功抵御它们。除了背诵诗歌以外，我似乎只要用神经语数数，就足以说服上帝认为他自己面对的是一个失去思维能力的痴呆者的想法

是错误的。因此只要我一直数数，咆哮就不会发生。这在晚上尤为重要，因为通过数数避免咆哮之后，我通常都能入睡，即使醒来也能很快睡着。但不是每一次都能成功。一个人很难连续数数好几个小时。因此如果连续数了一段时间我依然无法入睡，我就会停下来，在这一刻咆哮奇迹就会发动，如果这样的过程在我卧床时多次重复，是很难忍受的。有时我还是必须下床（虽然次数比以前少得多）找一些事情做，以证明我是一个能思考的人。通过不断数数，我也可以几乎完全避免在公共场合、剧院、文化场所等发出咆哮，以及避免在出声的谈话停顿期间咆哮。我可能不得不发出一些略显粗鲁的轻微噪音，如咳嗽、清嗓子或打哈欠等，这些不太会构成冒犯。不过，当我沿着乡间小路和开阔的田野散步，如果没有旁人在场，我就会
302 让自己放松一些，任由咆哮发生；有时咆哮会几乎不间断地持续五分钟到十分钟，而我的身体在此期间是感觉良好的。如果情况变得太严重，我就会大声说几个词（即使只有我一个人），最好是关于上帝、永恒等方面的词，以便说服上帝他经常提到的观念是错误的。不过，如果一个旁人目睹这种几乎连续不断的咆哮，很难理解其中的关联，可能认为自己真的看到了一个疯子。在这种情况下，我会仔细观察周围是否有人。不过我其实并不担心，因为我知道，在任何时候我只要大声说一个词，就足以证明我的头脑完全清醒。

前面已经提到，伤害我的身体的奇迹已变得越来越无害，通常只是拿我的常用物品搞恶作剧。但即使是现在，我的身体状况也并不总是令人羡慕；光束撤离造成的撕裂的头痛，不间断的说话声造成的精神不安、呼吸加速，奇迹造成的颤抖、心悸等等，有时让我很难安静地做事。但是与我患病最初几年间身体遭受的摧残相比（参见“回忆录”第 11 章），我现在遭受的一切都不值一提。

尽管如此，事态的发展还是给我带来了矛盾复杂的感受。就个人而言，我当然十分乐意接受这种明显的好转，但我也意识到，奇

迹带来的外部可感痕迹越少，让其他人相信奇迹真实性的前景就越渺茫。对我来说，后一点几乎与前一点同样重要，因为我只有成功指出我那些所谓的妄想中的真理、让其他人信服并让人类更真实地洞察上帝的本质，我才能看到我生命的真正目的。

我想，在我患病的最初几年间，如果借助医学设备尤其是伦琴 303
射线（当时还没有发现）对我的身体进行彻底检查，可以很容易地显示出我身体中极为明显的变化，尤其是内脏器官遭受的损伤，而这些损伤对其他人类来说是致命伤。这在现在要困难许多。如果能对我的头部发生的事件做出影像记录，记录从地平线处传来的光束的精微运动——它有时非常缓慢地从极远处过来，有时无比迅速——观察者将一定不再对我和上帝的交往有任何怀疑。但遗憾的是，人类的技术还不具备客观考察这种感觉的必要手段。我确信这不只是一种病理现象——如韦伯博士在他 1902 年 4 月 5 日的报告中所说的，一种大脑接收器官的强烈内部兴奋；尤其是我每天每隔一小会儿就会上百次地清晰听到的“救命”的神圣呼喊（“回忆录”第 2 章、第 15 章以及“补充说明”第 4 条末尾）不可能是幻觉。而且不仅是视幻觉和听幻觉，发生在我周围环境的无生命物、其他人类和动物身上的事件也使我确信我与上帝的特殊关系。我能清楚分辨出他人的行为在多大程度上取决或不取决于奇迹。当然，随着我与他人的接触越来越多，后一类行为最近也越来越多了；但前者，那些取决于奇迹的行为，仍然每天数百次地发生。我可以非常明确地认出它们：

1. 拉扯感、抽搐感，有时还伴有剧烈的头痛；

2. 我的视线（“回忆录”第 18 章，脚注 100）以及眼睛，常常 304
被引向这种动作发生的地方；

3.“已收录”这句检验问题（见“回忆录”第 18 章）常常相伴出现，人们试图用这个问题来查明我还能否理解那些表达方式（尤其是体现较高文化水平的、使用外语的表达方式，等等）。

因此对我来说，上帝每时每刻都一再通过说话的声音和奇迹显明自己，是个不可撼动的真理。[120]

因此，尽管我不得不承认，客观地证明奇迹以及我与上帝的接触的机会，并没有随着时间的推移而增加，我依然希望仍有足够的材料为未来的科学研究提供明确的线索。总之，我想提一下我在地区法院针对地方法院的判决提起诉讼时所作的陈述，我将把陈述的
305 摘录作为补遗 C 附上。除了未来的可能的进展之外，我想再次强调几个难以用自然观念解释的标志性迹象：

1. 咆哮状况与紧张症患者吵闹的爆发截然不同。在偏执狂患者中——据说我属于这一类——这种情况似乎非常罕见：韦伯医生在他 1902 年 4 月 5 日的报告中只提到曾在一个偏执狂那里观察到过类似的情况；

2. 我的眼睛被奇迹闭上，又在一瞬间（一眨眼间）被睁开；很容易判断出这与我的意志或肌肉无力没有任何关系；

3. 即使当我完全安静地躺在床上、沙发上，也会出现相当不正常的、显然是完全没有原因的呼吸加速现象；

4. 尽管和韦伯医生在 1902 年 4 月 5 日的报告中的说法有冲突，我依然坚持认为我的全身上下都存在着欲乐神经，因为它们引起的

120　我无需多言："显明"（reveal）在这里的含义与它的惯常含义有所不同。当人们谈到宗教传统中的神圣启示（revelations），通常会认为上帝有意地向他选定的某些人类展现自己，尤其是教导他神圣事务、从而让神圣启示在人类中传播。但我的情况并非如此。上帝不是有意地向我展现自身，而是说他存在的知识与力量独立于上帝的意志、不出于任何特殊目的地向我宣告其存在。的确，在我最初与上帝接触的几年里，他向我传达了一些信息（部分以语言，部分以异象的形式），它们看似是一种指导，但主要为了对我本人的行为下达指令（参见"回忆录"第 13 章）。近几年来，这种教导式的交流几乎完全停止了；只是很偶尔地会在我的梦中表现为异象式的事件，给人以有目的的指导的印象。但我无法断定究竟是否真的如此，还是说我的神经在戏弄我。

主观感觉——尤其在轻轻按压时——是时时刻刻发生在我身上的最明确的体验之一，而且只要进行一次彻底的检查，我的胸部周期性的膨胀将很难被忽略。每隔一段时间，也就是说每当光束再次接近并汇聚，涌入我身体的欲乐感会十分强烈，甚至我的嘴里会充满甜味；如果这时我躺在床上，我需要格外努力才能驱散这种欲乐，就像一个渴望拥抱的女性很难驱赶走这种感受。

关于发生在无生命物上的事情，我只想再提两件：我的钢琴断弦，还有我的音乐器械（八音盒）的故障。

钢琴断弦的频率没有以前那么高了，但还是每年至少发生六七次。很明显，其原因并非如韦伯博士在 1902 年 4 月 5 日的报告中所 306
说，是“我对待乐器粗心大意”导致的。人们可以参考我之前在“回忆录”第 12 章的讨论和我的上诉理由第一部分（补遗 C）；我说过，钢琴弦是不可能因重击琴键而崩断的，这一点我相信会得到每一位专家的认可。

我买来前面提到的八音盒、简易音乐钟、口琴等等是为了盖过有时难以忍受的说话声，至少让自己获得暂时的休息。我一使用八音盒，它就常常成为奇迹和所谓“干扰”的作用对象（参见“回忆录”第 10 章），因此八音盒会发出多余的声响、嗡嗡的噪音，还有重复出现的重击声。

我经常借机让疗养院的医生和神职人员目睹这些现象。它们不可能是我自己的乐器的特性造成的，因为同样的事也会发生在餐馆等地方的音乐设备上；只要第三者给机器上发条时有我在场，或者我自己投硬币启动设备，就会出现这种情况。可惜我通常总是一个人散步，没有一位受过科学训练的观察者陪同；我本来有很多机会让观察者相信我的说法的正确性。但我不想明确地断言这些作用于音乐设备上奇迹以后还能不能观察到，因为奇迹的作用对象一直在变化。不过，我希望将来有机会证明发生在我的八音盒等音乐设备上的显著事件。顺带一提，我以前用的（简易）音乐钟早就被奇迹弄坏了，它的故障现在依然能看得出来。

307 我能做的只有将我自己作为科学观察的对象呈现出来，供专家评判。我出版本书的主要动机也在于提出这一邀请。除此之外，我只能寄希望于将来的某一刻，人们可以通过解剖我的身体发现我的神经系统的这种特殊性，从而得出确凿的证据。据我所知，对活体进行这种观察是极为困难的。

*

最后，我想再谈谈上帝的自我中心主义（egoism），我在“回忆录”的好几处地方都提到过（参见第 5 章末尾、第 10 章、脚注 66）。毫无疑问，上帝在他与我的关系中，是受自我中心主义支配的。这可能会对人们的宗教情感造成困扰，因为按这种说法上帝就不像大多数宗教设想的那样，是绝对的爱与道德的理想存在。但如果从正确的角度来看，自我中心主义并不妨碍上帝的伟大和崇高，伟大和崇高内在于他，也是全人类必须笃信地承认的。

自我中心主义，尤其是体现为自我保存本能的自我中心主义，有时需要牺牲其他的存在来确保自身的存在，是一切生命的必备品质；个体为了不灭亡，就离不开自我中心主义；因此自我中心主义本身并不应受到谴责。上帝是一个活的存在，假如其他活物的存在有可能危及他本身，或是以某种方式损害他的利益，他就必须受自我中心动机的支配。在与世界秩序相符的情况下，上帝周围不可能也确实不曾有过这样的存在；在这种状况全然不受打搅的情况下，就不会出现上帝的自我中心主义的问题。但在我这里，出现了一种
308 不同的例外情况；上帝对过验灵魂的纵容（可能与类似灵魂谋杀的

事件有关）导致他不得不让自己和单独一个人类绑定在一起，尽管不情愿，他也只得被这个人吸引，这就为自我中心的行为营造了条件。多年来，这样的行为就像野兽对待猎物那样，一直以最残忍、最冷漠的方式施加于我。但它的成功是不能永远持续的，因为上帝将自身置于与世界秩序冲突的境地，也就是说，他和他自身的存在与力量产生了冲突（参见“回忆录”第 5 章，脚注 35）。因此我坚信，这种反常的事态最晚在我死后也将得到最终解决。在此期间，令我感到无比宽慰和鼓舞的是，我认识到上帝对我的敌意变得不那么恶毒了，与我的对抗也日益缓和，也许最终会以大团圆告终。这（在“回忆录”第 13 章中已经说过）是我身体的灵魂欲乐逐渐增长的自然结果。灵魂欲乐减轻了对于被吸引的抵触；因为人们只需稍等片刻，就能在我的身体里重新获得由于吸引力而不得不放弃的福乐或灵魂欲乐，也就是说，注定在我体内终结的神经可以获得全然的愉悦。于是它们接近的周期也缩短了，而且在我看来，这可以让上帝更快地认识到把我“弃置”“摧毁理智”等等都是徒劳的；因此剩下的问题只是如何让双方都尽可能地在吸引力导致的紧急状态下过得好受一些。我本人从来不是上帝的敌人——尽管出于前面提到过的理由，我有时不得不大声嘲笑上帝；一个承认上帝的人像这样谈论自己是很荒谬的。

因此，这整个发展历程就如同世界秩序的一次辉煌胜利，我想， 309
我对此也贡献了自己微薄之力。如果“一切合理的利益都是和谐的”这句话确实成立，那么用它描述世界秩序是再合适不过的。

附　录

《在何种情况下，可以违背其意志表达地 313
将一个被视为精神失常的人拘留在疗养院？》[121]

论 文

回答上述问题的困难不容小觑，因为法律中几乎没有没有明确的规定，而所谓的现行法律必须主要从一般性原则中得出。

为了说明问题，我会先举一个实际的例子。我隔壁的 N. 先生一直在抱怨他被非法剥夺了自由，并要求公诉人和市长出面，认为可以指望他们对剥夺他自由的疗养院管理部门做出干预。

当然，客观来讲，这一案例符合《刑法典》§ 239 意义上的禁闭。不过仅当禁闭非法时，它才构成刑事犯罪；因此，正如奥本霍
夫（Oppenhof）在他的评注——这是我目前能接触到的唯一一部刑 314
法著作——中指出的，在行使教育、矫正或家庭权力的过程中，或在履行专业、公务或监督等职责的过程中，剥夺自由并不属于违法行为。公诉人或预审法官根据法律规定对被指控者或被告人进行临时拘留或交付审判、监狱当局执行法院判处的监禁刑罚，自然也不属于非法行为。这同样适用于公共精神病疗养院的管理部门，它可以在其职权范围内，下令对移交疗养院的人进行监禁，或对其人身自由做进一步限制。在讨论这一权限的范围和限度之前，我将首先讨论这一权限如何适用于私立精神病机构。

私立精神病机构收治某人并接受他住院，要取决于此人明示或默示的意愿，除非他处于被监护状态；在某些情况下，亲属的请求

121　这篇论文写于 1900 年初，当时我与外界几乎完全隔绝，因此几乎完全没有机会使用参考文献。

在保护疗养院管理方免受任意行事的指责方面，可能具有实际效力；但这本身并不具有法律意义。另一方面，我们可以认为，如果某人允许自己被私立疗养院收治，那么他从一开始就接受了对其自由的限制，这些限制可能来自机构的规章，或是来自主治医生履行职责时为了病人的身心健康而采取的必要措施。被收治者必须接受可能的外出限制、疗养院房间的分配等等，即使他的反对遭到强制镇压，他也不能抱怨被非法剥夺了自由。同样地，他也不能因一时冲动（ad nutum）要求立刻出院；疗养院院长有权无视这些要求，只要他的专
315 业意见认为这些要求只是出于病人的病态心智导致的意志不一贯，并推测这种要求不会持久。但如果一个没有被置于监护下的病人始终坚持、并以一种能表明其深思熟虑的方式宣布他有意离开疗养院，比如为了转到另一家疗养院，或由家人照顾，情况就不同了。仅凭主治医生认为病人在他手里比在别处更好的主观意见，并不能使他有权以任何方式限制病人对未来住所的选择。只有当病人的精神状况严重到一定程度，使其在自由状态下会对自己或他人构成危害，尤其是怀疑病人有自杀倾向时，才会出现例外情况。在这种情况下，主治医生将有权（可能在征得病人亲属的同意后）准备将病人转移至公共疗养院，且有权在那之前违背病人意愿地在疗养院及转院期间对病人进行监管，而不必面临非法剥夺自由的指控。他可以作为公共权威的执行机关行使警察职能，而免除一切刑事责任，正如《刑事诉讼法》§ 127 中逮捕一个正在实施犯罪的人的情况。[122]

316 对可能危及自身或他人安全的精神病患者进行最终拘留，是公共疗养院的责任。1893 年 7 月 3 日，萨克森王国以摘要的形式颁布了“关于国家疗养院对精神病人的照护的指示”[123]（“公报”，第

122 正因如此（虽然不是唯一原因），“私立精神病疗养院”的运营要得到《行业条例》§ 30 中提到的上级行政部门的特许权。鉴于这些疗养院的院长必须对病人的人身掌握实权，国家认为必须只有绝对可靠的人才能受托管理这类机构。然而，这种特许权的授予并不意味着私立疗养院院长获得了治安警察的永久职能，换句话说，他们并没有被永久授予官方权威。

123 期间被 1902 年 3 月 1 日的新“指示”取代（“公报”，第 39 页及以下）。

157 页及以下）。但这一指令并不涉及到在何种情况下可以违背一个人的公开意愿而将其送入或留在公共疗养院的根本性判断依据（sedes materiae）。刑事法庭的法官无法从“指示”中直接找到某条准则——尽管其中某些条款或许能提供帮助——以裁定是否存在非法剥夺自由的情况。该指示涵盖了关于疗养院的建立及其职能范围的规定、规范了入院和转院的条件；而且显然，对收治入院的考虑主要是从被收治者的利益的角度出发的（参照 §1–4），[124] 尤其是通过确定生活开销保障了他们的经济利益，因此“指示”只能被看做是给疗养院官方人员的服务指导汇编，没有直接的法律效力。于是，为了回答开头提出的问题，我们必须回归一般原则。

从这一角度来看，为此目的设立的机构对精神病人的收容和照料是国家致力于国民的福祉与安全的一般性照护任务的一部分。国家——或受委托的市政局——通过学校及其他高等教育机构提供智识教育的机会，在特殊学校为聋哑人、盲人等提供照护，使残障人士获得充足的教育，为病人开设医院和诊所，为穷人设立救济院等； 317
同样地，国家近来[125] 创办了公共疗养院，以便对精神病人进行医疗、监护和照料。不过，对所有这些福利机构的使用通常都不会强加于个人；相反，当事人或其法定代理人可以自由选择是否使用这些机构——除非特殊的法条另有规定，如义务教育。同样的原则也适用于公共疗养院，只是它们的工作除了促进公共福利之外，在很多情况下也同时涉及到治安警察的工作。

因此，我们必须区分那些出于公共利益而被拘留的精神病人和不适用于这一点的病人。第一类包括所有可能因病对自己或他人造成危险的精神病人，尤其是躁狂和忧郁患者，后者有可能自杀。一

124 见 1902 年 3 月 1 日的“指示”，§2。

125 据我所知，在几个世纪前，精神病人会被简单当做“魔鬼”关进类似监狱的地方，而没有任何治疗。由于我在现在的住所无法取得文献资料，我可能说得有错。但专家应当能很容易地查明可能的错误。根据克雷佩林在《精神病学》（1893 年第 4 版，第 230 页及以下）中的说法，文中所述的内容基本上应该是正确的（1901 年 2 月补充）。

般来说，根据1893年7月30日条例的第2条被送往科尔迪茨地区疗养院的人，[126]即那些无法医治的“严重痴呆且面目可憎”的病人，也属于这一类。而第二类包括所有其他的精神疾病患者——患病或轻
318 或重，可能只表现出些许的妄想——对于这些人，*不能说允许其自由活动将对他们自己或他人造成危险*。我想把后一类精神疾病称为*无害的精神失常*，以明确其在行政法中的位置——无论精神病科学将如何对这些疾病进行分类。[127]

从行使治安警察权力的角度来看，即便违背其意愿地将第一类精神病人——下文中将简称为*危险精神病人*——拘留在特殊的疗养院，这不仅是国家的权利，也是国家的义务。

因此，在这种特殊情况下剥夺自由的*合法权利*，与警察拘留监护醉酒者直至其酒醒等情况并无不同。至于这是像醉酒那样的暂时状态，还是像精神错乱那样持续一段时间的状态，与剥夺此人自由的合法权利并无关联。因此从法律角度看，进一步的法律考量也同样适用于这两种情况。剥夺自由的可接受性当然必须由行使职责的主管部门判断，而不是根据当事人的想法。毕竟，醉汉向逮捕他的警察担保自己完全清醒的情况每天都在发生。如果警察出于责任确信此人并非清醒，他就有权拘留他。同样，大部分精神病人都会坚
319 称其精神健康完好无损、他们是“被非法剥夺了自由”、他们出院不会对自己或他人造成危险。但是，只要公共疗养院所长根据自己的科学经验以及特定疾病的性质，认为这种危险确实存在，他还是完全有理由不理会病人的抗议，将他们拘留在疗养院，甚至对其自

126　见1902年3月1日的“指示”，§2，第2部分，结合B栏下的附录1（“公报”，第38、64页）。

127　本文作者认为自己属于上述意义上的无害精神病人；有人说他陷于宗教幻觉，他本人则认为其中包含着其他人没能认识到的客观真理。他尤其相信，这篇论文已经证明确实存在这样的案例，其逻辑思维尤其是法学思维的清晰性并未受到所谓幻觉的损害，因此，人们不能认为存在《民法典》§104[2]意义上的、*使指向合理行动的意志的自由决定不可能的病态精神错乱*，也不存在法典§6意义上的无法照料自己的个人事务的情况。

由做出进一步限制。此外，允许剥夺自由的期限取决于其合法理由的持续存在。一旦醉酒者的醉意解除，警察当局就必须立刻将其释放，除非还存在拘留他的其他理由。同样，一旦疾病痊愈或使病人的自由对本人或他人构成威胁的特殊性质消失，就不能拒绝公共疗养院的收容者或其法定代理人的出院诉求。

至于第二类，即上述意义的*无害精神病人*，拘留他们无关乎公共利益。如果他们是公共疗养院的病人，那么疗养院的管理部门相对于他的法律地位，总的来说和私立疗养院院长的法律地位相同。在被监护状态下，精神病人宣告的意图尤其是他要求出院的意图，在法律上是无效的。因为被监护人的照料被托付给了监护人，即使对成年人也是如此，但以监护的目的为限（《民法典》，§1901，结合 §§1897、1858）。尽管有前面提到的那些法律变化，1882 年 2 月 20 日条例中 §5 第 2 款中被正式取代的规定（“因精神失常而失去行为能力者监护人，以及 §§2–4 条中所列人员的监护人，有责任防止被监护者伤害自己或他人，并在必要时将其送入疗养院”），实际在很大程度上依然被视为有效的法律。

因此，如果监护人或司法当局认为有必要将精神病人送入公共 320
疗养院，病人本人表达的相反要求则不被采纳。但如果病人没有受到监护，或监护后来被取消，那么疗养院管理部门和上述的私立疗养院院长都必须尊重一个*无害的精神病人*持续表达的出院意愿，并将其视为一个有能力处理自己事务的人的意愿。尤其是不能只因疗养院管理部门假定自己从医学角度能更好地洞察什么更符合病人的真正利益，就忽视精神病人改变住处的权利——如转到另一家疗养院，甚至是完全放弃医学治疗的权利。如果违背了这一点，那么对自由的剥夺就确实具有非法性。面对无害的精神病人，公共疗养院院长毕竟不是具有官方权力的治安警察机构，他本质上只是一名医疗顾问；*在涉及到剥夺自由问题方面*，他和病人的关系与任何私人医生与病人的关系并无区别。

如果人们对比上述结论与 1893 年“指示”中的条款，我们不能指望从这各式各样的条款找到明确的结论，这样的结论只能来自一般性原则。正如上文所说，“指示”本身的意图不是对于在何种条件下可以违背病人的意愿将其拘留在疗养院中、剥夺其自由这一问题作出规范。无论如何，考虑到“指示”的权威来源，应当说明“指示”中也不存在任何使上述原则显得可疑的内容。尤其重要的是“指示”§10[128] 中有关出院或准假的规定，规定区分了可以由疗养院管理
321 部门决定病人出院的情况，和必须获得内政部同意的情况。第一部分 §10[129] 规定，在 a、b、c 列举的情况下，可以根据疗养院管理部门的决定让病人出院；当然，这不等于排除了疗养院管理部门在某些特定情况下的义务。根据具体情况，能够提出出院要求的“有资格方”可以是病人本人（如果有能力管理自己的事务），也可以是其法定代理人（家长、监护人或司法当局）：“疗养院管理机构对有资格方提出的出院要求的疑虑”只能是出于治安警察的考量，也就是说，只有当疗养院管理机构认为病人是上文中的“危险的精神病人”，才能主张这样的疑虑（参见“指示”第 2 部分，§1[130]）。

但如果疗养院管理部门不得不承认此案例不属于这一类，而是属于无害的精神疾病，那么即使在他们个人看来，“为了治疗或改善病人的状况”（“指示”第 2 节，§1[131]）而让病人留在精神病院似乎是可取的，病人的要求也必须被准许。如果管理部门把他们的
322 看法强加于（有能力管理其事务的）病人或其法定代理人（无论是个人还是机构），他们就逾越了自己的权限范围，换句话说，就会犯下非法剥夺自由的罪行。

128 见 1902 年“指示”§42。

129 在 1902 年“指示”第 1 部分 §42a–c 中，“可以决定”被改成了“必须下令”。

130 见 1902 年“指示”第 3 段，§1。

131 见 1902 年“指示”§1，似乎只是出于编辑原因而略有改动。

“指示”第 2 部分，§10[132] 的目的似乎是为给内政部一个避免疗养院管理部门有可能出现的失误的机会。保持人们对公共疗养院日常管理的信心不受动摇，避免在现实中出现以非法剥夺自由为由对公共疗养院院长提起刑事诉讼，甚至提起损害赔偿诉讼的情况，当然也是符合公众利益的。

132 见 1902 年“指示”，2c 部分，§ 42。

补充说明

作者后来才了解到1894年5月13日颁布的关于私立疗养院病人住院问题的部长令（“公报”，第139页及以下），因为作者自1893年底就生活在疗养院中，在此之前不曾得知此条例。作者认为，部长令中没有任何内容与本文观点矛盾。而且无论如何，该规定都不具有实际的法律效力，因此它在实际案件中对法官没有约束力（除了第9条关于惩罚的规定外）。显然，它的初衷不是为了授予私立疗养院院长比一般原则的规定更大的剥夺自由的权力；而是相反，它在一般原则指出的义务之外又增添了进一步的（指导性）义务，它们可能会导致违规的疗养院院长遭受警方处罚（适用规定第9条），
323 必要时还可能导致特许权被撤销。在审理可能出现剥夺自由的情况的案件时，法官必须遵循的关键点是，疗养院院长是否以及在多大程度上必须同时被视为（就拘留危险精神病人来说）行使治安警察权力的官方机关。公共疗养院院长便是这样：他们拥有独断权正如铁路上的某些官员能够行使铁路警察的权力一样，但私立疗养院院长并不是这样（在病人被转到公共疗养院之前的临时照护期间除外）。

补充说明二

在此期间，1894 年 5 月 30 日的部长令又被 1900 年 8 月 9 日关于私立疗养院收治病人的另一项条例取代了（“公报”，第 887 页及以下），1893 年 7 月 31 日的“指示”又被 1902 年 3 月 1 日关于地区精神病疗养院收治病人的指示取代（“公报”，第 39 页及以下）。

这可能意味着对于萨克森，上一篇论文所说的内容要进行一些修改；但这些修改无疑不是根本性的。首先必须反复强调的是，上述规定和条例都不是立法机构的法案。因此，如果法院需要处理非法剥夺自由的问题，无论是在民法还是刑法中，最近的条例和“指示”中的规定就其本身来说，无论如何都不可被视为决定性的。例如 1900 年 8 月 9 日条例的 §6 规定，对于私人疗养院中所谓的“自愿寄宿者”（即按自由意愿入院的病人），无论是他本人还是其法定代理人提出出院要求，都必须得到准许，而且“在任何情况下都 324
不得推迟”，但我们当然不能假定对出院的每一次推迟都构成对自由的非法剥夺，并让疗养院院长为此承担民事或刑事责任。我们必须记住，区分只是“有心理疾病的”（mentally ill）病人和“精神病人”(insane patient) 是极为困难的，而且这两种病症会以几乎难以察觉的方式相互转化。

因此很可能出现这样的情况，一个出于自由意愿以“自愿寄宿者”身份进入私立疗养院的“心理疾病病人”的状态在住院期间发生了巨大变化，以至于立即出院会对病人本人构成危险（由于自杀意图）。在这种情况下，就无法援引 1900 年 8 月 9 日条例第 2 部分 §5 的规定，因为那里只讨论了“有公共危害”的精神病人或弱智。那么，私立疗养院院长对出院的某一次推迟（为了告知警方或亲属，以便将病人转移至公共疗养院）究竟能否被指控为非法剥夺自由？在我看来，要对这一问题作出肯定的回答必须极为谨慎。

补　遗

（关于取消监护诉讼的官方文件）

医学专家递交法院的报告[133] 327

松嫩施泰因

1899年12月9日

A

OI 128/01 于 C.J.J. 64/99[2].

1894年6月29日，退休的德累斯顿参议主席、法学博士丹尼尔·保罗·施瑞伯在这家地区疗养院入院接受治疗，此后一直住院至今。

根据莱比锡的弗莱希格教授为病人转入本院出具的正式证明，施瑞伯主席在1884—1885年曾出现一次严重的疑病症发作，后来痊愈，又于1893年11月21日第二次入住莱比锡大学精神病诊所。在住院之初，他提到的主要是疑病观念，他抱怨自己大脑软化了、快 328
要死了，等等；但很快，基于幻觉的迫害观念在疾病的图景中出现，幻觉起初只是零星发生，伴有明显的感觉过敏，且表现出对光和噪音的高度敏感。后来，视幻觉和听幻觉显著增加，与一般感觉的紊乱一起主宰了他的整个感觉和思维；他认为自己已经死去、腐烂，染上瘟疫，还提到有各式各样恐怖的事情发生在他身上，他正在经历前所未有的可怕状态。所有这一切都是为了一个神圣的目的，事实上，他现在仍然这样认为。这些病态观念对病人的影响如此之大，

133　除脚注134、135外，未对报告A、B、D作任何评论。将这些报告与“回忆录”及我的上诉理由中的相应叙述进行比较，便会立即发现报告中存在一些事实错误、不确切和误解之处。但我并不怀疑出错在一定程度上是第三方（护工等）提供的报告不可靠导致的。

以至于一切其他的印象都触及不到他，他会一连几个小时全身僵硬、一动不动地坐着（幻觉性木僵）；其他时候，幻觉对他的折磨严重得使他渴望死亡，他好几次试图在浴缸里淹死自己，并索要“为他预备的氰化物”。渐渐地，妄想呈现出神秘和宗教特征，他直接与上帝交流、有魔鬼玩弄他、他看到“奇迹”、听见“圣乐”，最终甚至相信自己活在另一个世界中。

施瑞伯主席被短暂转送至皮尔森医生的私立机构之后，又被转到这家疗养院，起初他表现出的病征和在莱比锡的情况基本一致。这个体格健壮的男子常常面部肌肉抽搐、双手明显颤抖，一开始令人完全无法接近。他自我封闭，躺着或站着一动不动，双眼惊恐地直视前方的空荡；他完全不回答问题，或者只是非常简短、抗议地作答；但这种僵化的举止显然与漠不关心的态度相去甚远，相反，
329 病人的整体状态因内心不安而显得紧张、易激惹，毫无疑问他一直受到生动且痛苦的幻觉的影响，并以妄想的方式阐发这些幻觉。同样地，病人会突兀地拒绝所有交流，不断要求独处，甚至要求清空整栋房子，因为上帝的全能受到了护工和其他人的妨碍，他自己只想要“神圣和平”（divine peace）。出于同样的原因他也拒绝进食，因此必须对他强行喂食，或者他只吃一些清淡的菜肴，完全拒绝肉食，花了好大功夫他才逐渐恢复正常饮食。与此同时，他显然是故意尽他所能地不大便，甚至有时会因此失禁。[134] 在很长一段时间里，也无法说服他进行阅读等任何活动，他拒绝读书，因为他读的每个字都会在整个世界被大喊出来。他经常抱怨“光束损失”（loss of rays），说医生“不在意地释放光束”（negligently emitted rays），但没有详细解释他的意思。

1894 年 11 月起，病人僵硬的姿态稍有松动，他更多地从自己的封闭中走出来了，变得更灵动，开始连贯地说话了，尽管讲话方式

134 报告中说的失禁的真实解释见“回忆录”第 16 章结尾。

突兀且有些断断续续；他对于持续的幻觉的异想天开的妄想阐述现在不加掩饰地显露出来；他感到自己受到了之前认识的某些人（弗莱希格、冯·W. 等）的负面影响，他相信他们依然在场、世界已经被他们改变、上帝的全能被毁了、他本人被他们的诅咒打击；他坚称他们把思想从他身体里抽走了，诸如此类。他依然拒绝阅读，但有时会在纸上写些速记符号，偶尔玩玩单人纸牌游戏，似乎更多地关注到周围发生的事情了。

一点一点地，病人的兴奋进一步增强，他在此之前都还算可以 330
的睡眠也受到了扰乱，兴奋也从外部表现出来，尤其是他以发作的形式爆发出的持续的大笑（白天晚上都会出现），还有极为恼人地重击钢琴。这种惊人的举动必定要被看做是对幻觉的回应，尤其是对他由此产生的妄想观念的回应，这明显体现在病人的一些言论中：比如他说世界已经终结了、他所见的周围的一切都是虚假的、他本人和周围的人都只是无生命的影子。同时他依然有疑病观念，他提到他的身体已被完全改变、其中一个肺完全消失了、他要很费力地呼吸才能维持生命。

之后他在晚上变得越来越躁动不安，同时他也发生了一个变化：之前无间断的僵硬拒绝和违拗态度让位于某种二元性。一方面，他对幻觉的回应变得越来越吵闹和激烈，病人经常在花园里长时间站在一个地方一动不动、盯着太阳，以一种不寻常的方式做鬼脸或者用恐吓咒骂的口吻朝太阳大声咆哮，他经常没完没了地重复同一句话、冲太阳大喊，说她害怕他、她必须在他——在参议主席施瑞伯面前躲藏起来，还称自己为奥姆兹德。他会在自己的房间里大肆咆哮，对“灵魂谋杀者”弗莱希格发表长篇训斥，不断重复“小弗莱希格”并把重音放在“小”字上，或者怀着极大的劲头朝窗外大喊辱骂的话，哪怕在晚上也是如此，以至于镇上的人集体抱怨他的吵闹。另一方面，他在许多方面对医生和其他人更礼貌、更平易近人了，即使是当他

331 们出其不意地出现在上述喧闹场合的时候；他甚至能简单回答关于他的状态之类的问题了，尽管回答方式有所保留、有些高高在上，而且他对自己的困扰只字不提；他能在短时间内比较好地控制自己，他也开始像之前一样读书、下象棋、弹钢琴了。

与此同时，尽管安眠药的剂量不断增加，他夜间的吵闹声仍然越来越响亮，为了避免造成伤害，无法进一步增加他的药量，整个科室都因夜里持续不断的吵闹深受其扰，因此 1896 年 6 月，人们只好把病人单独隔离在一个更封闭的房间里，并持续了数月。[135] 当然，病人对此有些恼怒，但没有明显的抵抗，允许了这一安排，显然他意识到自己的行为是病态的，且对周围环境造成了非常严重、令人难以忍受的骚扰。

在一段时间内，病人身体的表现变化不大，他怪异的强制性大笑，单调、没完没了地重复令人费解的辱骂语言（比如“太阳是个婊子”）的举动——在一定程度上显然是对幻觉和感觉紊乱（背痛等）的抵抗——依然持续；他的睡眠依然很差，但进食更充分了，体重也有所增加；这时，他的一种很特殊的、日后进一步发展的妄想已有初步迹象：人们经常注意到病人在他的房间里半身赤裸，宣称自己已经有了女性乳房，他喜欢把时间花在看裸女图片上，甚至把它们画下来，还剃光了自己的胡子。

然而，大概是从 1897 年春天起，人们注意病人有了变化；他开
332 始和妻子以及其他亲属进行活跃的通信；而且必须承认，这些书信写得准确熟练，几乎没有表现出任何病态，而是展现出一定的觉察力，比如他坦言自己一度非常恐惧、无法动身做任何事情，但现在情况好多了、他对于能够进行这么多激励人的谈话感到欣慰，等等；但与此同时，先前的辱骂、大笑、大喊还在持续，夜间的隔离也无法中断。

135　关于隔离的时长，见第 181、182、184 页（两年半）。

病人仍然很不愿意进行严肃谈话，每当有人试图与他严肃交谈，他就会很快变得烦躁不耐烦、做鬼脸、发出一些古怪的感叹词，可以看出他希望谈话赶紧结束；不过，病人做的事情开始更多样化、更连续了；他如何能做到在持续不断且显然十分激烈的幻觉的负担下，足够平静和专注地从事这些智力活动，常常令人感到不可思议，他也能相对清晰地谈论大多数事情，也能控制自己、有时能隐藏自己的病情。渐渐地，就连夜间的吵闹爆发也减少了，病人终于能再次回到他通常的卧室，只需很少的药物支持就可以在那里住下去。

在此我们不想进一步讨论他的病程细节，而是关注早期侵入一切精神过程的急性精神病发作（可以称之为幻觉性疯癫）是如何演变为偏执型疾病的，后来偏执形态日益显著，可以说是凝固为现在的图景。

众所周知，偏执型精神病的特点是在一个精心构建、或多或少
固定的妄想系统之外，保有完整的心智能力和定向力、形式逻辑完好、
没有明显的情绪性反应、智力和记忆力也不太受到影响，对无关事 333
务——与妄想观念关系不大的事情——的认知和判断力似乎受影响
不大；不过，由于一切精神事件具有统一性，这些能力自然也不会
完全不受影响。

因此，现在的施瑞伯主席看起来既不糊涂，也没有精神抑制，智力没有受到明显影响，除了那些即便是不经意的观察者也能明显看出病态的精神运动症状之外，他慎重、记忆力极佳、掌握大量法学知识以及其他领域的知识，且能有条理地呈现它们；他对政治、科学和艺术事件等等都有兴趣，并持续关心着它们（尽管最近似乎别的事让他对此有些分心），如果观察者不提前了解他的整体状况，便很难注意到他在这些方面有什么奇特处。但病人还是充满病态观念，这些观念交织成一个完整的、或多或少是固定的系统，无法通过客观证据和对情况的真实判断加以纠正；这尤其是因为幻觉和妄

想对他来说依然十分重要，对感官印象正常评估受到妨碍，难以做出客观判断。一般来说，病人不会提及这些病态观念，或者只会稍加暗示，但从他的一些写作（部分摘录已附上）中可以看出他对这些观念多么投入，且从他整体的行为举止中也不难看出这一点。

病人的妄想系统相当于是：他受到感召要拯救世界，让人类重获失去的福乐。他坚称，这一使命和先知的教导一样，是由直接的神启授予他的；他认为，他的神经长期以来处于兴奋状态，能够吸引上帝，但这件事很难甚至完全无法用人类语言表达；他坚持认为，
334 这些事超出了一切人类经验，只透露给他一个人。他的救赎使命中最关键的部分是，他必须首先被变成一个女人。但这不是说他希望被变成女人，而是世界秩序的“必然”使他不可能从中脱身，尽管就个人而言他很希望保持他在生活中有尊严的男性位置。但是，为了让他本人以及全人类重新获得来世生活，就只有通过神迹在未来的数年或数十年内将他变为女人这一种办法。他坚信，他本人是神迹唯一的作用对象，因此也是地球上有史以来最不可思议的人类。多年来，他每时每刻都在自己的身体中体验着这些奇迹，对他说话的声音也确证着它们。他认为在他刚刚患病的几年间，他的身体的各个器官都遭到了破坏，这样的破坏对任何其他人来说都是致命的，很长一段时间以来，他在没有胃、没有肠子、没有膀胱、肺也几乎不见、肋骨被打碎、咽喉撕裂的状态下活了下来，他有时甚至会把自己的一部分喉咙和食物一起咽下去，等等；但神迹（“光束”）总能修复受损的器官，因此，只要他还是一个人类，他就是绝对不朽的。这些危急现象早已消失，取而代之的是他的“女性特征”凸显出来；女性化过程是渐进，很可能需要几十年甚至几百年才能完成，现在活着的任何人都不太可能见证它的完结。他感到大量的“女性神经”已经转移进了他的身体，来自上帝的直接受精可以经由这些神经诞
335 生出新的人类。只有等到那时他才能自然死亡，并像所有其他人那

样获得福乐。在此期间，他认为不仅是太阳，还有树木和鸟儿都是某种“被奇迹改变的先前人类灵魂的残余”，它们用人类的语音对他说话，奇迹也在他周围处处上演。

我们无需进一步深入这些妄想观念的全部细节——顺带一提，这些观念的发展和动机十分清晰、逻辑明确——上述描述足以让人们了解病人妄想系统的内容以及他对世界的看法的病理性转变；此外，只需提到病人的举止——他刮净脸、喜爱女性卫生用品和女性的小消遣、喜欢或多或少地脱衣服照镜子、用花花绿绿的丝带和蝴蝶结等（女性化地）装饰自己的种种倾向——便可见他幻想的病理方向还持续。前面讲过的那些幻觉过程也仍持续不断，强度丝毫未减，且幻觉和某些病理性的运动冲动会表现为十分明显的非自主自动动作。正如病人本人所说，他经常不得不在白天和夜里发出“不自然的咆哮声”；他明确地说他无法控制这些声音，它们是神迹，是超自然事件，其他人无法理解，而这些基于身体性强制的喊叫对他周围的环境十分打扰，它们发生得相当频繁，极为痛苦地打搅了病人的夜间休息，因此他必须服用安眠药。

只在一个方面，病人最近的态度有所变化；之前，可能是因为生病的感觉更明显，他在某种程度上对自己的命运逆来顺受，尽管他时不时地对某些措施提出抗议，却没有透露出希望改变自身处境 336
的外部信号，对自己的法律和社会事务的兴趣也不大；而现在，他强烈要求解除对他的监护，他希望能更自由地活动、更积极地与外界接触，期待着在不久的将来一定能回到自己的家中。他全心投入这些计划，在一定程度上甚至让他的病态观念退入了背景。

根据上述对施瑞伯主席病理性精神状态（必定属于偏执狂）的阐述，他在法律意义上是否算是无法运用理智，这个问题应由法院来裁定。然而，如果上述陈述（与医学视角相距甚远）给人的印象是，病人因精神疾病无法客观准确地理解一切事件、无法根据实际情况对事件做出判断、无法凭自由意志依照健全合理的考量做出决定，那么目前的状态——存在幻觉、与幻觉相应的妄想构成一个系统、不可抗拒的冲动支配着病人——可以说是对理智构成了相当程度的损害，且损害仍然持续。

我们从医学的角度并不反对施瑞伯主席接受法院的调查。

上述内容由以下签署人根据其就职宣誓证明属实。

盖印处

（签名）韦伯医生

疗养院主管人

地区精神病学家，精神病学法律顾问

疗养院及地方医务官员报告 337

松嫩施泰因

1900年11月28日

B

报告签署人之所以迟迟没有递交关于前主席施瑞伯精神状态的后续报告，是因为自给出第一份报告以来，他的精神状况没有任何显著变化，因此，除非人们能找到新的切入点来对这一问题作出判定，我们能做的就只有大体重复之前陈述。

签署人认为，他已经在病人几个月前开始的写作中找到了这样的切入点，他的文字极为详细地讲述了他多年的病史，既讲述了外部关联也讲了它的内在发展。这些文字值得高度重视，因为一般来说病人不愿意向他人透露他的病理性观念，且因为这些想法的阐述是如此复杂和微妙，他本人也认为这是很难通过口述表达的。事实
上，作者称之为《我的神经疾病回忆录》的论文，不仅对于从医学 338
角度评估他的疾病的总体特征很有价值，也对于理解病人的行为提供了有实用价值的重要帮助。由于“回忆录”的体量比预想中的要大，完稿也花了不少时间，不久前，签署人才刚刚收到一份完整的稿件。

此外，由于在目前的情况下，重点不应放在关于无疑存在的精神疾病的临床阐述和观点上，而是要试图回答病人是否因病无法照料自己的事务（从这个词最广的意义上讲），因此签署人希望尝试确立一系列明确的事实，以便法官能据此对这个问题做出自己的判断。正如签署人在第一封报告中强调过的，他希望再次声明：对于

一个精神错乱的人有没有能力照顾自己的利益给出最终判断，并不属于医学专家的职权范围；他的任务应仅限于向主管部门就某人的精神状况提供说明，使部门能得出自己的结论。

如果需要提供实际事件的证据，以证明当事人因精神疾病无法处理自己的事务，或者如关于证据的决议中所说，一旦他获准自由处置自己的事务，将因不合理的行为危及自身的生命、健康、财产或生活中的种种其他利益——对于一个多年来因精神状况被扣留在精神病院、其行为对外界环境的影响甚微的人，提供这样的证据显然是非常困难甚至几乎不可能的。如果我们面对的是一个在外界活
339 动并直接接触先前的生活环境的精神病人，那么根据他从事工作和管理自己事务的方式，根据他的家庭生活、社会交往、与权威的相处等实际事件，便能很容易地作出判断；这些事件可以明确回答病人是否因异常精神状态而做出了不适当、不合理或错误的行为。被限制在疗养院的病人的情况则不同。他的生活难免会被收容方无微不至地安排好，他无需接触生活中每时每刻存在的多方面要求；而当他面临这样的要求将如何行事，只能从他的整体状况加以推测。人们可以把他暂时安排到收留所的庇护外，让他置身于这些要求中，以此检验他的行为。这样的检验在很多情况下确实可行——通常只有在病人即使表现不佳也并无大碍的情况下——但签署人认为，即使在现在，对本案例也只能有限采用这种方法，但这就需要更长的时间间隔。而且直到最近，施瑞伯主席才开始表露出要搬出疗养院的意愿，在此之前，由于他的行为举止，人们对尝试进行这种检验难免会顾虑重重。自从他开始争取自己的法律行为能力以来，病人才准备好更自由地活动；走出内心世界的禁锢并重新接触外界的愿望必须被一点一点地鼓励。出于种种考虑，尤其是考虑到他家人的合理担忧，我们无法如计划的那样拓展这方面的试验；尽管他日常在签署人的家庭餐桌上用餐、参与社交活动、出门远足甚至一直去

到他位于德累斯顿的妻子家中、在城里完成一些小任务，这都为观察病人与外界交往的行为提供了所需的机会；但直到现在，我们也还没有得出明确、有说服力的结论。不过，签署人认为不应继续推迟提交规定的报告，而是满足于到目前为止的观察结果。 340

考虑到施瑞伯主席精神疾病的发展过程，目前没有必要回顾他患病的早期阶段。这些阶段对于了解病理过程的全貌来说无疑具有重大意义，正如任何自然现象都只有从发展的角度才能充分理解，病人本人如何看待这些阶段也很重要。但是对于解决当前的实际问题来说，早期阶段的重要性不如它们随着时间的推移导致的现状来得重要，如今，这种状态多少是以最终形态呈现在观察者面前。鉴于病人原本具有丰富的天赋、有着精神创造力且接受过广泛的教育，他经历了病理性转变的精神表现也不同于其他类似病例中常见的那样，贫乏单调、种种关联易于理解：相反，它们展现出的观念架构的阐述与发展是如此奇妙，与常规的思维进路相去甚远，几乎无法对其进行简短勾勒而不使其内在结构变得费解、难以理解其特殊含义。出于这个原因以及稍后将提到的另一个原因，我认为将病人的“回忆录”完整递交地区法庭供参考是有益的，我也恳请之后将其归还；我相信法官能很容易地从回忆录中清楚了解到作者的精神全貌，无需作额外的评论。

根据对病人前几个病程的观察，他那时显然完全不适宜行动、没有能力处理自己的事务，甚至对这些事情不感兴趣，这一点从他本人的叙述中也相当明显。在很长一段时间内，病人沉溺于精神生活中的病理性事件，对事物的看法完全取决于幻觉性的想象，他在时间、地点和人物方面都彻底迷失，现实被一个庞大的、完全是幻想的虚假想象世界取代，他的情感生活也从一切自然事件中撤回，他的意志力要么受到抑制和限制，要么基本都用来抵抗疾病带来的痛苦，以至于他的行为变得相当不合理且难以预测，无论在他的个人利益 341

还是在与外界的关系方面，自决力或合理推理的能力无疑都受到了损害，毋宁说，病人当时完全受制于压倒性的病理性影响。

上一份报告详细描述了施瑞伯主席的急性精神病如何逐渐过渡到慢性状态，一种沉淀物如何从幻觉性精神错乱的狂风暴雨中沉降、固定下来，使疾病呈现出偏执的图景。随着疾病的强劲影响力逐渐减弱，幻觉体验也失去了其迷惑性和压倒性的直接影响，病人可以在一定程度上忍受它们，并逐渐设法回归更有序的精神生活。然而，他并没有意识到、也不承认他被扭转的知觉的产物以及在此基础上构建的组合体都是病态的，他也无法越出其主观视角对事件作出更客观的判断。他做不到，因为幻觉持续存在，妄想也在此基础上继续建构；不过随着相应的影响强度减退、常识和定向力恢复，他的
342 总体观念中出现了某种分裂：他的精神生活中持续受病理扭转的部分与其余部分的区隔变得更清晰了，尽管在全部心理事件的有机统一体中，后者不可能完好无损，从看似局部的紊乱向整个精神功能的紊乱的过渡也时有发生，但正如在偏执狂中常见的那样，急性发病期结束后，某些部分的感觉和思维似乎不太受病理变化的影响。尤其是智力几乎没有受损，观念的形式联想似乎运转正常，对于与妄想观念（妄想保留了下来、钩织成一个封闭的系统）关联甚少的事情和事务的判断也基本上未受蒙蔽且准确。

随着疾病特征的这些变化，病人的总体状态也发生了实质性的改善，但无论外部表现如何指示了这一点，都不能毫无保留地谈论它。人们甚至可以认为，情况恰恰相反：只要疾病的急性症状还在持续，人们就还能期待好的结果，而一旦我们看到病程有了确定的结果，就只能放弃这种期待了。而且正如前面所说，病情改善乃至康复的最重要的标准，即对先前事件的病理性质获得或多或少清晰的洞察，这在他这里是完全缺乏的。诚然，施瑞伯主席对这种或那种感知有可能是幻觉持开放态度，但他基本上还是笃定地坚持其妄想观念的

现实性，并把他描述的那些最骇人听闻的事件都宣称为事实。

病人复杂的妄想系统源于他对上帝本质的一种极为奇特的理解：

（接下来的一段对“妄想系统”的阐述是对“回忆录”的简短摘录；读者可以自行查阅“回忆录”，因此此段可以省略。） 343

从这一小段摘录尤其是从病人自己的叙述中，我们可以清楚地看到即便是现在，他的整个思维和感受在多大程度上仍受到妄想和幻觉的影响，这些影响又在多大程度上决定了他的行为、使他需要对某些病理事件采取自卫，对另一些病理事件他又完全屈从；也能看出他看待世界的整个方式、他对人和日常事务的判断在多大程度上受妄想和幻觉决定。现在，我们只需尽可能详细地查明病人的病理状态在多大程度上影响并支配着他与外部世界的关系，以及日常生活的需求。

必须重申的是，正如许多偏执狂那样，病人的智力和形式逻辑联想思维似乎并没有受到任何重大影响；病人能掌握许多观念、能条理清晰地谈论它们；他的审慎也同样未受影响。近九个月来，签署者每天都有机会在家庭餐桌上与施瑞伯主席讨论各种话题。无论谈的是什么——当然，除了他的妄想以外——无论涉及到国家行政、法律、政治、文学艺术、社会生活还是任何其他话题，施瑞伯博士都展现出浓厚的兴趣、渊博的知识、良好的记忆力和正确的判断力，他在道德问题上展现出的态度也令人无可挑剔。同样地，与在场女士的轻松交谈中，他也表现得得体而亲切，他的幽默总是委婉优雅的；他从来不会在平常的餐桌谈话中提到那些只该在问诊时讨论的
话题。然而人们也不能忽视：即使在吃饭时，病人也常常显得心事 344
重重，他的注意力被分散、不能觉察到周围发生的事，因此常常提起一些刚刚才讨论过的事情。这种心事重重从病人的举止中也能看得出来——他要么僵硬地盯着自己的前方，要么在椅子上不安地动

弹、做出奇特的鬼脸，多少有些大声地清嗓子、摸自己的脸，看起来试图在把眼皮向上推——在他看来，眼皮是“被奇迹闭上的”，也就是违背他的意愿闭上的。他显然经常要十分努力才能不发出“咆哮声”，一旦用餐结束，在他走回房间的路上，人们就能听到他那语无伦次的声响。

像这样被幻觉经验分散注意力以及他明显可见的、应对幻觉的做法，在其他场合下也是恼人的。去郊区远足、参加某些节日庆典以及在剧院看戏时，病人都能克制住大声的发作，但他也常常感到非常尴尬，这可以从他扭曲的面孔、哼哼唧唧的声音、清嗓子的声音、短促的笑声和一举一动中看出来；事实上，即使在德累斯顿探望妻子时，他也无法完全克制在餐桌发出噪音，人们只好示意女仆不要关注他；这次探望只持续了几个小时，但他显然很想赶紧回到疗养院。

他的病理性经验不仅在社会关系中是恼人的。德累斯顿地方法院在取消病人的法律行为能力的理由中提到，病人施瑞伯有能力主持困难的法律程序等等。然而，这一点是必须质疑的——病人本人也表示，“干扰”（在他看来是被有意发起的）会妨碍他较长时间
345 地从事任何严肃、困难的智力工作；他本人在法庭听证会上也提到，他认为他没有办法继续从事自己的职业，因为发生在他身上的奇迹会试图分散他的注意力。因此，观察者可以从他的行为中得到这样的印象：像这样需要完全的精神自由和注意力集中的工作都是不可能的。

从外表上看，最打扰人的是病人本人所说的咆哮状况，也就是发出无语词的声音，或是针对扰乱他安宁的假想敌（弗莱希格等）发出威胁和咒骂。这些嘈杂的爆发完全是自动的，且以一种强制的、违背病人的意愿的方式出现。尽管他可以通过热烈的谈话、弹奏极重的音乐等策略在一段时间内压制它们，这些嘈杂声还是不仅在白天的大部分时间回荡在他的起居室和花园里、严重骚扰了他周围的

环境，在晚上人们也常常要一连几小时听着它们，对整个科室的安宁构成了严重打扰；他有时甚至不管不顾地一路喊叫着走进城里。尤其是最近，这些叫嚷变得格外吵闹，病人本人因此遭受了怎样的痛苦、他在这些“奇迹”面前感到多么无助和无力、不得不采取最荒唐的反击，这些都可以从随函附上的信中看出。这些反击措施包括：病人（可能是为了唤起他经常提到的灵魂欲乐）半裸着在房间里走动，穿着饰有花哨丝带的低胸背心站在镜子前，凝视着他自认为是女性的胸部。这种举动使他患上了感冒（之前他还把双腿赤裸地伸出窗外），并把感冒的后果归咎于奇迹。顺带一提，他无意伤 346
害自己，也不再想自杀了，因为他相信即便是最严重的身体伤害都不会影响到他。

病人认为从疗养院出院后，这些咆哮状况或许会有所改善；无论怎样，他认为自己可以在花园里安置一个封闭的住所，以避免对同居人的安宁造成不可容忍的打搅。他的第一种说法自然是假想的，而且令人吃惊的是，病人自我中心主义已经病态得考虑不到他的妻子要如何承受这一切；事实上，与他的婚姻生活对她来说将是几乎不可能的；更不要说他把自己对目前环境的打扰看得完全无关紧要，只抱怨他自己的痛苦。

根据他妻子提供的消息，他的疾病对婚姻关系的不良影响在其他方面也有所体现。早些时候，由于病人期待着去男性化的发生，他曾向妻子提出离婚的可能性；即便是现在，当妻子对他的观点和行为表示反对和抵触时，他也会立刻暗示妻子，如果她愿意，她可以离开他。因此，在婚姻方面我们也不能忽视病理过程的影响。

至于在病人恢复了他所渴望的独立之后，能否对自己的财务状况给予足够的关心并量入为出，这一点也很难确切预料，因为很长一段时间以来，他自然没有机会在任何重要的财务问题上独立行事。就这方面的观察而言，病人没有表现出特别的吝啬或是挥霍，事实上只要他的需要能得到满足，他就从不过问金钱方面的问题；而在确保他的家族对他父亲著作的版权方面，他的处理是完全专业的。
347 不过，在他的伟大使命面前，金钱利益自然会退居次位，他为了争取他在“回忆录”结尾表达的对于未来的病态愿望和期待所做的努力，以及他的身心愉悦对某些条件的依赖，是否将导致他的物质开销远超出力所能及的范围，这一点是必须存疑的。

在判断病人是否有能力处理自己的事务时，最重要的一个环节是他对影响他的幻觉和观念的病理性质缺乏觉察；从客观上看属于妄想和幻觉的东西对他来说是不可动摇的真理以及行动的充分动机。由此可知，病人在某一具体时刻的决定是很难预料的；他可能会在相对完好的精神力量的支配下采取行动，也可能会在病态精神过程的强制力下采取行动。在这方面，我想特别指出一个意味深长的例子，并为此附上了病人的“回忆录”。我们可以理解病人渴望讲述自己近几年的历史，把自己的观察和痛苦付诸文字，并将之呈现给那些对他的命运怀有正当兴趣的人。但病人也怀有一种迫切的渴望，想把他的“回忆录”（随信附上）付印并大范围传播，为此他正与一家出版商协商——到目前为止自然没有成功。当人们看到他的写作内容，考虑到其中涉及的大量与他本人及他人有关的不检点行为、对极为可疑且不雅的情境和事件毫无羞耻的细节描述、对最冒犯人的粗俗词语的使用，等等，人们将难以理解一个在其他方面得体、有细腻感受力的人会打算做出如此严重有损于自身公共形象的事情；人们只能认为他的整个生活态度都是病态的，无法从恰当的角度看
348 待事物，且对自身疾病缺乏觉察导致的对个人的极大高估已经蒙蔽了他对社会施加于人的限制的感知。

结合附文，我想谈的只有上述这些。尽管其中涉及的事实材料由于前文提到的原因而不够完整，但总体而言还是充分且清晰地反映了事态状况，我认为它已经为法官提供了必要的依据，可以判断

病人尚存且已系统化的妄想和幻觉是否以及在多大程度上影响了施瑞伯主席的自由自决，导致思想、愿望和行动方面的强制，对他的情绪和举止造成的重大影响，以及目前精神疾病的范围和严重性是否已经让病人无法处理自己的（广义上的）事务。

韦伯医生

疗养院主管人

地区精神病学家，精神病学法院顾问

349 上诉理由

C

以下是我提出上诉的理由：

I

关于我的上诉所针对的判决书中的事实陈述

我的上诉所针对的判决书中陈述的事实基本上只是重复了我的律师于1900年5月16日听证会上向法院递交的书面函件。总体上说，我同意这份文件的内容，也在1900年5月24日的信中表明了同意，尽管我的律师提出的某些法律论据，如①判决书的事实部分和②函件中的部分，我认为与本案无关。在我看来，该文件中正确的部分在很大程度上是我亲自写的，即摘自我于1900年3月24日寄给疗养
350 院院长的陈述，据我所知，法院档案中已有该陈述的复件。

我不得对判决书中的两处陈述做出重大反驳。然而，根据《民事诉讼法》§320的规定，更正判决书中的事实部分是无效的，因为我无法反驳我的律师在听证期间确实做出的相关陈述。然而，我的律师在这方面的陈述是基于对我本人观点的误解；因此，本案涉及到《民事诉讼法》§290意义上的撤供。

涉及到的两点如下：

1. 事实陈述部分的一开篇，判决书提到我的律师函件中的一

段话：

> 上诉人并不反驳自己患有精神病。

这是不正确的；如果精神病一词如外行人通常认为的那样，结合了智力受损的概念，我会坚决驳斥我患有精神病这种说法。我在1900年3月24日寄给疗养院院长的陈述中也相当清楚地说明了这一点。

我在陈述中解释说，我并不反对神经疾病意义上的精神病的存在；但我希望特别强调“精神病”一词在医学上和法律上的不同含义。

我想更详细地解释一下这个问题：我不否认我的神经系统多年来一直处于病态。但另一方面，我完全否认我患有精神病或曾经患有精神病。我的头脑即智力功能和其他人一样清晰、健康；除了一些次要的疑病观念以外，这一点自从我患神经疾病以来不曾改变。因此，医学专家在向法庭提交的报告中认定我患有偏执狂（精神错 351
乱），这是对事实真相的一记重击，是再糟糕不过的了。当我写下这句话时，我完全无意对这位医学专家造成冒犯；我毫不怀疑他的报告是诚恳的。但这并不妨碍我——在涉及到自己的法律行为能力能否得到承认的情况下——坦率而无顾虑地表达我对该报告存在客观错误的确信。我在后面将尝试解释该报告的现有内容是从何而来的。

2. 第二个错误是判决书事实陈述部分中的（3）b项提到，我本人相信我在松嫩施泰因疗养院居住只会对我的精神健康有益。这句话确实出现在我的律师信函中，但我早在去年夏天就已经对它的错误提出了抗议；我将逐字抄录我在1900年6月14日写给我律师的信中的相关段落：

> 在给您写这封信时我还想补充一点，我在今年5月24日给

> 您的信中表示同意您递交法院的信函，但现在需要做一些修改，当时我认为没有必要修改，因为我认为这对案件的法律评估并不重要。我指的是这一段话，即我本人认为我在疗养院居住只会对我的精神健康有利。事实并非如此。我此刻没有打算从疗养院出院的唯一原因是，我已经在这里住了六年，再多待上六个月或者十二个月关系不大，而且无论如何，要回到以前的家
> 352 庭生活，在生活条件等方面都需要做一定的准备。**但另一方面，我也并不期待延长在这家疗养院的居住会为我的健康带来任何好处**。它无关乎恢复神智的清醒，因为我的神智一向清醒；而我的神经的过度兴奋是无法通过人类手段消除的；它将一直持续到我生命的终结，因为它关系到超自然事物，除非我的身体能发生某种让其他人类大开眼界的变化。
>
> 但我当然不希望在这样一家机构中度过余生：在这里我的精神力量几乎荒废，我几乎完全接触不到有教养的人，也享受不了生活中的种种其他乐趣。即使我出现在公共场合有可能会卷入的某些麻烦（如咆哮）依然令人担忧，我也知道在这些情况下该如何克制自己。
>
> 我请您决定是否将此信的附件纳入档案，供法庭参考。

由于法院去年4月13日所做的最终判决的考虑因素，（令我相当惊讶地）完全未在1900年6月15日关于证据的决议中体现出来（我认为该决议大体上是正确的，它几乎逐字引用了我本人在1900年4月4日的信函——1900年5月16日卷宗的补遗A——中提出的说法），我不得不对我写于1900年6月14日的上述信件也没能引起法院关注表示极为遗憾。假如人们关注到它，那些有争议的段落就不可能原封不动地被纳入判决书的事实部分。

II 353

关于判决的依据

受质疑的判决的理由主要依据的是医学专家于 1900 年 11 月 28 日提交的第二份报告；判决中大部分内容都是一字不差地从报告中摘录的，因此我的反驳也可以主要限制在讨论该报告的结论在多大程度上可以被视为正确。

只有几点是法院独立做出的补充；在我更仔细地讨论报告本身的内容之前，我将首先尝试处理这几点。

关于判决书中提到的，如果允许我的个人自由，无需担心我危及自己的生命，对这一点我完全认可；此外，我的心智能力也并未受损；所谓的咆哮状况不在考虑范围内，因为纯粹的警务问题不能构成剥夺我法律行为能力的理由。

法院提出的另一点可见判决书结尾处的一句话，即我在幻觉下，会看到实际不存在的人出现在我面前（“被草率捏造的人”）。如果人们仔细阅读了我的“回忆录”中的相关部分，便会立即意识到这一点不成立，因为这句话用现在时表示“上诉人相信（believes）他看到有人在面前”等等。有关“被草率捏造的人”的整个想法都是许多年前的了；它最多只存在于我在本疗养院住院的头一两年。这一点可以在我的“回忆录”第 16 章的开头清楚读到。因此，我可以把我在这方面的观念究竟只是幻觉还是基于真实事件搁置一边。正如医学专家在他后来的报告（大概是第 8 页）中正确指出的，那只是我疾病早期阶段的问题；我只能引述我手头的复件，在现存于 354
法院档案的原件中定位到相应的位置并不困难——就目前状况的评估来说也无需参考它。我早已知道，我眼前的人不是“被草率捏造的”，而是真实的人类，我也必须以一个通情达理的人对待他人的日常方式对待他们。因此，可以把判决书结尾处的一句——这些早先的观念让我有做出不合理举动的风险——从法院判决的主要依据中删除。

现在我再来讨论医学报告。这些报告的出发点是一个心照不宣的先行假设，即我在“回忆录”中报告的或在其他地方提到的有关上帝与我之间产生的交流，以及发生在我身上的神迹，全都只不过是病理性想象的产物。如果要表达我对这一观点的真实感受，那么我只能借用胡斯（Huss）对那些往他的火刑堆里添木柴的可悲农民发出的呼喊：Oh sancta simplicitas!（*神圣的天真啊！*）我无意对医学专家无礼；如果韦伯医生感到我的任何措辞侮辱了他，我将感到由衷的遗憾，因为我对他的人格、专业以及科学能力都极为尊敬。我知道，他只能以一般科学经验的标准衡量我的情况。另一方面，我也希望他不会介意我尖锐地表达我的相反观点。我必须声明：*我对关于上帝知识的确定性，以及我所处理事情涉及到上帝和神迹的绝对信念，凌驾于一切人类科学之上。*这或许听起来显得狂妄自大，但我知道，这种确信的基础既非个人的虚荣心，也非病态的自大狂。尽管我在许多方面都确实拥有丰富的天赋，我也从未对自己的缺点
355 视而不见，我从未幻想自己能跻身民族圣贤之列；毕竟，是一系列奇迹的境况让我在神圣事物的真实情况方面获得了多于以往任何人的洞察，这并非我的功劳；我也不得不为这种洞察付出沉重代价，多年来失去了人生的幸福。但这种洞察赢得的成果对我来说愈加确信；事实上，它们已经成为且必须是我整个生活的核心，因为即便是现在，上帝依然每时每刻甚至可以说是每分每秒地以通过奇迹和语言一再向我显明他自身。也正因如此，我可以对依然威胁着我的种种灾祸始终保持平静，这一点任何人都可以从我与他人的接触中观察到，即使和没有教养的人以及孩子相处时我也是平静的——只有与疯子相处除外；我对待那些早年曾无意伤害过我的人的平和善

意也源于此；这也能解释我对出版我的“回忆录”的极大重视。因为，哪怕我只能成功在他人那里唤起足够的怀疑，使人们思考我是否曾被准许朝那向来隐匿于凡人目光之外的黑暗帷幕后窥探，我的作品也必然属于有史以来最有意思的著作之一。

在深入种种细节之前，我还是得着重强调一下我的基本观点，因为判决书和报告都认为它们可以以某种居高临下的方式处置我——我不得不承认这并非全无道理，因为它们都是国家权威的代表。当然，我必须认识到，就目前来说，让其他人理解我的基本观点的可能性微乎其微，更何况是在目前的法院判决中让人们理解。因此我一度认为，我可以并且最好避免把对于我所谓的幻觉和妄想 356
的种种讨论纳入本案的争议点，因为本案针对的是我的法律行为能力；我不得不担心（我在 1900 年 3 月 24 日写给疗养院院长的信中已经提到过），法院的关注点会因此被从他们唯一有权决定的议题处——即我是否具备在现实生活中采取合理行动的能力——转移开。然而最近我无法忽视这样一个事实，即，如果不对我的所谓妄想或宗教信仰具备一定程度的理解，且不仅是在形式上理解其逻辑先后和有序组织，也要在一定程度上考虑到我的妄想系统（人们乐于这样称呼它）是否可能基于某种真理这个问题，我就不可能做到这一点。我必须对他人，尤其是我的法官们，做出这样的尝试，不是真的为了让人们转变态度并相信我的奇迹信仰——我在现阶段自然只能很有限地做到这一点——但至少要提供一个总体印象，即不能简单地认为我在“回忆录”中记述的经历和思考是可忽略不计的、是头脑糊涂的空想，从一开始就不值得进一步思考或是对我本人展开可能的观察。只有这样，我才有可能向法院解释，那些微不足道的、但通常对人有决定意义的考虑——如他人的感受、对泄露所谓家庭秘密的担忧、甚至是对处罚的恐惧——在我的情况下，在我必须视作毕生使命的神圣目的的实现面前，它们只能占很小的比重。

因此，我将在下文提到（也许之后会加以证明）一些观点，尽管它们无法完全证明我主张的奇迹的真实性，但我希望至少能让它变得足够可信，使人不至于从一开始就将整个陈述斥为无稽之谈，
357 而是承认科学界可以把它作为进一步研究的起点。诚然，我能讲出的只有几点，而且涉及到的大多是看似无关紧要的外部事件；因为事情的性质决定了我所接收的超自然印象中的绝大部分都只有我自己能感知到，其他人无法从任何外部迹象中觉察。不过，我将列出的这几个点已足以令任何无偏见的人感到惊讶。

1. 近年来我的钢琴断弦——我认为是奇迹导致的——的次数非常多。总共也许有三四十次，具体数目并不重要。仅在 1897 年一年，维修琴弦的账目就高达 86 马克。本案的反对方——皇家检察院——应该不会对这一事实提出异议；假如他们有异议，我可以传唤我的妻子、护工莫比乌斯和德累斯顿乐器店的 C. A. 克莱姆作证，或许还可以在疗养院院长的后续报告中提供佐证。至于我的断言，即断弦不可能是我本人的愚蠢行为（敲击钢琴）造成的这一说法，我想回顾我的“回忆录”第 12 章的中间部分；为了避免重复，读者可以自行参阅。我相信每一位专家都会承认，即便用力很大，人们也不可能只靠敲击琴键就把琴弦弄断；假如需要，我可以请专家提供报告。如果确实如此，且钢琴弦断裂的情况本来就极为罕见——我前半生从未遇到过这种情况，也不曾听说过别人遇到过这种情况；这可能
358 发生在温度剧烈变化的音乐厅里，或是当弦乐器的琴弦绷得太紧时，但三角钢琴琴弦是很少会断的——那么人们要如何解释我的钢琴发生频繁断弦的情况呢？它可能是由自然原因导致的吗？

2. 我周围的人明显注意到的一点，是所谓的咆哮状况，这种情况多年来——但不是在我患病的最初几年——经常发生。我在 1900 年 3 月 24 日写给疗养院院长的信中已经对其性质做过描述，即，在

神迹的作用下，用于呼吸的肌肉（肺部和胸腔肌肉）猛烈运动，使我不得不发出咆哮或呼喊声，除非我付出非同寻常的努力来抑制它，但由于这种冲动的突然性，抑制不总是能做到，或是只有一直对它保持关注才能做得到。读者可以参阅我的“回忆录”第 15 章的 2，我那里讲过在我看来这一奇迹的目的。医学专家显然并不怀疑（见第二份报告第 28 页，以及我的复本第 31 页），我既没有假装，也没有故意激发这种咆哮——毕竟它对我来说也是个沉重的负担；专家承认，我经常需要付出极大的努力才能阻止咆哮的声音，而且这种吵闹的爆发完全有悖我的意愿，是自动和强制性的。因此，我必须提出这样一个问题：科学对于这种现象究竟有没有一个令人满意的解释？精神病学史上有没有过这样的病例：某个患有精神疾病的（偏执狂，假如这是我的病的话）同时又被认为具有高智商、心智能力未被削弱、在社交谈话中表现得圆通得体、具有正确的道德观念，等等，且天性中毫无粗野的倾向的人，却被观察到这种自动触发的吵闹爆发或咆哮状况——在较轻微的形态中表现为医学专家所谓的 359
哼哼、清嗓子和短促的笑声？当然，我对其他精神病人没有足够的经验，但我猜这些问题的答案必然是否定的。如果这一猜想正确，我希望报告中可以证实这一点。当然，我并不指望医学专家能积极地采纳我对这一现象的解释，即认为这是奇迹的结果，但在我看来，即使是消极的解释——即认为这里涉及到一个在精神病学的经验领域内独一无二的非凡病例——也能影响到对我的案例的判断，因为这样一来，人们至少会对超自然力量影响的可能性给予一定的考虑。如果医学专家能进一步证实，当我大声交谈、在有教养的人的陪伴下、在疗养院外、轮船上、火车上、公共场所或是城镇街道等地方，咆哮状况几乎从未出现过，它主要是在我在房间独处或是在疗养院花园里和那些无法交谈的疯子待在一起时才会出现，这一观点将显得尤为重要。如果科学不得不承认它对这方面也缺乏充分的解释，那么人们就不得不对我本人对这一情况的阐述给予一定的重视。在我看来这是和奇迹有关的；所有这些现象都很容易解释：因为光束（即上帝）通常只会在我不思考、或是当我这里没有能特别吸引光束的视觉印象时，才会企图从我身上撤离。而比如当我在城里的街上散步，我可以观看商店的橱窗，而且总有很多人尤其是女性来来往往（详见我的“回忆录”第 15 章前三分之一，以及“回忆录”的补充说明 3 和 5 最后一段的开头附近），这种视觉印象总是充足的。

3. 新的医学报告（我手头的复本第 28 页及以下）指出——这一
360 点我完全同意，但有一些保留意见——就连吃饭时我也显得“心事重重”，直直地盯着自己的前方（更准确地说，是闭着眼坐着），以一种奇特的方式“做鬼脸”，尤其是试图把眼皮往上推；因此这位医学专家承认，我的眼皮在更早的时候被闭上了，他的意思应该不是我用手推我的眼皮，而是动用眼皮的肌肉。

医学专家只是从这些“病理过程”在多大程度上扰乱了社会关系的角度来看待这些“幻觉过程”及其引起的“惊人反应”。但对我来说，它们具有无比重大的意义：它们作为他人也能观察到的迹象，表明了我的整个肌肉系统会受到某些只能归结于外部力量运作的影响，即神迹。除了医学专家提到的那些现象之外，我还可以再补充一些，比如，有时我会经历几分钟的听觉障碍，有时即使我静止不动，呼吸也会急剧加速，以至于不得不大口吸气、以一种极不自然的方式张大嘴巴，等等。任何人若是仔细观察我，都能注意到这些现象；因此我有时需要付出巨大的精神努力，才能自在友好地参与社交谈话；人们无法设想与此同时我的头脑和全身正在经历什么。

但我并不是不知道，幻觉（即听觉刺激导致人听见声音）以及痉挛抽搐（即肌肉尤其是面部肌肉抽筋似的收缩），在神经病态下并不罕见。但我相信我可以坚持认为——专家报告也证实了这一点——我这里的表现与人们通常观察到的明显不同，因此人们难免

要认为其原因也具有本质区别。 361

我在“回忆录”的补充说明 4 中详细讨论过我的幻觉，在这个节点上我要再次讲到它。在医学专家的报告中我满意地注意到，他本人也认为我的幻觉具有一定的现实性，因为他显然不怀疑我在“回忆录”中描述的“声音”确实是我感知到的。那么唯一的分歧在于，听到声音的主观感觉究竟是仅由我自身神经的病理性运作引起的，还是说有某种外部原因作用于神经，换句话说，声音是否可以说是我自己的神经的把戏，还是有某种在我体外的存在以声音的形式对我说话。关于“做鬼脸”、面部扭曲、闭眼等现象，也可以提出同样的问题：究竟是我神经的病态导致了肌肉收缩，还是有某种外部刺激作用于我的身体。从本质上说，这是两种论断的对立。纯粹的理性主义自然会从一开始就否认是神迹造成了它们。对幸运的唯物主义来说（用歌德的话说），“无法说明（be accounted for）的东西就不算数（does not count）”，这种态度在科学中几乎处处都被当做指导原则。我无法证明奇迹的存在，我只是希望让其他人想到可能有超自然的影响作用于我本人，如果医学专家可以肯定，我这里的这些现象具有科学经验迄今未知的特征和独特的印记，我就心满意足了。我推测除我之外的个案中，上述那种幻觉，尤其是持续不断的说话声音无法用任何分散注意力的方式平息的情况，完全是闻所未闻的，正如违背病人意愿的（医学专家也承认）肌肉收缩迫使人闭上眼睛、发出咆哮声、即使在休息时呼吸也明显加快等等，同 362
样是不曾有过的。我也希望看到这一推测能在明确的医学声明中得到确认，除非能表明它不正确。如果医学专家能确认我的眼睛（违背我意愿地）闭上的这种情况，会在我大声交谈后又沉默下来的时候——换句话说，一旦我放任自己什么也不想——有规律地立即发生，这对我来说也将意义重大。

4. 我相信在我的身体上可以观察到一些完全无法用科学经验解

释的表现；我可能会考虑要求本疗养院或其他地方的医生对我进行体检，如果可行的话，也许可以使用伦琴射线来查明情况。这主要涉及到（但也不仅是）我在“回忆录”第 21 章中详细讨论过的所谓欲乐神经。在医学专家的后一份报告（我的副本第 22 页）中有这样一段话：“我认为自己能感觉到身体里的欲乐神经就像女性身上的那样，尽管科学不承认欲乐神经的存在。”我不清楚医学专家只是在讲述我本人对这一点的陈述，还是在表达他自己的观点，即科学不承认这种特殊的欲乐神经在男性和女性身上的分布有所不同。无论如何，这在我看来只是个文字游戏，与问题本身无关。医学专家必定不怀疑——至少在口头交流中我理解到了这个意思，并认为这是科学上公认的事实——女性的神经系统在全身，尤其是胸部，表现出与欲乐感受有关的某些特征与男性的颇为不同。[i] 如何称呼这些
363 特殊结构并不重要；如果我作为神经学的外行人用错了表达方式，关系也不大。因此我断言，在我的身体尤其是胸部处，存在着与女性身体相应的神经系统特征，我也相信可以通过体检证实这一点。由此得出的结论在“回忆录”第 21 章中已详细讨论过。

在此，为了避免种种误解（我稍后还会详细讨论），我想指出我要求进行这样的检查只是为了本案的目的，也就是为了恢复我的法律行为能力。一旦我获得自由，尽管我会同意应要求由选定的专家开展这种检查，我决不会自己主动发起检查，更不会为此花费一分钱。

5. 医学专家承认（见第二份报告我的副本的第 9 页），“我精神状态的病理性改变的产物”并不像类似病例中常见的那样，贫乏而单调，而是显示出一种与通常思维方式截然不同的极为错综复杂的思维结构。根据这一观点，我计划将我的“回忆录”提交其他经

i　为了进一步说明这个问题，可以提出如下问题：女性胸部的生理特征是什么，尤其是在青春期开始的几年间，胸部膨胀是什么原因造成的？这只是由于肌肉组织的增强、脂肪的聚集等原因吗？还是说女性胸部的神经系统有一种格外区别于男性的发育？

验领域的专家，尤其是神学家和哲学家进行研究。这样做有着双重目的，首先是向法官们证明，我的“回忆录”无论内容多么奇特，都可以对广泛的科学界研究最为晦涩的课题起到明显的推动作用，并使人们理解我希望将之出版的愿望是多么强烈。其次，我欢迎上 364
述领域的研究人士提供专业意见，以查明这一点是否可能、甚至从心理学上讲是否可能：一个在我早年的熟人看来冷静、头脑清醒的人，而且是（如我在“回忆录”第 6 章开头提过的）一个在生病前对上帝和灵魂不朽没有坚定信仰的人，却可以说是凭空编出了一整套复杂的思想结构以及大量事实性细节（比如关于灵魂语言、灵魂观点、“回忆录”第 1 章和第 12 章的内容，等等）。一个人能够写出这样的内容，并对上帝本质以及死后灵魂的续存形成如此独特的观念，难道不是因为这些想法自发地降临于一个经历了他人不曾有过的特殊的经验和印象的人吗?

以上所述并不是为了立刻正式申请这样一次专家报告。因为我一定能认识到这样做需要花费大量时间和金钱。如果上诉法院能在没有专家报告的情况下恢复我的法律行为能力，自然是我更愿意看到的。不过，如果人们不愿意这样做——我将在我希望出席的口头听证会上了解到——我将保留提出这种申请的权利。

*

上节探讨的问题的重要性，只在于它们围绕着所要决定的问题的真正核心，即我被认为患有的精神疾病是否导致我缺乏处理自己事务的能力。

对于这个问题，我首先必须就报告中对我的性格的刻画再发表 365
一些意见。我要对医学专家公正看待我的整体性格的良好意愿表达感激；我也要感谢他不辞辛劳地认真研读了我的“回忆录”，因此他在报告中至少能对我的一些主要观点做出基本正确的概括。由于材料是死板的，一些小错误和误解难免会出现；我不必深入探讨这些错误和误解，因为它们无论如何都对法院裁决影响不大。

总体而言我相信我可以断言说，医学专家只是在最近一年里，也就是自从我日常在他的家庭餐桌上用餐以来，才开始真正了解我；如果再经过六个月的接触，他对我的看法可能会比撰写上一份报告时好得多。在那之前（大概是在 1900 年复活节之前），医学专家只了解我的病理学外壳（我想这样称呼它），这种外壳掩盖了我真正的精神生活。这些话里完全没有要谴责我早年在疗养院受到的待遇的意思。我承认，我在疗养院生活的最初几年里，给人留下的印象（尽管这是欺骗性的）是一个不适合社会接触的傻子。我也可以理解，在我的行为的许多方面早已表明我的精神状态有所变化后的许多年间，医生们还保留着他们旧有的看法。在一家大型疗养院里，人们不可能对每一名病人都投注不间断的详细观察；鉴于我在这家疗养院的头几年表现出的顽固不化，人们确实很难对我的精神生活形成任何正确的印象。但尽管如此，报告中说（我的副本第 7 页）我“直到那时”，也就是直到要求提交新的报告时（1900 年 6 月），才表
366 现出离开疗养院的意愿且这种接触外界的“渴望”需要被逐渐“鼓励”，这种说法是不正确的。这里似乎存在一些记忆错误。文件可以证明，1899 年 10 月 8 日当我的正式监护人、地方法院院长施密特先生来访时，我曾亲自给了他一份说明，抱怨说五年来我一直不被允许走出疗养院的大门，即使是像许多其他病人那样短途散步也不可以。为了表示诚恳，我在 1899 年 11 月 27 日也向韦伯医生寄去了这份说明的附件。但在那之后，我不得不继续等待四到六个月才被邀请在他的家庭餐桌上用餐，并有机会（乘马车）到疗养院外游览。再说一次，我不想对过去的事情耿耿于怀；但我不能默许这样一种错误说法：

人们没能更早地了解到我是一个具有完整心智能力、能够在体面的社会中正确行事的人，全怪我自己。在我看来，至少1897年初以来人们就可以产生这种认识了。

无论如何，根据医学专家的报告（我的副本第27页），现在他本人也相信人们可以放心地让我参加社交活动，或是出现在剧院和教堂等人群聚集的场合了。即使在这些场合下有时也会出现可见的病理现象（做鬼脸、清嗓子等），但经验表明，其严重程度不会对其他人造成太大困扰。

德累斯顿地方法院在1900年3月13日的判决中认为，我有能力主持最棘手的法庭案件，做出令人无异议的判决等等；医学专家在另一段落中对这一点就我的社会行为补充了他自己的看法。我基本上同意医学专家的意见，即德累斯顿地方法院在这方面的说法需要 367
作些修改，但我希望更清晰地说明需要修改的地方。在我看来，我有能力书面表达我的想法，以满足我之前的高级法院法官的职位对我的一切要求；即便是现在，我也认为自己有能力起草一份判决书或法官工作中所需的种种文件，使之达到最高标准。因为一切奇迹都无法阻止我用书写表达思想；偶尔会出现试图麻痹我的手指的企图，这虽然会增加书写的难度，却无法阻止我书写，而且只要把它们写下来，那些打扰我的思想企图就会被轻易克服，写作过程中人们也有充足的时间整理思绪。因此，自从我得到书写材料且有了写作意愿以来，即使在我患病最初的几年间，我写下的东西自始至终都体现出我是一个精神完全清醒的人。口头表达思想时情况会有些不同。说话时，针对我的呼吸和语言器官的奇迹以及扰乱我的思想的企图，会造成明显的打扰。我同时还受幻觉（听见声音）困扰，我同意医学专家的看法：主持口头的法庭诉讼、参加法庭协商等场合要求的精神的高度集中对我来说是非常困难的。因此这不是智力不足的问题，而是某些影响因素导致我很难敏捷地口头表达思想；

这在我看来是奇迹造成的，医学专家则认为是单纯的病理过程导致的。

至此，对医学专家在其报告中交代的我精神状态的整体图景的
368 描述就结束了。剩下的就是要回答我所谓的精神疾病是否让我无法处理自己的事务，也就是说，无法在现实生活中合理行事。

在这方面我想再次提醒，首先，我认为举证责任在于我的反方，即公诉人。由于法律并不承认精神疾病本身是剥夺法律行为能力的理由，而是需假定精神疾病导致当事人无法合理地处理自己的事务，因此严格地说，要求剥夺某人的行为能力的人有责任向法官提供所需的事实证明。提出含糊的担忧和笼统的说法，诸如如果我重获处置自身和财产自由，我是否会因妄想和幻觉做出某些不合理的行为是“完全无法预料的”，像这样不足以让人们把像我这样一个精神和道德地位极高的人——人们不得不承认这一点——在法律上当作一个未满七岁的儿童对待。相反，人们必须基于过去几年间的事实经验，证明我的妄想和幻觉导致的不合理行为倾向究竟以何种方式表现了出来。诚然，对一个被拘留在疗养院的人收集这方面证据的机会不如对一个自由人收集证据的机会那么多。但是——在保护我自己及他人免遭危险的这个真实理由已经不成立之后——多年来我一直被拘留在疗养院且无法离开，并不是我的错；另一方面在我看来，我在这一年间获得的越来越多的行动自由已经充分证明了，即使我的自由决断和对财产的处置权被完整交还给我，人们也无需担心什么不理智的举动。一年多以来我已经在疗养院院长的家庭餐桌上吃了几百顿饭，曾徒步、乘船或火车做过或长或短的旅行，去过公共娱乐场所、商店、教堂、剧院和音乐会，很多时候都没有疗养院护工的陪同，我也支配了一定数量（尽管数目有限）的财产。在这些场合，不曾有人觉察到我有丝毫不合理的行为。我也从未因向他人透露我的妄想和幻觉而骚扰他们；比如我想我可以说，疗养院

院长家庭餐桌旁的女士们丝毫没有留意到这些妄想和幻觉的存在，
除非她们偶然从其他途径得知了这些内容。我确实在口头和书信中 369
向我的妻子和亲戚们透露了一些暗示。但这是完全正当的，因为已
婚夫妇和近亲之间理应存在的亲密关系不允许一方向另一方隐瞒那
些占据了自己的情感和精神生活的事情。即使是这些信息，我也从
来没有强加于他们，大部分都是在回答他们的特定询问时才说出的。
在其他人看来唯一能算作不合理的事情，正如医学专家提到的，就
是有时会看到我站在镜子前或其他地方，戴着一些女性装饰品（丝
带、廉价项链，等等），上半身裸露。顺带一提，这种情况只会发
生在我独自一人时，在他人的视线所及之处我都是尽可能避免的。
我需要的物件（还有缝纫材料之类的东西）基本上都是由疗养院管
理人员帮我购置的，用不了几个马克，因此从单纯的经济角度看，
这是无需更多讨论的。我的这种举动无论在旁人看来多么愚蠢甚至
可鄙，其原因都是非常充分且重要的。我可以以这种方式获得我需
要的精神平静——一个人不可能一天到晚地弹钢琴、读书、写作，
或者从事其他智力活动——这样，那种对我自己和周围环境都非常 370
烦人的咆哮状况就会显著减少。这二者的联系还需进一步解释才能
让他人清晰理解，对此感兴趣的人可以参阅我的“回忆录”第 21 章。
就我而言，多年的经验已经毋庸置疑地向我满意地证实了这一点，
因此我不会理会其他人就这些做法是否合适的判断。即使人们认为
这样做的好处只存在于我的想象中（无疑，许多人自然会这样想），
他们至多也只会从这种举动中看到一种不可理解的臆想，其绝对无
害性是不可否认的——可能只有在和我妻子有关的方面除外，我稍
后会更详细地讨论这一方面——因为它对我本人和他人都没有坏处。
医学专家认为可能存在的感冒风险，在通常的室温下是无需担心的，
穿着低胸服饰的女士们足以证明这一点。

我佩戴女性装饰品等等，显然极大地影响了医学报告和判决书

中对我的看法；因此我不得不花一定的篇幅论述这个问题。但是就目前来说（在一定程度上将来也是如此），这是我面向外部世界，尤其是面向他人的行为受到我的妄想和幻觉影响的唯一一点。因此，我要谈谈报告中的这句话，在我看来它是报告的主要内容，也是我要着重质疑的。在我的副本的倒数第 4 页，医学专家说：

> 判断病人是否有能力采取适当行动的最重要的一点是，在客观观察看来是妄想和幻觉的一切，对他来说都是①不可动摇
> 371 的确定性，②行动的充分动机。

对这一论断的第一部分①，即我所谓的妄想系统是不可动摇的确定性，我必须果断地回答，“是”；而对于第二部分②，即我的妄想是行动的充分动机，我必须同样强烈地回答“不”。我甚至可以像耶稣基督那样说：“我的王国不在这个世界。”我所谓的妄想只与上帝和彼岸世界有关；因此它们绝不会以任何方式影响我在任何世俗事务方面的行为——除了前面提到的那种奇特的兴致（如果可以用这个词的话），而那样做也是为了给上帝留下印象。我不知道医学专家怎么会得出相反结论，认为我的妄想足以成为行动的动机；至少我认为，无论是在我的行为还是在我的“回忆录”的书面阐述中，我都没有给这种信念提供任何依据。我在“回忆录”中反复强调，我只有“在考虑到我所处的环境允许的情况下”（第 13 章，靠近的开头部分）或是“在与上帝独处时”（第 21 章，中间部分），才会做出在其他人看来也许反常的行为。法律所指的“事务”，即料理生活中的种种利益，尤其是金钱利益，不会受到我的妄想和幻觉的影响。我无意像医学专家（以及他的代表律师图尔默先生）所说的那样，为了宣传我对奇迹的信仰、验证我身体里的欲乐神经或者为了增加它们的“物质舒适”而付出金钱的牺牲。有谁认为这有可能发生，那么他就没有真正进入我内在的精神生活；当然，我这

样说并没有任何责备的意思，因为让他人完全理解这一点确实是不
可能的。我对上帝及神圣事物的认识是如此确信、不可动摇，以至 372
于其他人如何理解我的想法的真实性或可能性对我来说完全不重要。因此，除了为了此次法律诉讼的目的之外，我将不会采取任何方式向人们传播我的经验和信念——除了出版我的“回忆录”；除此之外，我不会费一点功夫来证明它们或让它们看起来更可信。在这一点上，我的观点与路德类似：“人的工作将消亡，神的工作将永存。”我将平静地等待，看看是否会有明确的事件迫使其他人接受我的妄想的真实性。同样的说法也适用于医学专家提到的“物质舒适”，或者我所说的取决于灵魂欲乐的身体舒适的增加。这种舒适必然会自己降临到我身上，无需我做任何事情来引发它；通过宣传也无法加速它。我也从未想用任何哪怕只在贫穷的女佣看来是真正的装饰品或珠宝的东西，取代那几块破布和廉价首饰（我所谓的女性装饰品）。我购买或制作这些物件并不是为了我自己的享受，而是为了给上帝营造某种印象，为此，几乎不值一钱的廉价物件就足够了。

我相信人们能够相信我对自己未来行为的一切担保，因为我不曾使人怀疑过我对真理的真诚热爱。在我看来，关于我的行为“完全无法解释”、我的妄想观念可能导致我在某些未具体说明的方面做出不合理举动的说法在医学专家或法官心中可能引起的忧虑，至
此就全都解除了。因此，剥夺我的法律行为能力只剩下判决书中特 373
别提到的两个潜在问题：如果恢复我处理自身及财产的自由，“我与妻子的关系将遭到破坏”，以及我会因出版“回忆录”而在他人面前贬损自己，或是面临处罚的风险。我想在下文中更详细地讨论这两点：

1. 担忧的第一个原因，在我看来判决书中关于不合理行为“将会破坏我与妻子的关系”的说法提出了一种尽管对当事人的情感生

活非常重要，却很难在法律上对我的法律行为能力问题造成影响的考虑。无论如何，我与我妻子之间的婚姻关系多年来已经由于我的疾病而几乎不复存在，尤其是如果我的监护被无限期延长，我们的关系将一直被搁置到其中一方生命的终结。如果说我与我妻子的关系有可能遭到破坏，那么这只能是因为我的妻子对我仍然怀有的敬意和爱可能会因此受到动摇和扼杀。显然，这是个非常微妙的问题，不曾了解婚姻这种亲密关系的第三方对此作出判断时应极为谨慎和犹豫。最重要的是，我必须坚定地强调，取消一个人的法律行为能力只能是为了他本人的利益，是为了保护他免受自己的不合理行为倾向的威胁；这绝不是为了保护其他人——无论是关系多么密切的他人——免受烦扰，也不是为了维持他们的某种感情状态；这种情感对他们的精神安定来说可能很重要，但不属于要接受法律约束的生活事务。除了被监护者的重要利益之外，对亲人的照料只有在被监护者有法律责任提供这种照料时，才在考虑范围内（参见判决书
374 开头的皇家司法部指令），也就是说在本案中，只有涉及到提供法定抚养费的情况时才需要考虑。假如事态的发展导致我的妻子无法与我共同生活，我绝不会试图逃避为她提供独立生活的必要条件这一义务。假设我在对妻子的道德义务方面真的如此麻木不仁，将她的健康、心境的平静和作为妻子的自然情感抛诸脑后，我个人的道德价值便应受质疑，但人们决不能以此为据推出否认我的法律行为能力的理由。因为如果我真的麻木得不把失去妻子的爱视作不幸，那么这份爱的消失也不会带来其他不利影响；让她的爱以某种方式促进我的身体和心理健康，如照料我的身体、关照和滋养我、共同交流思想兴趣等——这一切由于我们事实上的分离无论如何都是不可能的。在这种情况下，我妻子的来访和她偶尔送给我的礼物几乎算不上什么；如果我能掌握自己的财产，就能很方便地给自己买这些东西。

我想我已经证明，报告和判决书中说的“威胁破坏与我妻子的关系”“损害婚姻状况”等，都与本案的裁决无关。

为了在法官面前展现出比我在报告及法院判决书的某些陈述中
更好的一面，我想就我和妻子的关系以及我所谓的咆哮状况给我目
前（可能还有将来）的环境造成的不便再补充几句。报告中对我与
我妻子的关系的所有陈述——显然都是根据医学专家与我妻子的讨 375
论得出的——都表现出严重的误解；但我将不去判断究竟是我妻子
误解了我（这是有可能的，因为我们见面的次数很少），还是医学
专家误解了我妻子。我从未动过离婚的念头，也不曾对我们婚姻关
系的未来表现得漠不关心，报告中“我立刻暗示我的妻子可以和我
离婚”这一表述可能会引起这样的误解。我与妻子多年来的大量书
信往来可以证明我对她的真爱，也能证明她为我的病和我们婚姻的
名存实亡感到极为不幸这一点，也令我无比痛苦，以及我对她的命
运始终保持着浓厚的兴趣。只是在这种意义上，我才谈到过离婚的
可能性，我曾数次向我的妻子提到，假如某些显然令她无法理解但
支配着我并造成我行为古怪的想法，使她不可能再保持对我曾经的
爱和尊重，那么她有权依法因精神疾病持续三年以上提起离婚诉讼。
我总是补充说，我将对此感到非常遗憾；但我也对她说，在这种情
况下她自然无权要求获得我的资本利息，以及我为国家服务二十八
年应得的养老金。（我的妻子确实有自己的钱，但她的大部分利息
来自我的财产。）我始终都对我应当给予妻子的关心有充分理解，
也一如既往地对她表达关心。我将附上我的“回忆录”第 13 章的脚
注 76 作为例子和证明：

> 在我与妻子相处时我必须格外慎重，我对她依然完整保留
> 着昔日的爱。有时，我可能会因为在谈话或书面通信中过于坦
> 率而失败。我的妻子当然不可能完全理解我的思想倾向；当她 376
> 听说我一心惦记着有可能变成女人的想法，一定很难保持从前

> 对我的爱和钦佩。我可以对此表示遗憾，但无法改变这一点；尽管在这里我必须提防虚情假意。

我不知道人们怎么会认为我会忽视对我妻子的那种得体而细腻的感情，这恰恰是人们可以称赞我的地方。我自然会避免让我妻子看到任何令她痛苦的场面（我一直都是这样做的），只有当她出于可以理解的女性好奇心一再坚持，我才会勉强给她看我的女性装饰品。同样地，如果经验表明所谓的大喊大叫或咆哮状况令我的妻子无法忍受与我共同生活，我自然不会期望她与我生活在一起，也不会滥用我的婚姻权利强迫她这样做。因此，当医学专家谈到“病理性膨胀的自我中心主义”，他对我有些误判——他认为我“根本不考虑”（！！）我的妻子“因我的行为”受了多少苦，还认为我觉得对环境造成的骚扰与我无关、我只抱怨自己的不适。但医学专家也承认，那些大喊大叫是强制性且自动化的，与我的意愿相悖。[ii] 目前我的妻子并没有受其骚扰，因为她和我分居。如果所谓“我的行为”
377 是指我偶尔佩戴女性饰物，那么我在前面已经说过，我绝不会当着我妻子的面这样做，而当我独自一人时我有完全充分的理由这样做。关于我认为对环境的骚扰无关紧要、我只抱怨我自己的不适这一断言，我不想谈得太多，只想提一下我在 1899 年 10 月 16 日寄给疗养院院长的一份声明，我在声明中说：

> 我依然受到咆哮状况的困扰，这一点我多次和疗养院院长描述过。它们会出现在不同的时间和场合，强度和持续时间也各不相同，有时非常强烈，以至于我觉得自己无法在不吵到其他病人的情况下在走廊上露面。在花园里有时也会出现这种情况，

ii　这种说法并不完全正确。如果喊叫是词语构成的（articulated words），那么我的意志自然起了一定作用。只有非语词的咆哮（inarticulated bellowing）才真的是纯强制性且自动化的。我只有在某些时刻会大声说出词语，以免咆哮发生并对我自己及周围环境造成更大的干扰。

> 甚至在整个散步过程中几乎持续不断，事实上，每当我没有机会和有教养的人说话，等等（我现在要补充一句：仅在这时），这种情况就会出现。

此外，咆哮或所谓的大喊大叫造成的滋扰只能由警方处理，正如判决书本身所承认的，在判断取消我的法律行为能力是否合法时，这种警察事务不在考虑范围内。如果在我离开疗养院后，我的咆哮声造成了“同居的他人无法忍受的”扰乱治安的行为——我不像医学专家那样认为这一定会发生，而且无论如何，都必须试一试才能确定——我会足够敏锐地意识到不可能住在封闭的机构外，那么我将自愿回到疗养院，无需人们以治安为由采取强制手段。

2. 关于我的行为在多大程度上屈从于病态观念强制的第二个“例 378
子”，据说体现于我在我的“回忆录”中主张的论断，以及我希望出版“回忆录”的愿望中。当然，一个人希望让更多人注意到他的脑力劳动的结晶，这本身并无不合理之处。每一个蹩脚诗人编出几首诗之后都会努力将它印出，即使这些诗作显然没有任何诗学价值，人们也都认为这是合情合理的。类似地，对读者来说我的“回忆录”乍看上去可能也显得是混乱的胡思乱想，不值得浪费印刷商的墨水。但想要对一个精神产物是否适合出版作出预判，仍然是不可靠的；即使是人类知识领域的权威也不一定总能做出这样的判断，更不用说个人了：一个新的科学发现、一种看待世界的新方式、一项新发明等等，被它的同代人嘲笑、讥讽并被视为头脑疯狂的产物，后来却不得赋予其划时代的重要性，这种情况在历史上并不是第一次。然而地区法院告诉我，我的“回忆录”不适合出版，因为它以一种前所未有的方式贬损了我和我的家人，这将使我面临刑事诉讼的风险；因为我在文中用了极冒犯人的粗俗词语、泄露了最隐晦的家庭秘密、对仍然在世且备受尊敬的人做了贬低的描述、毫无节制地叙述了最需谨慎处理的情况，由此证明我已经完全丧失了区分哪些是允许的、哪些不被允许的能力。

作为回答，我首先要说，我有意出版“回忆录”并不意味着我一定将之原封不动地交给印刷厂。我写这些文字的本意不是为了出
379 版。我在“序言”（可参阅“回忆录”开头）中明确提到了这一点。序言中言简意赅地包含了我对（那时甚至还不存在的）医学报告和判决书中的责难的（预先）答复，我将在此逐字附上。

> 我开始写这本书时并没有考虑到出版。出版的想法是在我的写作过程中产生的。然而，我并没有对自己隐瞒那些有可能妨碍出版的疑虑：主要是考虑到某些人仍然在世。但我相信，对我的身体进行专业检查并考察我有生之年的个人命运，对于认识科学和宗教真理都是有价值的。在这些考虑面前，所有个人议题都必须排在后面。

这表明，如果我的“回忆录”最终付印，我将首先检查一部分内容能否在不减损整体的情况下删去，或者把某些表述处理得更温和，等等。实际上，印出该作的可能性绝不像医学专家所假定的那样微乎其微。当专家在报告中（我的副本的倒数第 2 页）中说我正与一家出版商谈判，“到目前为止自然没有结果”，他不知道我手头已经有两封出版商（莱比锡的弗里德里希·弗莱舍［Friedrich Fleischer］）的信函了，写于 1900 年 11 月 5 日和 12 月 2 日，信中相当明确地承诺在我从疗养院出院后，他将准备合作出版我的“回忆录”。

即使我的“回忆录”不加任何改动地以现在的形式出版，我也要明确否认我的家人会因此受到任何贬低。对我来说——和任何一个在类似情况下在乎近亲名誉的人一样——有关我父亲和兄弟的回
380 忆以及我妻子的名誉都是不可冒犯的。我并没有讲述任何可能对他们的回忆或对我妻子的名誉造成损害的事情。我只是叙述了一种在

某些方面颇为奇特的病理状态，而它绝不能用作对这些人的诽谤。至于我把自己的“回忆录”公之于众、“赤裸地暴露自己”会给我自己带来的危险和自我贬损的风险，我可以信心十足、完全镇静地担负起来。毕竟对我来说，最坏的结果就是人们认为我精神失常，无论如何人们已经这样认为了。因此我几乎不会有任何损失。但我不相信我需要担心人们在认真阅读了我的“回忆录”之后，会对我产生任何负面看法。如果性的问题被大量提及，这并不是由于我的品位或偏好，而完全是因为这些问题在对我说话的声音的交流中起了很大作用，这又与另一个迄今为止不为其他人所知的事实有关（参见我的“回忆录”第 2 章）——欲乐与过世灵魂的福乐密切相关。我相信没有人会说我表现出了对庸俗事物的特殊偏爱；相反，人们将无法忽略贯穿我整部作品的道德严肃性，它除了追求真理外别无其他目标；人们不免会感到每当我不得不对上帝及神圣事务做出批评时（如果可以这样说的话），我总是迫切地努力避免任何可能危及真正宗教基础的误解（参见“回忆录”第 5 章结尾、“回忆录”第 16 章脚注 97、“回忆录”补充说明 5 等）。诚然，我偶尔会用到一些激烈的语言；但这些词语并非出自我自己的精神土壤，我认为
只有当我复述那些声音与我对话的内容时才会用到这些词。那些声 381
音经常使用不适宜出现在客厅的表达方式，并非我的过错；为了忠实描绘这幅画面，我必须字面地交代这些话语形式。我只举一个例子来证明这些声音所用的“强烈语言”不可能是我自己的神经产生的：那个以 F 开头的格外冒犯的词在我的早年生活中从我的口中说出几乎不到十次，但在过去的几年间，我成千上万次地从声音那里听到它。我的神经怎么可能在不习惯使用这个词的情况下、没有外来影响地突然开始一遍遍地对我喊叫或低语这个词呢？此外，我的“回忆录”也不是写给轻佻女郎或者女中学生看的；所以如果我没有始终遵照敏感的女校舍监认为合适的表达方式，任何明白人都不

会因此责怪我。一个希望为新的宗教观念开辟道路的人，必须能在必要时使用火焰般的言辞，就像耶稣基督对法利赛人或路德对教皇和世界强权所用的语言那样。我不会以任何方式“在他人面前贬损自己”，也就是说，我不会因出版我的“回忆录”而失去他人的尊重，这一点我可以从包括医学专家本人在内的疗养院医生的行为中得到最确凿的证明。这是毫无疑问的——这些先生们也会默认这一点——自从我的“回忆录”的内容为人所知以来，我在这家疗养院得到了更多的尊重，我的智识和道德人格也得到了在此前不可能得到的赏识。同样地，我也相信我将赢得而不是失去其他人对我的道德评价。

但也有一种说法是，我“对仍在世且备受尊重的人用了侮辱性言语”。这指的只能是莱比锡的弗莱希格教授了。然而，我实际上没有对他用过侮辱性言语；我希望人们为我指出我在“回忆录”的哪一段里对弗莱希格教授用过一个贬低之词。唯一确切的是我报告了某些事件，根据与我交谈的声音提供的信息，我必须相信这些事
382 件是真实的，而假如真的如此且这些信息指向的是作为人类的弗莱希格医生，那么这可能会降低他在公众心目中的地位，如果它们不是真的，则是诽谤，可能会有受处罚的风险。但我完全意识到了这种风险，并准备冒险行之。为了澄清我的观点，我将引用我先前的两份书面陈述；其签署日期都在判决之前，也就是在我了解到医疗报告的内容之前。我是最近几周（1901 年 5 月底至 7 月初）才看到报告全文的。而在 1901 年 2 月 4 日我就致信疗养院院长：

> 正如疗养院院长了解的，我正在考虑出版我的“回忆录”，并且希望在对我的监护令解除后将之出版。
>
> 很长时间以来我都怀疑它能否成功出版。我很清楚，“回忆录”的某些章节可能会让莱比锡的弗莱希格教授感到必须以诽谤罪起诉我，甚至要求撤销整本书的发行，将之视为应受惩

> 罚的罪行（《刑法典》，§40）。尽管如此，我最终还是决定继续推进出版。
>
> 我清楚我对弗莱希格教授不带有任何私人敌意。因此，我在回忆录中提到的与他有关的事项，都是在我看来对于理解我的论题而言至关重要的部分。如果出版，我可能会删去我的“回忆录”中可能稍显冒犯的非必要脚注（已删除）。我希望弗莱希格教授对我的“回忆录”内容的科学兴趣能够胜过可能的个人敏感性。倘若情况并非如此，出版本作品对我来说的重要性，
> 以及我希望借此丰富科学知识、澄清宗教观点的愿望是如此之 383
> 强烈，使我甘愿承担被起诉诽谤的风险，并面对书籍有可能停止发行的经济损失的威胁。
>
> 我致信疗养院院长不是为了就我是否会遭遇处罚而征求意见，**而是为了再次提供新的证据，证明我多么仔细地提前考虑过我的一切行为的后果，从而表明人们认为我无法处理个人事务的看法是多么没有道理。**

我又在“回忆录”补充说明6的末尾补充了以下内容：

> 如果这本书得以出版，我很清楚有一个人可能会因此感到受伤，这就是莱比锡的弗莱希格教授。我在今年1901年2月4日写给本疗养院院长的备注中已经详细讨论过这个问题，现将措辞转写于此（本段到此为止）。
>
> 我还想再补充几句。
>
> 我不得不推测，弗莱希格教授一定至少还保留着对我住在莱比锡大学神经诊所（他是那里的院长）期间的外部事件的一些记忆。我不敢说他本人曾对涉及到他的名字的那些超自然事件有所觉察；但尽管我和弗莱希格教授的私人关系早已退居幕

后（因此我在这方面持续的兴趣只能是外部引发的），那些声音依然每天提到他的名字。我必须承认，作为一个人类的弗莱希格教授无论在过去还是现在，都有可能是置身事外的；但
384 当一个人还活着的时候，他的灵魂何以能在身体之外独立存在，这仍是一个谜。不过，我从许多直接观察中可以确定，这样一个灵魂或至少是灵魂部分的确曾经存在且依然存在。因此我必须承认有这样一种可能性，即我在“回忆录”第一部分中提到的弗莱希格这个名字，指的只是弗莱希格的灵魂，它区别于作为活人的弗莱希格；其独立存在是明确的，但无法以自然的方式解释。人们可以明白，我在我的出版计划中无意以任何方式攻击活着的弗莱希格教授的名誉。

以上陈述无需额外补充。显而易见，我最初决定出版“回忆录”时，对于迈出这一步可能带来的后果有着完全充分的了解，而在我看来，这正是对于我的法律行为能力问题作出肯定或否定回答的决定性环节。如果我愿意在我已经为神圣目的而经受的无尽苦难之外，再加上处罚的威胁这一殉难，我想任何人都无权阻止我。我绝不希望被透露于我的有关上帝的知识随着我的死亡永远消失，这样人类就会失去一个对彼岸世界获得更真实洞见的机会，这种机会也许是不可复得的。此外，弗莱希格教授是否会提起诉讼、如果他提起诉讼我又是否会受到惩罚，都还是未知的。无论如何，我都态度明确地拒绝人们打算对我采取的保护：这意味着为了使我免于最多几个月的监禁，而把我关在疗养院里终生失去人身和财产自由。

*

385 我可以就此为我的上诉理由收尾；我相信我已经驳斥了专家报

告和坚持取消我的法律行为能力的判决中提出的所有重要观点。

但是在我写这份稿件时，我的健康状况又有了新的变化，使我不得不再作补充，因为我今后的计划无法完全不受其影响。到目前为止我一直确信，这家疗养院为我提供的安眠药对我的睡眠毫无作用，我的睡眠只取决于光束的影响（参见“回忆录”第 5 章脚注 31 和第 7 章脚注 45）。我服药只是遵从医嘱，因为在这一点以及其他方面我都服从医生的命令。但这个月有几个晚上我尝试了完全不服安眠药，结果那几天我睡得很少。这有可能是巧合，因为我之前也有睡得不好的时候。不过现在看来，我有可能暂时还离不开安眠药。但这丝毫不会影响我的基本信念，即我本人是神迹的作用对象、我的睡眠主要取决于全部光束的聚合。可能我只有在药物的帮助下，才能达到人类所需的睡眠时长。如果真的是这样，我的未来计划就必须有所调整。我不属于那种一味强烈要求出院而不考虑在疗养院外生活会给自己和环境带来怎样的影响的精神病人。况且我目前在疗养院的生活也不至于让我无法忍受，以至于我宁可在外面过孤独
的生活——假如我无法与妻子共同生活——也不愿维持现状。我甚 386
至不确定假如我的咆哮状况经常出现，一个受雇的仆人是否能够忍受。只要我还需要人工辅助睡眠，我就愿意正确而明智地行事，继续接受医生的监管；最简单的办法就是留在这家我已经住了七年的疗养院。不过，在我提供新的证据表明自己能充分且明智地谨慎行事的同时，我也要坚持表明，我留在这家疗养院是为了我的健康着想——而不是出于治安的考虑，我作为一个有能力照料自己的事务的理智的人，自愿接受治安管理。毕竟这涉及到尊严的问题：我在法律事务上被当做不满七岁的孩子对待，甚至不允许我以书面形式支配自己的财产，乃至阻止我了解自己的财务状况等等——有哪个具有我这样的高等智识地位的人不会为此感到屈辱呢？此外，这一问题也牵扯到重要的实际意义。对安眠药的需求可能迟早会过去，

目前引起治安方面的担忧的咆哮状况也会减少到不再对他人构成严重骚扰的地步。假如是这样，我将提出转院，也许尝试转到一家私人机构，但只要我的法律行为能力未能恢复，我恐怕就要几经波折地传达我的请求。疗养院部门以及我的亲属、我的监护人和司法当局——后者自然不可能准确了解到我的状况——很可能试图把我的释放或转院的责任推卸给另一方。因此对我来说，处理这类事情最关键的一点是，只和疗养院部门打交道，对于疗养院这边的洞察力和敬业精神我是完全信任的；但如果他们违背我的意愿将我关在疗养院，且在做出决定时清楚意识到了这一点，我将不辞辛苦地采取行动要求他们履行自己的责任。

最后，我再次希望医学专家不要误解我的任何陈述，因为我无
387 意冒犯他或否定他理应获得的高度尊重。

松嫩施泰因，1901 年 7 月 23 日

施瑞伯博士，参议主席（退休）

韦伯医生的专家报告
1902年4月5日

D

O.I. 152/00.

松嫩施泰因，1902 年 4 月 5 日

致高级地区法庭
民事部
德累斯顿

1902 年 1 月 14 日，我收到德累斯顿高级地区法院民事部的要求，继 1901 年 12 月 23 日的证据之后就施瑞伯主席的精神状况提交进一步的报告，对我来说这并不是一项愉快的任务。我身为上诉人的医生已经许多年了，在很长一段时间里，他是每天与我一起用餐的座上宾，在我看来，我与他的关系可以说是友好的，我真诚地希望这位曾经经受了如此多磨难的人能够获得他认为历尽艰辛后理应获得的生活乐趣。而现在，根据观察对他的状况给出一份详实报告的责任落到了我身上，但我提供的材料有可能导致他正在反抗的无法律行为能力状态被确定下来，而成功夺回这种权利对他未来的生活享

受来说至关重要。透露在亲密接触期间观察到的情况，总是有被感受或解释为违背医学保密原则的可能性，尽管在法庭面前，医生通常的保密义务被豁免了，但不加保留地谈论病人的病态症状对病人来说必定是一件敏感的事情，不利于双方的关系像它应当的那样变得自然、相互信任。无论医学专家在陈述中多么试图做到客观，他都永远无法让精神病患者本人认同他的这些观察的客观性，除非患者本人能对自己的病情做出正确判断，从而在事实上表明自己没有病。

因此，如果是另一位专家被要求根据事实证据就本案发表意见，我是非常乐意的；考虑到我的立场，我在先前的报告中一直格外谨慎，以恪守作为医学专家的职权范围。上诉人和公诉方都认为我的这种态度不正当；尽管如此，我还是认为我应遵循这种视角，虽然在那些一目了然的一般案例中，专家本人（我也不例外）通常会为了简明扼要而根据确定的精神病或精神缺陷得出结论。我参考了比如恩德曼（Endemann）的论述（见《科学学士研究导论》[*Introduction to the Study of the B.S.C.*] 第 3 版，第 147 页及以下），并认为我有理由根据关于证据的决议内容推定，法院并不认为我的视角有问题，因为它向我要求的不是就上诉人是否因精神疾病而无法处理自己的事务作出专家声明，而只是对我先前的报告作出评论和补充。在补充方面，我稍微推迟了提交本报告的时间，以便能把最近——在上诉人能更自由地行动、支配更多金钱之后——发生的事情考虑在内。

在处理关于证据的决议方面，我想从决议的第三部分提出的问题开始，因为这是个一般性的问题，回答它将有助于对前面几个问题作出解释。

如果说一棵树上没有哪片叶子是完全一样的，或许有些夸张，但对于作为精神功能之基质的人脑的疾病来说，这个说法更适用得多。这个器官是如此复杂，发育程度也各不相同，其紊乱也相应地呈现出无穷的多样性，各种异常以无穷的形式组合在一起，因此没有哪个个案与另一个个案完全相同。即使是外行人，只要想一想健康人的心理个性如何各异，人们在联想的迅速与数量、感情的活跃和深度、意志和冲动的能量等方面的差距多么大，就能立刻明白这一点：一个人的个性不太可能在所有细节上都与另一个人完全相同。如果我们考虑到原初个性对病理过程的形态有显著影响，考虑到病理观念的形式与内容在一个天生聪慧、知识渊博、道德高尚的人那里，与在一个原本就低劣、发育不良、精神迟钝的人那里，必然具有不同的特征，再进一步考虑到精神生活的复杂机制可能在许多不同的方面受到打搅，由此产生的病理图景的细节构造必将具有极大差异。不过，无论精神疾病的个案多么丰富和形色各异、对个案的详细观察将展现出怎样的独特性和个别性，在研究个案时人们依然不能否认，它们表现出某些类别、某些病理表现之复合体及其形成、病程、结果以及各精神功能在其中的参与方面，都或多或少有着明晰的分界；在成千上万次观察的基础上，我们区分出了一定数量的疾病形式。尽管精神疾病个案的个体差异是丰富多彩、无穷无尽的，其大体轮廓却是恒定的，而且在个案特有的繁复“花纹”之外，其疾病形式的基本特征却以几乎令人惊讶的单调规律性重复出现。

从这一科学角度来看，上诉人的精神疾病及其特点远非精神病学不熟悉的病症，它显然属于一种为人熟知、特征明晰的精神疾病——偏执狂，并呈现出这一类别所有的重要区别性特征。但无论偏执狂这种精神疾病多么常见，本案例必定不是稀松平常的一例，正如病人本身也并非平庸之辈。与其他各类精神疾病相比，偏执狂病人的初始人格在精神错乱的表现方面具有更为决定性的意义，只要没有出现继发性痴呆（这在偏执狂中很少会发生），一个智力出众、知识渊博、对科学和哲学问题兴趣浓厚、富于幻想、具有训练有素的判断力的人的病理产物也会带有其原先智力禀赋的印记；但总体来说，在妄想观念的形成和系统化方面，疾病在这个人身上表现的特征与在另一个思考范围不超出日常琐碎事物的人身上是一致的。

在先前的报告中我已经描述过这种名为偏执狂的精神疾病的特点，但由于我被问及的问题，我必须在这里简单重复一下。偏执狂是一种明确的慢性病。起病往往隐匿，但也可以始于有幻觉性精神疯癫迹象的急性发作，在激烈的症状结束后开始缓慢演进。偏执狂的特点是，妄想常常与幻觉和虚假记忆联系在一起，病人的情绪不会受到过大影响，妄想很快会固定下来，发展为一个持久的、无法纠正的、不可动摇的妄想系统，与清醒的头脑、无损的记忆力、有序的思维和逻辑并存。至于妄想观念涉及的是病人自己的身体状况（疑病症），还是政治、宗教、性等领域，对总体状态的判断而言并不重要。但这些妄想观念的核心总是病人自己，通常有关于影响的观念——尤其是迫害和夸大观念结合在一起；且通常至少在一段时间内，妄想观念会局限于明确的一组想法，其他领域相对不受影响。因此人们曾区分出一类“局部精神错乱”，这个说法虽然已被弃用，仍有一定的合理性。确实，每一个妄想系统都会以某种方式影响到患者的全部观念，因为妄想的持有者是一个“个体”（individual），一个不可分割者；如果我们能详细了解一个人的全部观念的所有联结，便能证明这一点。但事实上这是不可能做到的。尽管我们认真观察过不少偏执狂病例，判断力在一些较大的观念复合体（它们与妄想系统的关联是次要的和间接的）方面受到妄想系统的影响可能相当小，以至于在某些病例中几乎不受影响。我可以举一个健康精神生活中的例子，也许会有助于理解这一点。我们可能与某人长期保持活跃的、科学方面的接触，却不曾深入了解他的宗教信仰，因为后者与他的科学观点并无密切关联，可以说，这两种观念复合体在他的大脑中是独立存在的。但总有一天我们会注意到，即使是科学观念也受到了他的宗教信仰的重大影响，而在此之前，宗教信仰没有凸显出来，或许连当事人都没有意识到这种影响。偏执狂的妄想系统也类似：除非十分深入地接触，否则很容易在他人面前隐藏起来，从他的日常行为中也很难察觉，尽管它实际上构成了他精神生活的基石。因此这种情况既不罕见，也没什么令人惊讶的：偏执狂患者虽然一直以来被当做怪人，却能很好地完成自己的事务，有条不紊地履行自己的职责，甚至能成功从事严谨的工作，尽管其精神生活严重紊乱，且处在一种往往是荒谬的妄想系统造成的混乱中。每个有一定经验的精神病医生都了解许多这样的病例，事实上，它们很好地阐明了偏执狂的特性。患有这种慢性病的病人维持自己与外部世界关系的权宜之计有时会被某些事件扰乱，他的病态观念以某种方式与所处环境发生了冲突、行为超出了可容忍的限度，于是他被视为病人、被当作病人治疗。这种经验很常见，但无疑有些偏执狂病例从未进入医学经验的轨道，始终待在外面，也许只有他们最亲密的伙伴才知道他们的病情，他们一直过着普通公民的生活而没有受到任何明显的扰动。

上诉人多年来表现出来的精神病无疑属于这一类型，尽管它不像通常情况那样缓慢且隐匿地发病，而是从急性阶段发展而来。

上诉法院在其关于证据的决议中要求我讨论卷宗中上诉人的信函，应这一要求，我想简要谈谈上诉人对我的报告提出的一些反对意见。

上诉人称（第118页），我的报告预先建立在一种默认的假设上，即他所说的与上帝的接触以及发生在他身上的神迹都只是建立在病态的想象之上。并不是这样。不仅我认为我不曾在任何地方用过“想象”这个词，我也绝不是预先假定这些观念具有病理性质，而是试图从病人的病史中说明上诉人是如何首先患有严重的感觉过敏，对光和噪音过度敏感，在此基础上如何又产生大量幻觉，以及歪曲了他看待事物的观念的一般感觉紊乱；在这些幻觉的基础上，他又如何先是发展出关于影响的奇妙想法，他深受其控制以至于企图自杀，随后从这些病理事件中，上诉人在“回忆录”中详细生动地叙述的思想系统最终形成——我在之前的报告中尽可能地复述了这各个要点。上诉人的法律代理人在其陈述中暗示，医学专家和法官从上诉人“相信奇迹”及相关的观念复合体中只看到了推断其有精神病的依据，代理人认为这并不成立，因为很多人都相信奇迹，却不曾被人认为患有精神疾病。人们通常说的相信奇迹是一种天真的、有意或无意地免遭批判的假设信念，即认为上帝凭借其全能意志有时会引发超越甚至违背自然规律的事件，但本案例并不是这样。正如上诉人自己反复声明、其论点也清楚表明的那样：他的想法并不源自虔诚的孩童信仰，而是与他从前的观点相反，它们无疑是大脑的病理变化造成的，这些观念又被一般感觉的紊乱和幻觉确证，因此和那种无害的“相信奇迹”属于截然不同的范畴。我们无法指望上诉人认识到幻觉事件(从最广义上说，病人描述的肌肉感觉也属于幻觉)是完全主观的；他在第164页及以下的阐述尤其旨在阐明他的幻觉的特殊性，并试图找到现实依据来确证它们。但每一个有幻觉的人都必定会这样做，不然他就不算是真的有幻觉。被当做事实、被当真、和其他感觉一样鲜明，就是幻觉的特点。说有幻觉的人仿佛看到或听到了某种东西是不对的，他确实看到、听到了，与他争论其印象的真实性也是浪费时间。一位病人说过：“如果我感知到的东西是假的，那么我也必须怀疑你对我说的一切，甚至我也必须怀疑我是不是真的看到了你。”在这里进一步探讨幻觉的话题也许有些跑题，对当前的议题也没有什么用处；我们只需要简单补充一点：在幻觉中，大脑感知器官内部的异常兴奋会在个体的意识中引发正常情况下只有外部印象(即感觉)才会产生的东西；我们也可以这样描述这个过程：幻觉者感知到的不是世界，而是他自己，即他自己的中枢神经系统中的事件。幻觉通常会比真实知觉更有力地影响患者意识的全部内容，这不仅是由于幻觉作为感觉的清晰性，也由于它们与主导的观念方向一致，与那些或许仍模糊不清的思维趋势滋生于同一片土壤，这些思维趋势反过来又有力地促进和强化了幻觉。毫无疑问，上诉人曾经且直到现在都有幻觉，他的幻觉和妄想（对真实事件的主观病理性解释）与其他许多病人的幻觉和妄想并无明显不同，只不过它们是根据他的个性形塑而成的。他曾对于如此持续不断的幻觉是否曾有先例表示的怀疑，也是毫无根据的；持续不断的幻觉比间歇性幻觉更罕见一些，但也足够常见。

同样，关于“咆哮状况”是前所未有的现象的说法也毫无依据。在所谓的紧张型精神分裂症患者中，自动发出无语词的声音或者不断重复某些词语的情况并不少见，我在偏执狂患者那里也曾观察到这种情况。比如我曾治疗多年的一个病人，是一位家境良好的绅士，天赋超群，文化教养也极高，他多年来一直受妄想观念支配，认为他以前认识一些人，尤其是那些在他看来对他不友善的人被关在了他家的空心墙里，在那里用侮辱嘲笑的言辞骚扰他。这位偏执狂患者的举止有序、善于社交，而且颇有诗意，但他每天都会好几次强制地重复发出非常响亮的无语词的声音（“咆哮声”）或是谩骂的语言，每次持续半个小时，通常他只有待在自己的房间里时才会这样——他称之为“精神性的清嗓子”。

我必须进一步反驳上诉人反复表达的一个看法，即随着时间的推移，我对他的状态的看法有所改变，而且可以预料到将来还会对他有不同的看法。改变的并不是我的看法，而是状态本身逐渐发生了变化，且经历了明显不同的阶段。我在上一份报告中已经详细讲过这一点，我认为已经讲得很全面，无需再对目前病情的整个发展过程加以赘述。他之前的状态受强烈的疑病妄想、严重的幻觉性木僵、显著的违拗行为（体现于拒绝进食、远离一切接触和活动）支配，而现在图景则是理智、善于交际、不再排斥日常需求和兴趣，这二者之间的巨大差异对于评估总体状态来说，自然是非常重要的。他的状态的显著改变也体现在幻觉的变化上。以前的幻觉在形式和内容上都很强烈，伴有丰富的情绪，因此对他有着强烈且直接的影响；现在的幻觉则逐渐减弱，根据患者本人的生动描述（见第 166 页及以下），它们只是低声耳语，像沙漏中的沙子落下一样的嘶嘶声，其内容也更贫乏、粗俗，幻觉中的词语前后相继的速度减缓、“声音”可以被日常谈话盖过，尽管它对病人来说是一种麻烦和负担，但不会过多影响他的情感和思维。正如我之前说的，这是因为精神病的急性阶段以及鲜明的感觉变化早已过渡到慢性状态；众所周知的复杂妄想系统从疾病急性期的汹涌湍流中结晶析出、固定下来，病人也以前面提到的方式接受了它，因此目前这些妄想在某种程度上是独立存在于他的精神生活中的，尽管它占据了精神生活中相当重要的一部分，但由于对头脑中的其他部分，尤其是涉及日常生活的部分影响较小，不会对他的行为产生显著影响。

这并不意味着它完全没有影响；在某些情境下，它很容易在琐事上表现出来，并导向错误的结论。我只想谈一谈上诉人寻求专家意见的一个点，即他对男性和女性身体的独特观念，这一点在他的妄想系统中发挥着一定作用。

在他看来，女性身体与男性身体的区别在于前者处处分布着“欲乐神经”，尤其是胸部；他认为自己在这方面与女性相似，也有相应的感觉。他无法放弃这种信念，尽管事实上“欲乐神经”只存在于生殖器，而女性乳房的形状是乳腺发育和脂肪沉积造成的。

在对关于证据的决议中的最后一个问题做出上述的一般性评论后，我将开始回答第一个、也是更重要的问题。

首先必须说明的是，自从上次报告提交以来，由于上诉人的总体情况有所改善，他的行动自由度也逐渐增加。以前，他只能在一位护工的陪同下外出游览、去餐馆和公共娱乐场所、去购物等，而今年夏天以来，他可以无人陪同地外出了。当时，上诉人的母亲和姐姐在施瑞伯主席本人的计划和安排下，住到了疗养院附近的韦伦（Wehlen）。一连数个星期，他几乎每天都去看望她们，常常一去就是大半天；护工没有跟去，因为外人的在场显然会添麻烦，而且开销也不小。在没有采取预防措施的情况下，疗养院部门没有注意到任何不测事件，因此在他的亲戚离开之后，也没有再派人跟随过他。

从那时起，除了必须遵守疗养院规章以外，上诉人在疗养院外的行动是完全自由、不受限制的。他几乎每天都利用这个机会去远足、乘船或乘火车游览附近的名胜，有时是独自一人，有时会和他邀请的这位或那位病人结伴而行，他有时还参加音乐会、去剧院、看公众演出等等。在等待法院开庭期间，他多次前往德累斯顿，探望妻子、外出购物。最近在家人的邀请以及疗养院部门的同意下，他独自去了莱比锡，离开了八天并于昨天返回；据他妹妹说，这趟旅行相当顺利。

人们必须肯定，上诉人在以上所有场合的表现都不曾有任何不合理或不适宜的地方。他总是开诚布公地宣布自己的计划，如果计划超出了他的常规日程，他总是在征得相关部门的同意后才去实施，得到许可后也会事先进行周密计划、考虑种种情况之后才去落实，远足结束后也总能按时回家。因此，我相信我可以假设，上诉人在外界的行为一向是得体的。病人出行没有疗养院护工陪同的一个不利之处是，我们再也无法得到关于他在外面的行为的可靠报告了。在这个问题上，人们不能完全依赖他自己的说法，尽管他非常诚实，我也确信他绝不会故意说谎；人们经常注意到，他对自己行为的直接或间接后果缺乏客观判断力，这是可以理解的。比如，病人夜间爆发的吵闹常常引起邻居的强烈不满；但面对这些抱怨，他并不相信是自己造成了骚乱，也不以为然。当我们意识到病人不仅在自己的房间里，在疗养院其他地方也是如此吵闹、其他的怪癖如此引人注目，人们便很难相信他能完全避免在其他场所引人注目，他其实不能完全做到。

我之前已经描述过病人平时和人一起吃饭或在其他场合表现出的明显症状，任何一个外行人都能看出它们的病态：不仅是做鬼脸、抬眼皮、清嗓子、头摆出异常的姿势等，他也偶尔会注意力完全分散、精神不在场，注意不到周围正发生什么；甚至最近——尽管只有一次——他无法克制地让自己在餐桌旁发出众所周知的“咆哮声”，给在场的女士造成了极大的惊愕。他妻子来访时他也非常吵闹，她很快就不得不离开。还有目击者告诉我，上诉人在疗养院附近（台阶上）大声吵闹，还因为在街上面部扭曲而被路人惊讶地注视。最后，我也不得不透露一个事实：去年6月，皮尔纳的一位市民写信给我，抗议一位行为举止像上诉人的病人“被允许出现在公共场合”。这个抱怨似乎有些夸张，病人也态度坚决地否认了，我没有太过相信它；从那以后我也没有再听到类似的抱怨。

尽管如此，除非上诉人的总体状况进一步改善，否则在他最终回家后，他的这些以喧闹爆发形式出现的异样的强制运动冲动，必定会使他成为环境中的打搅。因此我想再谈一谈上诉人与妻子的关系。我很能理解当我提到他在这方面有“病理性膨胀的自我中心主义”时，他会感到受伤。我的这句评语无意贬低他的伦理道德情感，我完全知道他的这种情感不曾减弱；我把重点放在“病理性”一词上，我的意思是，他的思维的这种自我中心倾向会出现在每一个病人身上，使发生在他身上的事情成为一切的中心，其他人受到的影响则被低估、他们同时遭受的痛苦无法得到重视。无论如何在目前的情况下，除非病人的病情进一步好转，否则他的行为将使得婚姻关系只有在他的妻子付出相当程度的自我牺牲的情况下才能恢复，而考虑到她自己健康状况的变化，她可能无法做到这一点。

自从上诉人被允许完全自由地出入收容所后，他也得到了数额稍大的一笔钱（每月……马克）作为零用，以支付他的旅行费用和少量必需品。没有证据表明他花钱挥霍导致钱不够用。他也不算很吝啬，尽管在花钱之前他会仔细考虑，避免购买昂贵的物件，也不买无用的东西（可能前面提到的廉价饰品除外）。从他妻子反复说过的话中，我得到的印象是她认为病人花钱相对太多了；但由于我不清楚他的财务细节，无法判断她的话是否有道理；不过我想人们会注意到，他的开销并没有超出他的财务状况。而且无论如何，上诉人对自己的财务状况完全知晓，目前没有理由认为他会出于某些病理性动机而超支，如果他能完全掌握自己的财产，也不会挥霍无度。

我们不能说上诉人不懂得如何照顾自己的健康，也不能说他会因肆意妄为而损害自己。他爱干净，也会照顾自己，饮食充足而不过量，饮酒也非常节制，并通过定期的体育锻炼保持身体健康、行动自如。但从他疲倦表情可以看出，他经常有明显的睡眠障碍——顺带一提，他现在很少服药——白天出现的不安和易激惹状态也会对他造成不利影响。直到最近我们才发现，在身体不适时他的行为会很不理智：有一次他消化不良，伴有腹泻和呕吐，病本身并不严重，但这让他非常兴奋，把它看做“神迹”，他没有卧床、遵守严格的饮食规范、服用处方药，而是在病态心理的驱使下（尽可能地）做相反的事情，这拖长了他的病期。通常情况下，他不会做任何可能对自身健康不利的事；但上述事件表明，他的病态观念有时会让他表现出令人费解的冲动。

上诉人一再表示要出版其“回忆录”的坚定意愿，也必须被视作病理性的决定，缺乏理智的考量。我没有必要再次详细讨论这份手稿——上诉法院已经得到了它，也会详细研读。每一位公正的旁观者尤其是专家，都能看出它很有趣地呈现了一个复杂的妄想系统，但也会认为未经删节的版本是“不可能”出版的，因为它既会冒犯他人，也会贬损作者。但与他争论出版一事是否妥当是没有希望的；

他认为书中揭示了对世界至关重要的新真理，尽管他放弃做口头宣传，却希望通过白纸黑字向人类传播上帝和彼岸世界赋予他的知识；他也准备承担可能由此产生的一切个人不利。

至于上述反常举止在多大程度上算是证据决议意义上的“做出不合理且错误行为的倾向”，法院应当最清楚；不过，医学角度的观点与上诉人本人及其法律顾问的意见一致，都认为目前外部可见的病理表现影响的主要是相对次要的领域，其打搅主要体现在亲密的家庭关系和社会关系中，就其性质而言，它们对社会和治安福祉的影响大于法律层面的影响；病人最基本的个人利益、健康、财富和荣誉——这些可以通过设立监护人得到保障的利益，似乎并没有受到严重威胁。只有在最后一点上，他为出版“回忆录”所做的努力可以算作有害行为。

根据决议（b）项，法院还想知道从现有精神疾病的性质来看，尽管病人目前的行为良好，是否有理由担心上诉人一旦恢复法律行动自由，可能因不理智和不谨慎的行为危及上述利益及其他重要的生命利益。我在先前的报告中指出，对于像偏执狂这种根深蒂固的疾病，按其性质便无法预测现有的病理观念在某一特定时刻是否以及将以怎样的方式影响病人的行为；我也提到过，许多有着完整妄想系统的偏执狂患者都毫无障碍地生活在世界中、从事着自己的职业，直到某个契机出现，他们的反常行动才暴露其病理状态；我已在上文中已经举例说明上诉人会在多大程度上受到外部事件的打搅，并因其病理性的显露被迫做出不适当的行为，因此我只需重复，即使是现在，上诉人的行动也并不是不可能受到病理过程的影响。上诉人（在第 118、119 页）表示他对神圣事务的真实本质的洞察、他在和上帝以及神迹打交道的确定性，已经成为他全部生活的核心，他表示上帝依然每时每刻用神迹和言语向他显明自身，他能保持心情愉快、对不值得善意对待的人也表示善意等等，都取决于与上帝的关系；那么这股强大的思想和情感之流不可能在任何情况下都不影响他的行为；何况即使是现在，他的一些行为也是被“奇迹”直接引发且违背他的意愿的。这一点不会因为上诉人对于“他不会让他的妄想影响他的事务”的保证而有多大区别，因为一方面，这种影响不需要他有所意识，另一方面，病理过程可能会强烈到他无法抵抗。因此考虑到疾病的性质，我们无法保证在病人脱离监护后，他生活中重要的利益不会遭受威胁。另外，还有两点从医学角度看也很重要。首先，仅凭对未来的忧虑以及伤害自己的可能性，是否足以推定他没有能力照顾自己的事务，是值得怀疑的。其次，从目前看来，未来的风险并不大，因为上诉人的妄想观念的范围与他的其他想法已经逐渐形成更明确的分界，并在相当一段时间彼此相对独立存在。到目前为止的经验表明，他对一些重要生活利益的判断和处理并没有太多地受到妄想观念复合体的影响，它们被无可挑剔地执行了。从目前的状况看，我们没有理由判断上诉人的精神状态将在可预见的将来发生任何重大变化，如恶化。因此，在对总体情况作出判断时，对未来的忧虑不必像以前那么重了。

（签字）韦伯医生

德累斯顿皇家高级地区法院的判决
1902年7月14日

E

O.I. 152/01. No.22

宣判	出庭日期
1902 年 7 月 14 日	1902 年 7 月 14 日
签字：福斯特博士	签字：迪特
法庭书记员	法庭书记员

F.XI 6894/02

以国王的名义！

在本案中

丹尼尔·保罗·施瑞伯，法学博士，参议主席，已退休，曾居住在德累斯顿，现居住在松嫩施泰因地区疗养院

原告及上诉人

（事务律师：温迪士）

反方

德累斯顿皇家法院公诉人，现为德累斯顿皇家高级地区法院公诉人，被告及答辩人

事由：关于对取消原告法律行为能力的质疑，萨克森州皇家高级地区法院与法院参议主席哈德拉赫特法官、高级法院顾问沃格尔、斯坦梅茨博士、尼古拉、保罗博士共同裁定：

> 批准原告的诉求，将德累斯顿地方法院第七民事法庭1901年4月13日的判决予以撤销，该判决肯定了德累斯顿下级法院1900年3月13日下达的取消原告法律行为能力的命令。
>
> 包括上诉法院费用在内的诉讼费用由公款承担。

案件事实

（诉求和证据）

根据德累斯顿地方法院1900年3月13日的命令，原告在皇家检察院的要求下因精神疾病被取消法律行为能力。地方法官宣布，根据韦伯医生的专家报告（原告自1894年以来一直由韦伯医生照护）以及他亲自向病人问话时的印象，他确信原告已失去理智，因此没有能力处理自己的事务。他认为，施瑞伯博士受妄想支配，认为自己受到拣选，肩负着拯救世界并使其恢复失去的福乐的使命。但为此，他必须先从男人变为女人。在变性的过程中，病人想象自己是接连不断的神迹的作用对象，相信自己听到鸟和风对他说话，这坚定了他对神迹的信念。

病人在这种妄想和幻觉影响下，不再能主宰自己的自由意志。

他受制于独立于自身意志之外的外部影响，对此无能为力，因此无法依照现实且合理的考虑开展自己的行动和事务。

原告适时对剥夺其法律行为能力的命令提出异议，并提起诉讼要求中止该命令。他否认医学专家诊断其患有的精神疾病（偏执狂）以任何方式妨碍了他处理自己的事务（地方法院并未提供这一假定的事实证据）。称一个受妄想和幻觉的影响的人无法主宰自己的自由意志，不过是一种预设结论（petitio principii）。在法院看来，或许属于妄想的表现与他的法律行为能力问题毫无关系；他的疾病无论如何不属于那种导致他无法对社会行为，即法律意义上的“他的事务”作出正确判断的类型，即便我们从最广义的角度来理解“事务”，即包括与生命、健康、自由、荣誉、家庭、财富有关的一切，对于所有这些他的判断力都没有因疾病而失去明晰性。

没有人能指责他对自己的身体和健康没有给予必要的照顾。尽管他承认在患病的最初几年曾有自杀的念头，但他表示随着病情的逐渐好转，这种念头早已消失。他非常重视个人自由和荣誉，这一点从他摆脱监护的桎梏的努力中可以得到证明；他男子汉的荣誉感因在法律上被当作幼儿对待而受伤。他与妻子和家人关系融洽，能够顾及他们的利益。最后，他也完全有能力自己管理财务。他认为自己和其他人一样，不会轻易在买卖中被人利用。甚至地方法院在取消其法律行为能力的命令中也认为，他仍然有能力主持评审团的工作、裁决最为复杂的案件，并以惊人的法学推理给出最为困难的律师意见。既然如此，便很难理解他怎么会没有能力应对自己条理清晰的财务方面的简单法律行为。

地区法院下令委派一名法官亲自向原告问话，并要求松嫩施泰因地区疗养院院长韦伯医生就原告的精神状况提交进一步报告，其中特别提到，原告疾病的性质以及多年以来的医学观察是否支持这样的假定：如果恢复原告的法律行为能力，他会因不合理的行为危害自己的生命、健康、财产等生活利益。法官亲自向原告问话的结果载于草案第 38 页及以下，医学专家韦伯医生也在 1900 年 11 月 28 日提供的详细书面文件（第 44 至 53 页）中提供了法庭要求的报告。同时，医学专家还向法庭提交了施瑞伯博士题为“我的神经疾病回忆录”的手稿，共 23 册，其中讨论了他的宗教观点和病史。

地区法院在 1901 年 4 月 13 日的判决中驳回了施瑞伯博士的诉讼。法院同意韦伯医生的专家意见，即原告出众的智力及形式逻辑思考能力或许并未因精神疾病而受到明显妨碍，但确实存在采取不合理行动的风险。正如对“回忆录”的细读和医学专家韦伯医生证实的，原告在相当程度上具有幻觉和妄想，其妄想的核心是他与上帝的关系以及他在宇宙中的特殊位置。该妄想系统支配着他的全部感觉和思维，影响着他对世界的看法和对人与事物的判断。在这种情况下如果原告恢复了行动自由，他可能做出什么样的决定是很难估计的；这些决定究竟是根据他相对未被疯狂所触及的思想领域做出的，还是在他的病理性心理过程的强制下做出，将很难预料。在两件事上，施瑞伯博士的妄想观念对其整体生活的影响尤为明显：首先是他和妻子的关系，他的妻子深受他的去男性化妄想困扰，而当她试图反驳他的想法，他总是轻描淡写地指出她可以和他离婚。另外，原告迫切希望将自己的“回忆录”出版发行，他争取恢复法律行为能力主要是为了能签订有效的手稿出版合同。“回忆录”实际上很不适宜出版；原告会因此以前所未有的方式贬损他的家人和自己，甚至可能面临刑事起诉的风险。原告本人认识不到这一点，也证明了在其病理性扭曲的世界观的影响下，他在多大程度上丧失了对实际生活情况的正确认识，失去了区分允许与不被允许的能力。

原告对地区法院的判决提起上诉，再次要求撤销剥夺其法律行为能力的命令，而公诉人主张驳回上诉。法庭上宣读了有争议的判决书全文及其中引用的所有文件，此外还有施瑞伯博士提交法院和疗养院部门的个人函件，以及地区法院 C J I 64/99 号监护档案的内容。经双方同意，对施瑞伯“回忆录”的宣读仅限于第 1、2、18 和 19 章。

原告亲自参加了上诉法院的庭审，并经常越过其法律代理人为自己辩护。针对一审法院的结论和作为其依据的韦伯医生的专家意见，他亲笔撰了许多条反驳，并就事实和法律全方面地论述了他的反对意见。原告强调，法官在裁决其法律行为能力问题时，应考虑到他本人对其案件的正式处理。一个人如果能以慎重的态度和专业的知识、以冷静的陈述处理如此复杂的法律事务，并在涉及他人意见的时候得体周到，那么人们应当相信他同样有能力胜任日常生活中更简单和次要的事务。

原告的下述诉状应当强调：

I

首先，原告否认他曾对地区法院承认自己患有或曾患有精神病。他只承认自己的神经系统多年来一直处于病态；而他的头脑，即动用他全部智力的能力，与任何人一样明晰健康。当医学专家表示他患有某种精神错乱（偏执狂），相当于预先宣布原告在其“回忆录”中讲述的关于他和上帝的密切交流及神迹的一切，都属于病态想象，这是与事实相悖的。他当然知道医学专家只能按常规科学经验的标准衡量他（施瑞伯博士）的病例，他完全不想因此责备医学专家。韦伯医生坚定地站在理性主义立场上，断然否定超自然事件的可能性。

原告则相反，持有在根本上截然不同的观点：*他关于上帝知识的确定性*、对于他正在与上帝和神迹接触的绝对信念，*使他凌驾于一切人类科学之上*。对他来说，这已经成为而且必须始终是他整个生活的核心，因为上帝依然每天、每时每刻都用他的奇迹和语言向他显明自己。他稳定、平和的精神也来源于此；尽管生活中有种种逆境，他却始终抱有平和的精神，每一个与他照面的人都能感受得到；他甚至对早年间无意伤害过他的人也怀有一种平静而亲切的情感，这也解释了他为何如此重视“回忆录”的出版。他并不想宣传自己的奇迹信仰，更不想为此花费一分钱。他希望出版“回忆录”的唯一原因是想引发人们的思考：人们所谓的他的“妄想系统”是否具有真实依据，他是否真的曾被允许窥探那向来对凡人的目光隐蔽的黑暗帷幕背后。他确信在他的著作出版后，科学界将对他本人产生浓厚兴趣。他不想扮演某种新宗教的先知，而只是想把自己呈现为科学观察的对象。无论人们如何看待他对奇迹的信仰，人们都无权认为他有精神缺陷、需要国家的照顾。人们通常不会在没有进一步理由的情况下宣布通灵术的信奉者有精神疾病，并剥夺其法律行为能力，尽管他们看待超自然事物的方式不为大多数人共享或理解。

II

即使从精神病学角度看他必须被算作患有精神疾病，人们也必须证明他因此没有能力管理自己的事务。

专家拒绝就最后一点发表明确的意见。他只是说如果原告恢复了行动自由，他是否会以及在多大程度上会被驱使做出不合理的行为，是无法预料的。这种笼统的说法和含糊的担忧不能给出答案。相反，必须根据事实以及实际经验，尤其是根据过去几年的经验来证明，原告在“妄想和幻觉”下有做出不合理行为的倾向、有怎样的倾向。

他承认，对一个被拘留在疗养院的人进行这种观察的机会比普通人更少。严格说来，医学专家韦伯医生只有在1900年复活节以来、在原告被允许日常在他的家庭餐桌上共进晚餐后，才对原告有了更深入的了解。在此期间，情况发生了很大变化。自上次报告提交以来已经过去了一年多，其间疗养院部门给予了他相当大的行动自由。

过去的六个月间，他在没有护工陪同的情况下进行了无数次大大小小的旅行，去过公共娱乐场所、商店、教堂、剧院和音乐会，还支配了一定数额的金钱。他宣称，在这些场合，没有人会注意到他有任何不当的举止。他从未想过公开自己的妄想来骚扰其他人。比如他认为自己有理由相信，疗养院院长的家庭餐桌上的女士们不会对他的妄想有丝毫了解，除非有人以其他方式对她们告知。他的确有时会向妻子提起这些妄想，但他们的亲密关系足以解释这一点。

他在外部世界的举动在一定程度上受“妄想”影响且可能使他在其他人看来不够理智的唯一一点，就是专家韦伯医生也强调过的情况：他有时会用一些女性装饰品（丝带、饰带项链之类）打扮自己。他承认这在很多人看来可能很傻，但他表示自己这样做有充分的理由。这可以让他在很大程度上缓解会对他自己和周围环境造成严重困扰的咆哮状况。至多，这可能只是一种完全无害的奇思妙想，对他自己和他人都完全无害。

在经济方面这是不必考虑；女性饰品总共只花了他几马克。

III

医学专家在他的报告中强调：

> 判断病人是否有能力采取适当行动的最重要的一点是，在客观观察看来是妄想和幻觉的一切，对他来说都是不可动摇的真理，以及行动的充分动机。

他毫无保留地承认前半句，但必须以一个无条件的“不”来反驳后半句。他所珍视的宗教观念绝不会导致他在实际生活中采取不合理的行动。这些观念完全不会影响他管理自己的事务和照顾自己利益的能力。他不明白韦伯医生怎么会得出相反的意见。他迄今为止的所作所为也无疑没有为此说法提供任何依据。他不会奢望通过金钱上的牺牲来促进自己的信仰，或是用金钱证实自己身体里存在着“欲乐神经”。他对上帝的认识如此确信无疑、不可动摇，以至于他对其他人如何看待他的想法的真实性或可能性毫不关心。

他希望人们相信他对自己未来行为做出的保证，因为他从未做出任何使人怀疑他对真理的坚定热爱的事情。因此，专家的担忧——原告在多大程度上会被妄想引导采取不合理行为是“完全不可预计”的——是没有根据的。地区法庭认为这种担忧合理，主要是因为两点：首先是考虑到他与妻子的婚姻关系可能会因其法律行为能力恢复而遭到破坏；其次是考虑到他出版“回忆录”的计划可能会贬损自己，甚至可能受到处罚。但这两种考虑都不足以支持维持他的无行为能力状态。

（a）由于他的疾病，他与妻子之间的婚姻纽带多年来已经名存实亡，如果他法律行为能力一直得不到恢复，他们的婚姻可能会被继续搁置，甚至直到夫妻中某一方生命的终结。他努力争取回归家庭可能会给妻子带来不便。但这种不便不在考虑范围内，因为取消某人的行为能力只能是为了他本人的利益，是为了保护他免受其不合理行为的危害，而绝不是为了保护其他人免于不快，无论是关系多么密切的他人。当然，他对妻子负有法律责任，必须为她提供足够的生活费。他决不会逃避履行这一法律义务；相反他随时准备好为妻子提供足够的生活费，以便在他从疗养院出院后，一旦出现不大能指望妻子与他共同生活的情况，她可以和他分居。

专家说在他妻子反驳他关于奇迹的信仰时，他立即就表示她可以和他离婚，这显然是一种误解。他从未动过离婚的念头，对婚姻纽带的延续也不曾表现出漠不关心。他与妻子多年来保持的大量书信往来，可以证明他对妻子的爱是多么真挚，而她也因他的病深感痛苦。因此他提到离婚的可能性，只是因为有几次说到如果他扰人的咆哮状况使她无法容忍和他生活，或者如果他的奇迹信仰造成的其他怪异之处使她无法继续爱他、尊重他，她在法律上有权与他离婚。

（b）从他“回忆录”的内容和他希望将其出版的愿望中，地方法院找到了他在很大程度上受病理性观念驱使行事的第二个例子。

他不曾掩饰，事实上他在“回忆录”的序言中也表达过，针对其出版有一些反对声音。如果将稿件交付印刷，他始终考虑到提前删去某些段落、弱化某些表述。他不打算以目前的形式将其出版。他只是把手稿交给了莱比锡的出版商检阅，并就出版“回忆录”一事与他们进行了谈判。

即使手稿完全未作改动，他也想强烈反对他会因此而“贬损”任何家庭成员——地方法院似乎持这样的看法。这一点是毫无疑问的：“回忆录”中不包含任何能被解读为有损其父亲、兄弟或妻子名誉的内容。原告完全接受因出版“回忆录”而贬损自身名誉的一切风险。他可能面临的最坏情况就是人们认为他精神错乱，但无论如何人们已经这样认为了。事实上，他相信任何人只要认真读了他的“回忆录”，读过之后对他的看法都不会比从前更糟。他的唯一目的一向只有发现真理。有争议的判决书批评他的手稿说，他有时会使用粗俗激烈的语言，这确实没错。但这些措辞并非出自他本人，只有在他讲述声音与他对话的内容时才会出现。这些声音经常用到不适合出现在客厅的表达方式，并不是他的过错。此外，他的“回忆录”也不是写给轻佻女郎或者女高中生看的。的确，有一个人可能会因“回忆录”的出版而受到伤害，并可能以诽谤罪起诉他，这个人就是莱比锡的弗莱希格教授。即使在这方面，原告也只是讲述了他从与他交谈的声音那里获知的、他不得不信以为真的信息。他相信弗莱希格会原谅他，他甚至想过给他寄一本“回忆录”，因为他相信弗莱希格会对书中讨论的问题产生科学兴趣。他完全不想攻击弗莱希格的个人尊严。但是，假如手稿的出版使他意料之外地因诽谤罪遭受处罚，他也准备为这一事业承受新的殉难，他认为任何人都无权阻止他这样做。

公诉人认为，继续对原告进行监护在法律上是必要的，也是出于原告自身利益的考虑；他坚持认为，从施瑞伯博士向上诉法院提交的诉状来看，他毫无疑问患有偏执。他因此无法合理地处理自己的事务同样是毋庸置疑的，尽管医学专家不想越出职权范围，未就这一点给出足够明确的意见。正如韦伯医生正确指出的那样，精神进程是一个有机统一体，精神生活中没有直接被妄想充斥的领域，也不可能完全不受妄想影响；人们不应被原告的口头和书面陈述——它们在一定程度上给人清晰的印象——误导。

没有必要详细列举单个的事实来证明原告没有能力处理自己的事务。这样的事实确实存在。比如，原告显然无法判断自己还要在疗养院待多久。如果恢复他的行为能力，他迟早会设法离开疗养院。在他给地方法院律师图尔莫博士的一封信中（卷宗第 68 页和第 74 页），他写道：

> 他比任何医生都更清楚什么对他的身心有益，因为这涉及到如何保护自己免受神迹伤害的问题。

人们从中可以看出，原告对自己的疾病没有真正的洞察力，也不听劝告。此外，他还会出现幻觉，根据韦伯医生的证词，这些幻觉会在对话中占据他的精力、扰乱他的注意力。如果这在他处理金钱问题时发生，显然可能会造成灾难性后果。管理他自己和妻子的财产并没有那么简单；根据莱比锡地方法院院长施密特以监护人身份列出的最后一份财产清单（监护档案第 177 页），其财产中包括不动产和一份版权。施瑞伯博士对妻子的所作所为也让人有充分的理由怀疑，在对待妻子的态度方面他是否能免受妄想观念的影响。尽管原告在这方面做出了相反的保证，我们还是不得不担心在他追求神圣使命的理想时，可能会被引导着做出一个按照自己的自由意志行事的人不会招致的开销。施瑞伯博士的整个思维方式是多么错误，从他始终坚定地要出版他的“回忆录”的意图中也可以看出来。

原告否认上述所有指控。他表示，韦伯医生 1900 年 11 月 28 日提交最后一份报告以来的经验可以证明，尽管他有各种所谓的妄想和幻觉，他完全有能力以依照自己的法律利益独自、合理地处理自己的经济和其他事务。他相信，面对这些新的经验，韦伯医生本人也不愿再坚持他在之前报告中关于原告没有能力处理自己事务的说法了。

他的确在努力争取在不远的将来离开疗养院。他认为继续留在松嫩施泰因不能进一步改善他的健康状况。但他可能还得稍作延迟。他同意，只要他的咆哮状况持续存在，继续留在疗养院可能是明智之举，但他已经注意到，咆哮只在他身处疗养院时才会发生，他在外面旅行的时候几乎从未出现过。但这些“叫嚷”与他是否有能力处理自己的事务毫无关联。这只是涉及到福祉和治安问题，在某些情况下，疗养院部门作为安保机构有权违背他的意愿把他关在疗养院。不过，他希望重申，人们不必为此使用武力，因为只要他还担心频繁的咆哮状况会引起骚乱，他就不会反对继续留在疗养院。

上诉法院在 1901 年 12 月 30 日关于证据的决议中要求韦伯医生对其第一份报告进行补充，以澄清决议中的 a、b、c 三项内容，尤其是交代 1900 年 11 月以来原告在疗养院外自由行动和处理事务的能力方面的经验。韦伯医生宣誓后以书面形式提交了报告（第 203 页及以后），并就施瑞伯博士（第 223 页及以后）对其报告的事实依据提出的一些质疑补充了一份后记（第 231 页）。两份报告均已在法庭上宣读。

原告认为，根据后一份报告的陈述可以做出更有利于他的解读。医学专家现在对于是否有必要取消其行为能力产生了怀疑，他对此感到满意。事实上在过去的两年间，没有一例不合理的行为可以作为支持取消其法律行为能力的反例。最近，就连偶尔出现的恼人咆哮声（可能还让医学专家有些担心）也减少了，而在疗养院外，这些咆哮从未造成严重的麻烦或是破坏治安。他在莱比锡逗留的一周时间里，这些声音一次都没出现过，他的亲属可以证实这一点。由于咆哮是自动发生的，是独立于他的意志的，因此不能被视为不合理行为倾向的迹象。

医学专家说他最近一次生病（腹泻和呕吐）时不合情理地拒绝按医嘱服药，这种说法是错误的。他严格遵照了医嘱（证人：护工穆勒），也不能说他认识不到药物的价值或是鄙视药物。事实恰恰相反，他并没有拒绝服用治疗失眠的安眠药。

此外，最近他在散步、远足和旅行时，总是尽量抓住一切机会与包括陌生人在内的他人交谈。他希望参考他们的证词。在可以作证的大量相关人士中，他目前只列举这些人：他的姐夫，莱比锡商人卡尔·荣格及其妻子，他的姐姐；他的妹夫，开姆尼茨地区法院法官克劳斯及其妻子，他的妹妹；他的监护人，莱比锡地方法院院长施密特及其妻子；纳孔茨医生、律师希尔博士、亨尼希博士、出版商瑙哈特（他“回忆录”的潜在出版商），最后还有退休的德累斯顿法院主席蒂尔巴赫、皮尔纳的迈斯纳少校和桑德少校。他们都可以证实，在与他的会面期间，他们对他的印象是一个完全通情达理的人，能够胜任社会和经济生活中的各种要求，他们作为医学外行人没有在他身上发现任何精神疾病的迹象，更不用说发现他患有使其无法处理自己事务的精神病了。

最近，在判断他的法律行为能力方面又增加了一个很重要的事实。为了让疗养院部门对他的法律行为能力问题采取更明确的立场，他试图向他们打听是否有人反对他在不久的将来离开疗养院。他的意思不是说现在就要离开。他妻子的健康状况岌岌可危，他希望重新和她生活在一起，选择一个既适合她又适合他自己的地方安家，这需要时间来慎重考虑和准备。他认为疗养院方面希望在他出院前征求其监护人甚至可能还有他妻子的意见，主要是为了确保生活安排已经妥当。因此，他在 1902 年 5 月 29 日给韦伯医生的信中提出了如下问题：

> 如果目前的状况持续，且监护人和司法当局不反对出院、他的妻子也不反对与他同住或另寻其他住处，疗养院部门是否会在只考虑治安福祉问题的情况下，适时满足他的出院的愿望。

韦伯医生于1902年5月30日作了如下答复（卷宗第252b/253页）：

> 只要您的病情没有恶化，在您信中提到的限制条件满足的情况下，疗养院部门目前不会对您的出院设置障碍。
>
> 对疗养院部门来说，除了提供可能的医疗建议外，在考虑出院或假释期时，起决定性作用的因素只有病人的疾病有可能对自己或他人造成的“危害”。目前的案例不存在这种情况……

公诉人承认原告与韦伯医生之间的书信往来。尽管如此，他还是反对恢复其行为能力，因为尽管原告竭力反对这一点，对于他有可能在妄想性疯癫的驱使下做出愚蠢且不合情理的行为的担忧是不可否认的。比如原告为了实现“回忆录”的出版计划必然要付出相当大的经济牺牲，因为能够与出版商签订一般出版合同的可能性极小。

原告对最后一点反驳如下：

> 根据与莱比锡出版商瑙哈特达成的初步协议，“回忆录”

的出版计划将以委托合同的形式进行的，这与他父亲的“医学室内体操”一书的出版形式相同。他所需承担的经济风险仅限于该书的制作成本，共……马克。这笔开销相比于他的总收入（约为……马克）来说并不大。至于其他费用，他想重申他之前的保证：他不会宣传他对奇迹的信仰，也不会为此牺牲一分钱的资本。

判决理由

法院对上诉人患有精神疾病确信无疑。我们不打算与他争论他是否真的患有被称为偏执狂的精神病。他对驱使他的念头和观念的病理性质缺乏洞察力。在客观观察看来是幻觉和妄想的东西，对他来说具有无可辩驳的确定性。即使是现在，他仍然坚信上帝直接向他显现、并不断在他身上施展奇迹。这一确信正如他自己所说的，凌驾于一切人类洞察力和科学之上。

但是，原告的精神过程受到病理性打搅这件事本身，并不足以成为剥夺其法律行为能力的理由。根据《民法典》§ 6 第 1 条的规定，除患有精神疾病外，病人还必须因此无法处理自己的事务。因此，并不是每一种精神异常都必然导致对其法律行为能力的否定。只有当精神疾病严重到使病人像不满七岁的儿童那样无法处理一切事务时，才有理由取消病人的法律行为能力。如果病人并未完全丧失明智并合乎情理地行事的能力，只是因精神疾病而在理解特定事务或有限范围内的事务方面受到限制，在某些情况下，这可以导致对他进行托管（《民法典》第 2 节 § 1910），但决不能下令取消其法律行为能力。

《民法典》§ 6 第 1 条中提到的“事务”，不只包括地方法院正确认识到的金钱事务。

这一概念涵盖了生活中受到法律的有序管理的一切情况：对无法律行为能力人的生命和健康的保护，以及对其亲属和财产的照料。取消法律行为能力首先是一种保护措施。旨在帮助那些由于缺乏觉察力而无法保护自己的人，免遭他人利用和剥削。国家对病人的责任涉及到病人需要保护的方方面面。但是，法律为保护病人而预先取消其法律行为能力的做法，必须只在为避免其在民事生活中因缺乏意志能力而造成危险时，才是适宜和有效的。仅在当事人面临的危险可以通过取消其法律行为能力（《民法典》，§104[3]）、指定监护人全面照管其个人和金钱事务（§1896）而成功避免时，才允许取消其法律行为能力。（参见《民法典》草案附录，第 2 页）

从这个意义上讲，上诉人是否需要这种保护，或他是否有能力自己处理自己的事务？

医学专家韦伯医生在他的两份报告中都没有给出明确的答案。他没有直接回答是或否。显然，他很难做出决定。通常，面对明晰的案例，他往往会为了简明扼要，毫不犹豫地根据已证实的精神疾病推断出其法律后果（第 203b 页），但他在本案中拒绝这样做。他仅限于描绘出原告的精神疾病的图景、汇集病人精神生活紊乱的实际例子，让法官根据他的报告自行决定原告是否算作有能力在民事事务中维护自己的生活利益。

我们不能对医学专家的态度提出任何异议。事实上，医学专家的职责范围并不包括对一个人明确患有的精神疾病的实际法律维度、或疾病对其法律行为能力的影响作出判断。对此问题提出意见完全是法官的责任。

由于医学专家称原告的妄想体现出的疾病为偏执狂，人们或许倾向于因此认为这个问题依照法律已有定论。恩德曼在他的教科书（第 3 版，第 137 页，第 8 条，第 136 页，§31）中也只是简单地表示，每一个偏执狂患者都可以被取消法律行为能力；他确信这种精神疾病的性质本身足以证明患者无法合乎情理地权衡其行为后果。

这推得太远了。正如医学专家、精神病学界公认的权威韦伯医生正确强调的那样，有许多偏执狂尽管精神严重失常、思维有时会陷入最荒谬的妄想观念中，他们却几乎不被周围的环境当作病人；他们能正确地处理日常事务，总体也能上充分履行自己的职责。人们可能会觉得他们古怪，说他们异想天开，觉得他们的想法固执，但通常不会想取消其行为能力。近年来立法的进步恰恰在于，可以让这些或多或少无害的人保有推进生活所需的自由安排的法律能力，即便他们已被确定为精神失常。这些人尽管受强制性观念的影响，在直接受其影响的精神生活领域显得不负责任，却并没有完全丧失合理行事的能力。在那些不受妄想观念影响或较少受影响的精神活动领域，他们总体上可以履行自己的职责而不引起异议。

参照克拉夫特 – 埃宾（Krafft-Ebing），《可疑的精神状态》（*Doubtful Mental States*），第 8 页；以及萨姆特（Samter）的格鲁霍特（Gruchots）所著的《德国法律解释意见》（*Beiträge*），1901 年 6 月，第 3 页。

根据韦伯医生的报告（第 206 页），在原告的疾病从急性发病阶段过渡到慢性阶段后的最近四年里，他的情况属于这一类精神病。确实，原告看待世界的方式被他的根本观念，即他在上帝面前的非凡地位这一想法扭曲了，施瑞伯博士也深受幻觉折磨。他承认，他生活的核心就在于坚信他是奇迹神力的持续作用对象。但是，原告的精神生活中只有一个领域受到了影响，也就是宗教领域。原告永远无法正确判断那些在我们看来和神圣议题有关的事情，以及我们对人神关系的信仰，因为他对自己思维模式的病态本质缺乏觉知。但这不一定意味着他对精神生活的一切其他领域的判断也同样发生了病变。一个人的宗教情感可能与他精神生活的其他领域有许多重要的接触点，但我们不能说这些领域全都会受到同等程度的影响。信徒们虔信的宗教观念在精神健康的人那里也常常是生活的中心，但不一定会影响生活的每个方面；韦伯医生令人信服地指出，一个人如何能在科学方面与另一个人长期密切接触，同时完全不了解他的宗教信仰；这些信仰与他的科学观点通常联系不太紧密，在一定程度上，这两种观念复合体在他的大脑中一直独立存在。

根据医学专家的说法（第205b页），偏执狂的妄想系统与此类似。因此，检察院根据恩德曼的论述对原告的反驳是不正确的，检方认为原告由于受到妄想思想的影响，他的整个思维就其本身来说都建立在错误的基础上，因此他的所有意志行为都必定受到病态影响；因为精神生活是一个统一体，病态思维领域必然会扩散到那些看似健康、不太受到妄想系统影响的部分。

现代精神病学的科学观点似乎也体现了一切精神事件的统一性的观念。医学专家韦伯医生在其报告中也以此为出发点（第447和205页）。然而，该观念直接的重要性只是理论性的。韦伯医生的报告（第205b页）指出，过去人们曾持有不同观点，人们曾经明确地认为存在“局部精神错乱”，这一概念即使在今天仍有一定的合理性。无论人们对此问题的科学或理论态度如何，下令取消法律行为能力的法官都必须考虑到来自经验的事实证明，即，妄想观念对偏执狂的影响并不会程度相同地影响他在一般公民生活中的所有领域。常常只存在“局部精神错乱”，病态观念局限在某个有限领域、在该范围内维持某种“独立的存在”，其他生活领域相对不受影响、病人身上也没有体现出任何精神错乱的迹象（第205页）。

当然，我们不能否认局部的扰乱扩散至一个人的全部精神功能的可能性。从理论上讲，任何形式的精神异常都有可能出现这种情况。韦伯医生在他的第一份报告（第53页）中的说法可能也只是想表达这一点——如果原告的法律行为能力得到恢复，那么在某一特定时刻原告会如何做出决定是无法预料的，不清楚他将按照相对健康的观念来做决定，还是在他一心坚持的对奇迹的病理性信念驱使下做决定。

然而，仅凭这一点还不足取消其法律行为能力。正如原告正确指出的，我们不能仅仅因为怀疑他的妄想观念可能导致他在某个领域采取不合情理的行动，就剥夺他的法律行为能力。按照法律，必须能令人信服地证实他确实因精神疾病而无法处理自己的事务（《民法典》，§6[1]）。举证的责任在于要求取消行为能力的一方。如果不能提供不利于原告的证据，且按《民事诉讼法》§653对病人的精神状况进行官方问询也没有得出任何明确的结果，则不能维持对其行为能力的剥夺。

这种证据应满足怎样的要求是一个值得商榷的问题。我们当然不能像原告希望的那样，仅在病人做出不合理行为的危险确定无疑的情况下才取消其法律行为能力。另一方面，我们也不能只满足于怀疑。这些怀疑至少必须是具体的，并以事实或其他形式落实为概率。

因此，举证就转移到了事实经验的领域，只有事实经验能对有待裁决的问题给出决定性的回答。

要想取消某人的法律行为能力，必须判定病人的妄想在多大程度上影响了他在社会生活中的作为和不作为。尽管该病人头脑不清醒，他是否仍有能力应对实际生活的要求；或者他的感官受到了严重打搅，以至于丧失了对事物现实性的判断和明智理解？这只能根据经验来断定。病人必须真正面对生活中的要求、必须处理过具有法律后果的事务。在这种情况下对他做出观察是最好的检验方式，可以由此判断他自己的说法是否正确，即他是否虽然患病，但仍能像任何理智的人一样，明智地根据自己的利益来处理自己的事务。他的精神疾病的性质并不能为医学专家提供可靠的线索，而只能做出推测。正如前面讲到的，偏执的存在本身并不排除保有完整法律行为能力的可能性。

法院在这一点上同意医学专家的观点。早在 1900 年 11 月 28 日的第一份报告中，韦伯医生就对原告当时在疗养院外独立处理事务方面受到限制、因此无法展开适当的检验表示遗憾（第 45 页）。因此他主要仅限于从专业观察的角度描述当时的病情。

情况在此期间有了改善。自第一次报告以来，病人获得了更大的行动自由度。他可以接触到外界的各种环境。他有机会在与亲属和其他人打交道时，表明他的妄想观念究竟在多大程度上支配着他的总体思维和感觉、影响他和他人的相处。与下级法院当时能掌握的材料相比，上诉法院现在掌握了更多的事实材料。在这一问题上的观察结果是完全有利于原告的。

在诉讼过程中，上诉法院的法官们在与原告接触时不得不注意到的一点是，施瑞伯博士的智力和思维的明晰性丝毫没有因生病而受到影响。他本人如何与他被剥夺法律行为能力的状况做斗争、如何按计划展开行动、他的逻辑和他开展的法律行动的敏锐性、他自己操办的行为合理性，还有同样重要的一点是，他在与医学专家和公诉人对质时表现出的优雅、有分寸的态度——这一切都无可争辩地证明了在这个领域，原告不需要监护人的保护；相反，他在处理自己的案件时，能够充分且独立地维护自己的利益，而且的确做得比任何人能够替他做得更好。

然而，我们也不能过分看重原告的精神生活这一方面。正如韦伯医生所说（第 50b 页），偏执狂有逻辑地正确思维的能力似乎很好，但这不表示病人同样有能力正确判断纯思维以外的生活事务。在这方面，医学专家韦伯医生有机会收集到的关于病人在过去十八个月间与外界互动行为的补充经验非常重要，他在 1902 年 4 月 5 日的第二份报告中讲述了这些经验。

在第一份报告中，尽管韦伯医生几乎没有机会观察到施瑞伯博士的社会行为，他也不得不承认，其心智的病理性领域已经和其他领域有了相当明显的分界，他也不得不补充说，原告对远离其根深蒂固的妄想系统的事情和事务的判断通常是正确的（第 47、50b 页）；在第二份报告中他再次强调了这一点。

疾病的图景本身并没有改变，基本上与他被取消法律行为能力时的情况相同，只是有了更多的基于观察的材料，使医学专家有机会补充他以前从相当有限的事实材料中得出的看法，并在必要时加以修正。因此，我们可以不带疑虑地把医学专家在后来的报告中得出的结果，回溯性地直接用于判断原告被取消法律行为能力时的精神状态。

如今韦伯医生确信，原告的妄想观念在其精神生活中是相对独立存在的，在其主要支配的宗教领域外，妄想观念对其他领域，尤其是对日常生活几乎没有影响；原告仍具有的幻觉如今对其感觉和思维也几乎没有任何显著的影响。外部可见的病理表现主要只表现在相对次要的领域中。那些比较重要的生活利益已经不再受病理支配，并以一种无可指摘的方式得到了尊重（第 208a/b、211b、212b 页）。

为了进一步证明自己的观点，医学专家提到了一些实际事件，其中有些是他自己观察到的，有些是可靠的观察者向他汇报的；这些证据使上诉法院更加确信，原告在有法律后果的事务中采取错误和不当行为的风险几乎为零，无论如何，这种风险也不会紧迫到有理由持续剥夺他的行为能力。

几年来，原告每天都受邀在疗养院院长的餐桌上用餐，没有给在场的其他人造成任何困扰。相反，韦伯医生认为他和原告的关系是友好的，他称赞病人的细心得体和自控力，这使他不会用他奇特的观念骚扰餐桌上的其他人（第 50b 页）。施瑞伯博士相信，他可以肯定同桌的其他人，尤其是女士们，从未注意到他有丝毫精神疾病的迹象。考虑到韦伯医生对病人行为举止的描述，我们可以相信后者的说法。

上诉人在疗养院外的行动也没有引起任何值得一提的麻烦。1900 年夏天之前，施瑞伯博士只能在一名护工的陪同下离开疗养院[iii]，而从那以后，他就可以无人陪同地在疗养院外自由活动了。他几乎每天都利用这份自由外出散步、乘船或乘火车出游，参观皮尔纳周围的景点，有时是独自一人，有时和别人结伴，他还经常去音乐会、剧院、看公共演出等等。他曾多次前往德累斯顿的法院办事、探望妻子或者购物，最近，在亲戚的邀请下并经疗养院部门同意后，他甚至独自去了莱比锡，一周之后回到疗养院，据他妹妹的报告说，这趟旅行相当顺利。

韦伯医生证实，原告从未采取任何不合情理或不妥当的行动，他总是公开谈论在自己的常规活动以外的计划和意图，毫无隐瞒，而且在实施计划之前他一定会征得疗养院部门的批准；实施计划时，他总会考虑到种种情况，谨慎而理智地行事。韦伯医生认为他同样有理由相信，原告与外界的接触并没有给周围造成任何大麻烦（第 290a/b 页）。

大约一年来，原告每月有 50 马克的零用钱支付旅行费用和较小的生活必需品开支，他的财务井井有条，其作风完全是个细心的一家之主。人们从未听说他挥霍钱财，导致资金不足。他也没有给人格外吝啬的印象。相反，人们注意到，他对每一笔开支都会事先盘算，不买昂贵和无用的东西（除了一些女性小饰品）。

总之，从原告与疗养院外世界接触的一举一动来看，直到现在不曾有任何一个事实让人有充分的理由担心，病人会在妄想系统的驱使下误入歧途，或者在恢复行动自由后因错误的行为损害自己的

iii　有误：在 1900 年夏天之前我完全不被允许外出，而且只有从 1901 年秋天起，才不再有护工陪同。

合法利益。实际经验已表明，原告对奇迹的疯狂信仰虽然构成了他精神生活的基础，却没有完全支配他，以至于剥夺他平静而理智地考虑其他生活事务的能力。因此，即使原告恢复完全的法律行为能力，他的一切重要法律利益也不会因此受到损害。

原告不可能危及自己的生命，正如他不会威胁到其他人的生命。因此，不能以保护病人周围的环境为由，将剥夺法律行为能力作为必要预防措施。的确，困扰原告的"咆哮状况"造成了一些麻烦，也会对其周围环境造成极大的骚扰，尽管原告表示他在疗养院外几乎不会出现这种情况。无论如何，这种所谓自动化、强制性的、违背病人意愿的叫嚷与他的法律行为能力问题无关。如果叫嚷扰乱了邻里的安宁，警察可能有必要出面干预，但这不能成为继续剥夺其法律行为能力的理由，何况这样做也无法有效阻止叫嚷的发生。

公诉人表示在咆哮状况下，以及当病人的思维被幻觉分散时，他的意志自由似乎完全中断了。可能确实如此。但这并不会给原告带来直接的危险；这显然只是一种转瞬即逝的意识障碍，况且在此期间他根本无法进行有法律后果的交易。

根据韦伯医生的报告，原告的健康也没有危险。总的来说，他知道如何照顾自己，并且小心谨慎，不会故意采取行为伤害自己（第211 页）。在这方面他也不需要监护人的保护。

医学专家在 1902 年 4 月 5 日的第二份报告中确实提到了一个小插曲，据说原告在精神错乱的影响下，在治疗短期疾病（腹泻和呕吐）时采取了不当行为。医学专家不是很重视这一插曲，事后他也同意原告的反驳，即原告最终的确默许了医生要求采取的措施（第 231a/b 页）。说原告因为相信奇迹而鄙视所有的药物肯定是不正确的。原告正确地指出，他在最初的几年间几乎每天都自愿服用人工安眠药（第 226、231b 页）。而且即使他鄙视药物，剥夺其法律行为能力也于事无补。承认或否认他的行为能力都无法消除病人对医生和医药的厌恶，况且这种厌恶其实并不存在。

如果原告的病情仍需在疗养院长期住院才能有所改善，他的精神错乱又使他无法意识到这一点，且他争取法律行为能力只是为了摆脱监护人的管理之后强行出院，那么这就必须严肃考虑。根据最近松嫩施泰因疗养院部门在回答原告于今年5月29日的询问时提供的官方信息（第252/253页），我们现在不必担心这件事了。在一些显而易见的前提能够满足的情况下，韦伯医生原则上同意让原告从疗养院出院。他明确表示，他并不认为病人会对自己或他人造成“威胁”，而且他欣然同意让原告重返人类社会。这就否定了要由监护人照顾病人健康的必要性。倘若法官依然希望从这一角度确认取消法律行为能力的必要性，他将因此与医学专家和疗养院权威的判断相悖。

我们也不必担心病人会因为错误和不合情理行为危及自己的财务状况。

正如医学专家所说，施瑞伯博士完全了解自己的财务。近年来，给他零用钱让他自己处理财务问题的试验进行得很顺利；原告在各方面都表现得很谨慎和节约。没有理由认为如果恢复他对财产的无限制支配，他将挥霍无度。最了解原告的韦伯医生也最有能力判断其妄想观念的影响，无论如何他都确定，他没有理由认为原告会出于病态动机而超支、挥霍财产（第211页）。

下级法院担心原告可能会在奇迹观念的驱使下，为了宣传自己的想法出资发起科学研究，但这种担心从一开始就并不强烈。人们从未注意到原告有为他的奇迹信仰而花钱的倾向。因此，上诉法院没有理由不信任原告，尤其是当原告肯定他并不打算宣扬奇迹信仰而付出牺牲，也他从未想过要为此花费一分钱的时候，医学专家也表示了认可。

当然，我们也无法排除这样一种可能性，即尽管原告如此保证，但在某一特定时刻，他的财务安排还是有可能不自觉地被支配他的奇思妙想影响。每一种精神异常都有这种影响的可能性，即使这种异常还没有呈现为明确的精神错乱。然而，只有当这种可能性成为真实的危险时，才属于法律和法条的考虑范围。而本案不存在这种情况。只有一个例子能证明原告的宗教妄想对其财产处置有直接影响。施瑞伯博士本人也提起了这一点：他喜欢各种小饰品，他偶尔会像女人一样用它们装饰他自认为正在变成女性乳房的胸部。如果他的精神完全正常，是不会把钱花在这些无意义的东西上的。但这些钱的数目微不足道，在判断他是否有法律能力处理自己的事务时起不了任何作用。即使人们完全不考虑病人的说法——认为这些装饰品相当于精神药物、有助于平息他的神经兴奋的发作——人们至多也只能认为这是他一时兴起。况且，健康的人也会为他们的突发奇想花比这多得多的钱。

毫无疑问，原告完全有能力运用理智管理他和妻子的财务。即使从司法监护人卷宗第 175 页及以下的清单来看，施瑞伯夫妇的各项财产也不像公诉人所说的那样错综复杂。就在最近，原告明确证明了他有处理财产的能力，他在其父亲的著作《医学室内体操》的出版商破产后，他处理了进一步安排此书这一相当复杂的问题；他在应家人要求撰写的报告中，展现了敏锐、清晰和谨慎的态度，家人也毫无顾虑地采纳了他的建议。这条可靠的信息是由他的姐夫、莱比锡商人荣格提供的（见监护诉讼档案第 41/43 页）。这一情况不仅证明了施瑞伯博士处理这类事务的技术能力，也证明了他并不缺乏将必要的商业关切投入到经济事务中的意愿或兴趣。

据说施瑞伯博士与家人的关系岌岌可危、他与妻子的婚姻纽带面临被破坏的危险。这一点是不能认同的。

正如原告正确强调的，由于他患有精神疾病，必须与妻子分居两地，他与妻子的婚姻关系多年来几乎名存实亡。那么，如果现在原告恢复了做决定的人身自由，婚姻关系又怎么会进一步恶化呢？施瑞伯博士真诚地希望，一旦获准从疗养院出院，他可以恢复与妻子的家庭关系，在某个宁静的乡间住所安度晚年。因此他正在为现有婚姻关系的改善做出他自己的努力。这在现实中能否实现当然是另一回事。主导着原告精神生活神奇想法，对与他亲密接触的妻子造成的困扰可能比对更疏远的外人的困扰大得多；这显然会让人怀疑这对夫妇能否长久地共同生活。必须试一试才知道。

但是无论结果如何，这都不影响我们对其法律行为能力的决定。在这一点上，我们也必须同意原告的观点，即他人的福祉，哪怕是最近的亲属的福祉，也不在考虑范围内。取消法律行为能力主要是为了当事人的福祉。不能为了他人的利益这样做。

参见 1899 年 12 月 23 日司法部关于因精神疾病等原因剥夺某人法律行为能力的规定，§ 2。

此外，从施瑞伯博士在庭上的陈述可以看出，他非常清楚在这种困难情况下他对妻子应尽的道德责任。他的思想并没有错乱到对妻子与他共同生活需要付出多少自我牺牲视而不见的地步。如果无法共同生活，他也不会向妻子提出任何不公平的要求；他将给予妻子她在法律上应享有的一切。他完全拒绝接受这样的说法，即他可能会忽视自己赡养妻子的法定义务，或者出于对妻子的不满而将财产用于对她不利的用途。他表示，无论如何，他们于 1886 年签订的共同遗嘱排已经排除了这种可能性。此外，无论人们对于相信精神病患者的保证有多么小心谨慎，原告的道德严肃性和坦率的性格并未因患病而减弱，这一点也得到了韦伯医生的肯定，从他在法庭上的所有陈述中也显而易见，这足以消除人们对其可信性的一切怀疑。

因此，医学专家早些时候曾说，如果施瑞伯博士的妻子不愿赞同他的妄想，他就会立刻提出离婚，这一说法也不再重要了。这条报告显然是根据施瑞伯博士妻子的陈述做出的，建立在误解之上。

原告在陈述中对这一问题加以澄清后，他对妻子的行为便不再有任何引起异议之处；韦伯医生阅读这些陈述后，在第二份报告中也没有反驳这些解释。

剩下的只有一点，即原告出版“回忆录”的计划可能会损害他本人及家庭的名誉，甚至可能触犯刑法。

任何理智的人都不会否认出版该手稿时的严重顾虑。就连施瑞伯博士也不能对此视而不见。但如果他依然迫切地坚持出版，这并不能证明他对自己行为结果的预见能力不足，而只能证明他对上帝授予他的启示的真实性的坚定信仰：

> “我绝不希望”——用他自己的话说——“被透露于我的有关上帝的知识随着我的死亡永远消失，这样人类就会失去一个对彼岸世界获得更真实洞见的机会，这种机会也许是不可复得的。”

上诉人知道出版有可能给他带来不快的后果。但他有理由否认下级法院的指控，即他在“回忆录”中写了任何有损其家族名誉的内容。事实上，手稿中不存在任何此类内容。我们也不能说“回忆录”的内容会贬损原告本人。他的手稿是病态想象力的产物，任何人读到它都不免会感到作者精神错乱。但这并不会降低病人在他人心目中的地位，尤其是没有人会忽视每一章节中充满了严肃目的和对真理的追求。正如施瑞伯博士确切地说，对他来说最糟糕的情况就是人们认为他疯了，但无论如何人们已经这样认为了。人们也不会因书中的激烈语言受到冒犯。这些不是原告自己的话；他只是复述了他早年幻觉最严重时灵魂对他说的话。

当我们试图找出确切的标准评判弗莱希格教授在“回忆录”中是否遭受诽谤——他被指控犯有灵魂谋杀，甚至更严重的罪行——也必须记住这一点。即使在这里，原告完全不是在表达自己观点或代表自己行事，他只是在报告神奇的灵魂声音对他说的话，他认为他与这些灵魂有交流。在撰写“回忆录”时，他必定无意攻击弗莱希格教授，也无意侮辱他的名誉。弗莱希格起诉他诽谤的可能性并不大，况且在手稿付印前还要做一些修改。无论如何，处罚似乎是不可能发生的，因为在一切情况下原告都受到《刑法典》§ 51 的保护。即使原告因此面临被定罪的风险，这也不足以成为否认其法律行为能力的理由。取消某人的法律行为能力，不能作为防止一个有精神缺陷、但在其他方面有能力处理自身事务的人采取某一特定错误行动，或使其免受该行动可能带来的伤害的手段。公诉人对于原告即将与“回忆录”出版商签订合同带来的损害的看法也是如此。首先，与出版商签订基于委托的合同是否会给原告造成经济损失，是不确定的，尽管这很有可能。但我们必须记住，相比于原告的财产总额，原告所冒的经济风险确实不大。使他免遭这种风险并不是取消法律行为能力的任务。原告清楚地知道，出版“回忆录”可能会成为他的经济负担；在这个问题上，他并不需要取消行为能力的保护。

因此上诉法院确信，原告有能力处理以上讨论的各方面的生活需求——有序管理这些重要方面正是法律的目标。没有证据表明、也不能判断他因妄想观念无法处理自己的事务。因此考虑到已提出的上诉，原告的法律行为能力必须得到恢复，无需原告的证人提供新的证据（《民事诉讼法》§ 672）。

有关费用的裁决依据《民事诉讼法》§ 673。

签署：哈德拉赫特，沃格尔，斯坦梅茨博士、尼古拉、保罗博士

德累斯顿，1902 年 7 月 26 日

（密封）海恩克，萨克森皇家高级地区法院书记员

截止至 1902 年 9 月 1 日的规定期限内，德意志帝国高等法院未收到有关此诉讼的上诉通知

莱比锡，1902 年 9 月 3 日

（密封）舒伯茨，德意志帝国高等法院第六秘书处

VI.Z.1520/02

上述判决于 1902 年 9 月 1 日生效，特此证明

德累斯顿，1902 年 9 月 17 日

（密封）穆勒，萨克森皇家高级地区法院书记员

英译版注

在以下注释中，我们只是为施瑞伯文本中的一系列困难且重要的术语的翻译给出了理由。我们对文本的讨论，也仅限于为了解释译法必不可少的地方。我们无意就施瑞伯的“回忆录”为精神疾病的诸多方面提供的临床洞见展开详细讨论。这样的努力几乎等同于编写一本精神病学教科书。

被草率捏造的人（Fleeting-improvised-men）（第17页，脚注1）：flüchtige hingemacht Männer。这些存在不是通过性繁衍产生的，而是被神迹暂时设立为人形的灵魂。hingemachte一字表明它们不是完整的存在，而是临时造出的；这个字也暗含有肛欲的意味，因为hinmachen也可以表示排便。flüchtig（暗指弗莱希格［Flechsig］的双关语）既表明它们是被临时造出的，也表明它们的存在是暂时或稍纵即逝的。被称作Männer是因为它们呈现为人形。它们的特殊用途在下文中有解释（第61页）：它们负责维持唯一的幸存者——他被选中在世界灾难之后重新繁衍人类——的生存并提供生活必需品，直到他的后代足够多、能够自给自足，然后它们就会消失。因此对施瑞伯来说，它们的出现证明了人类已经消亡。在弗洛伊德1911年论文的英译本中，“被草率捏造的人”被译作“奇迹造出的人，草率的设置”。

太阳（第21页）在施瑞伯的故事里发挥着重要的作用。由于太阳在德语里是阴性名词，我们在整本“回忆录”中称太阳为“她”。

第21页脚注3中的引文出自席勒的《欢乐颂》，施瑞伯在后文中还会再次引到它（第249页）。

建立神经连附（To form a nerve-contact）（第23—24页）：Nervenanhang nehmen*。这个新词的意思是附着于或与神经建立联系，施瑞伯用它具体表达一种与上帝的神秘且超自然的结合——上帝被看做全部神经的总和——或是与灵魂，即过世人类的残余的神经的结合。施瑞伯无法解释，弗莱希格等依然活着的人的灵魂如何能在还未去世的情况下与他建立神经连附。在他于1902年病情大有好转后添加的脚注5中（第24页），他又重提了最初的抽象说法，即心理意义上吸引力：“令它们感兴趣的东西是‘有吸引力的’”。而在患病期间，他将吸引力具体看做一种机械性的附着。

福乐（Blessedness）（第24页）：Seligkeit。格林（Grimm）的《词典》给出的几种意思是：①与上帝交融的永恒喜乐与保障，用于描述死后生活；②在更现代的用法中，除了宗教含义外，也用于强调一种过剩的极度幸福。施瑞伯对这个词的用法结合了这两种含义。还有一个复杂之处在于，福乐“与欲乐密切相关”（第249页），甚至等同于欲乐（第308页），它是“伴随对上帝的沉思的一刻不停的享乐”。这是灵魂（过世的人类）经历了逐步净化之后在天堂生活

* Anhang 一字有附录、附件、附属的意思。——译者注

并等待转世的状态。

天堂前庭（Forecourts of heaven）（第24—25页）：Vorhöfe des Himmels。它指的是脚注19（第39页）中详细描述的上帝领域的等级。在净化过程中，灵魂会被剥离世俗的记忆和身份，逐渐变得纯净，最终与全部神经的总体（即上帝）重聚。那些曾经是人的灵魂积聚在天堂前庭，它们已经享受福乐并拥有了某些超自然力量，但还没有净化彻底。天堂前庭之上是前段上帝领域*，再往上（因此是在前段之后），是受到“奇特的二元论”支配的后段上帝领域，由奥姆兹德（Ormuzd）和阿里曼（Ariman）构成。施瑞伯深受波斯宗教二元论的影响。在波斯宗教中，奥姆兹德和阿里曼都参与了创造。在施瑞伯这里，奥姆兹德倾向于把他去男性化（变成女人），而阿里曼有能力在必要时逆转这一奇迹。

基础语（Basic language）（第26页）：Grundsprache。“Grund”是英语中的“ground”，指地面、基础或万物的根基；因此Grund-spache，即基础语，是上帝的语言。同时，在德语和英语中它都有“下面”的意思，“基础魔鬼”（Grundteufel）中的“基础”一词就是在这个意义上使用的（第26页）。我们选取“basic”这个译法，因为它似乎能以当下更常见的方式表达这个含义。

“陛下顺从的仆人”（“Your Majesty's obedient servent”）（第26页）：“Ew. Majestät”。这是个无法翻译的双关语：Ew. 是“Eure Majestät”的常用缩写。施瑞伯以Ew. 为双关语，它同时也是Ewigkeit（永恒）的缩写。

---

* 根据施瑞伯文中的叙述也可以有另一种理解，即“天堂前庭”就是“前段上帝领域”本身。过世的人类灵魂构成了天堂前庭，即上帝的前段，因此这些灵魂的“耗尽”或叛变从内部威胁着上帝，是上帝本身的消损。——译者注

过验灵魂（Tested souls）（第26页）：geprüfte Seelen。它可以译作有资格的（qualified）、经过考察的（examined）、受认可的（approved），我们选用过验（tested）一词，以表达“geprüfte”同时有“经过严格考验”的意思，从而体现出基础语颠倒所用词语的含义的“委婉”特征。过验灵魂是那些仍在经历净化过程，还不纯洁，却已被授予某些超自然力量的灵魂。

琐罗亚斯德光束（Zoroaster rays）（第31页，脚注13）：在波斯宗教中起到重要作用的光现象；在后文中施瑞伯提到了光束产生的壮阔奇观。

灵魂谋杀（Soul murder）（第33页）：这是“回忆录”中最晦涩、也最重要的议题。灵魂谋杀导致了上帝领域的危机，换句话说，导致了他的疾病（见“回忆录”，目录，第2章）。他在“致弗莱希格教授的公开信”中提到了这一现象，在信中，他更抽象地将其描述为一个人对另一个人的任意影响或支配（如在催眠中），或某人以牺牲他人为代价获得好处，比如延长自己的生命。施瑞伯家族可能以这种方式被剥夺了生育后代或选某些择职业的机会，如神经学专家（第37页）。当施瑞伯提到灵魂谋杀和灵魂盗窃时，我们必须记住他的“哲学”建立在灵魂与身体的二元论的基础上；灵魂，作为生命的实体，是上帝的一部分，在受孕或出生时被放入人类身体，死后再次被汲回上帝那里。灵魂=呼吸=精神=神经=光线=上帝：这正是生命实体的循环。施瑞伯认为灵魂是独立存在且可以与身体分离的。当灵魂永久离开身体并回到上帝，人就会死亡；而当灵魂暂时离开身体或受到他人影响时，就会出现疾病，尤其是神经疾病。灵魂谋杀或灵魂盗窃的主题在宗教和民间传说中广泛存在。施瑞伯提到了这一主题在歌德的《浮士德》、韦伯的《魔弹射手》、拜伦的《曼弗雷德》中发挥的作用（第31、33、34页），它涉及到与彼岸的神秘接触，以及人类灵魂（即生命）的意义和命运。

丹尼尔·弗希特戈特·弗莱希格的灵魂几年前就消失了（消散了）（第35页）：Die Seele Daniel Fürchtegott Flechsig ist schon seit Jahen verschwunden (hat sich verflüchtigt).

与神圣神经的连附（Contact with divine nerves）（第35页）：ein göttlicher Nervenanhang，被授予一个专门研究神经疾病的人（ein Person…, die sich mit Ausübung der Nervenheilkunde befasste）。因此在基础语中，精神病疗养院被称为"上帝的神经机构"（God's Nerve Institutes）：Die Heilanstalten für Geisteskranke hiessen daher in der Grundsprache "Nervenanstalten Gottes."

第3章（第43页）在原书出版前被删除了；但审阅过完整"回忆录"的上诉法院法官表示，里面并没有特别有害或是冒犯的内容。

干扰（Interferences）（第47页）：Störungen。这种现象在"回忆录"后面的文本中发挥着重要作用。施瑞伯解释说，干扰是作用于他或他的周遭环境的事件，目的是干涉或阻碍灵魂欲乐在他身体里形成，从而阻止他变成女人。

灵视者（Seer of spirits）（第53页）：Geisterseher。施瑞伯解释说，灵视者会与精神或过世人类受祝福的灵魂建立联系（第81页）。

神经语（Nerve-language）（第54页）：Nervensprache。指对于他自

身的思维及心理过程的一种改变了的觉察，也许最好把它描述为一种对无意识心理过程的觉察。

强制思考（Compulsive thinking）（第55页）：Denkzwang。

施瑞伯对天主教以及信仰转变的关注（第56—57页）可能与萨克森的实际情况有关，萨克森百分之九十五的人口都是新教徒，但王室信仰天主教。

萨克森学生军团（Corps Saxonia）（第57页）：用颜色和徽章标记自己的学生社团，鼓励决斗。

酒友（Drinking member）（第57页）：Konkneipant。学生军团的老成员，可以参加饮酒作乐的晚会。

学生同盟成员（Member of a Students'Union）（第58页）：Burschenschaftler。主张民族主义与自由主义原则的学生同盟的成员。

去男性化（Unmanning）（第59页）：Entmannung。弗洛伊德（1911年）标准版把它翻译成“去势”（emasculation）。而我们采用“去男性化”的译法，是因为这个词的首要含义是“从男性的范畴中移除”，这也是施瑞伯想表达的意思。在牛津英语词典里，“unmanning”的第四个定义才是“阉割”，而“emaculation”的首要含义就是阉割，即剥夺生育能力。根据接下来的几页以及施瑞伯后面的文本，他显然指的是通过某种渐进的演变转化为女性，从而使他拥有生育力。施瑞伯自己也强调了这一点，他经常在“去男性化”后面补上一个括号：（变成女人）。

变性的主题在早期神话和宗教中，与它在精神病学中同样普遍。印度–日耳曼神话的神祇——波斯宗教也是由此衍生的——是双性的。一切宗教背后的基本故事，即关于太阳神和天上的造物神的故事，都常常展现出性别的变换：最初的神是大母神。性和阳具的要素要等到很久之后才被添加进这种围绕生命起源、创造与繁衍的“旧石器时代”观念复合体中（Smith，1929 年）。在《创世纪》中，最初的人从他的肋骨中诞生了夏娃。施瑞伯相信，这种原初状态可能会在世界灾难后再度发生，以便在毁灭后重新创造人类。这是一切神话和宗教中关于“源泉和先祖的故事”（Smith，1919 年）。唯一的幸存者独自一人繁衍后代，直到性别再次确立，人数充足，能够自我繁衍。希波克拉底（引自福希特斯莱本［Feuchtersleben］，1845 年）曾提到，斯基泰人（Scythians）患有一种“神圣疾病”，希罗多德也曾描述说，这种疾病会让男人变成女人。施瑞伯说他染上了瘟疫，而灵魂认为这种瘟疫是“一种神经疾病，因此是‘神圣疾病’”（第 95 页）。

折衷策略（“半心半意”）（Policy of half measures［“half-heartedness”］）（第62—63页）：Politik der Halbheit (“Halbschürigkeit”)。

被随意“弃置”（“forsaken”），即任其腐烂（第63页）：einfach “liegen gelassen”, also wohl der Verwesung anheimgegeben。*

这几页（第63—66页）对基于妄想的自杀企图给出了一种有意思的洞见。它也表明自杀观念与对被杀的怀疑或妄想有密切关联，这种

* 施瑞伯对“弃置”的这个解释或许可以令我们想到《安提戈涅》中波吕尼刻斯战死后遭受的惩罚：尸体被丢在野外，不许安葬，任其腐烂。施瑞伯描述的“弃置”也是一种被遗弃和搁置在生死之间的状态，如本书第 29 页（编按：此处页码指本书正常页码）：“一旦所有治疗方式都用尽，病人就会被释放出院——放他出去只是为了让他在自己家或者别的什么地方结束生命。”——译者注

妄想还可能反过来导致暴力行为的爆发（比如在施瑞伯这里）。

世界秩序（Order of the World）（第67页）：Weltordung。在弗洛伊德（1911年）标准版的翻译中译作“事物的秩序”（order of things）。

世界末日（End of the world）（第75页）：Weltuntergang。

不洁灵魂（Impure souls）（第87页）：unreine Seelen。

该死的人类把戏（The cursed play-with-human-beings）（第89页）：die verfluchte Menschenspielerei。

“损害”（“Searing”）和**“祝福”**（“blessing”）**光束**（第95页）：“Sehrende” und “Segnende” Stahlen。

关于瘟疫，见第59页关于“神圣疾病”的注释。

“把我弃置”（“forsake me”）**的想法，也就是把我抛弃**（abandon）（第96页）：Die Vorstellung mich “liegen zu lassen”, d.h. zu verlassen。施瑞伯表达了他的恐惧：上帝有可能在受孕发生前撤离他，从而使他被排除在生命的循环之外，他的身体将“仅被用于性目的”。

欲乐神经（女性神经）（Nerves of voluptuousness）（第96页）：Wollust (weibliche) Nerven。施瑞伯解释说，欲乐神经（也称女性神经）遍布在女性全身，尤其是在乳房的皮肤下，而在男性身体中只在生殖器周围。施瑞伯相信，他的全身上下都能摸得到欲乐神经，在他看来这证明了他的身体正在转变为女性身体。这些女性欲乐神经的发展加强了他对神圣神经（光束）的吸引力；因此，他身体里的欲乐培养得越强烈，他的身体就越能接收甚至能促成神圣受孕——受孕是通过把所有神圣光束都吸引过来实现的。灵魂欲乐（Soul-voluptuousness）：Seelenwollust，是灵魂置身其中的永久享乐状态，是它们对创造和重生的永恒期待。根据格林（Grimm）的解释，“欲乐”（Wollust）一字最初不含贬义，也并不指性。即使现在，它仍会在原本的广义、无性意味的意义上被使用，如Wollust des Lebens，Wollust del Freiheit（字面意思是“生命的欲乐”“自由的欲乐”）。另见第24页的注释。施瑞伯结合了这个词的两种含义，这也清晰地体现在第249、250页。

规定神经（Nerve of determination）（第97页）：Bestimmungsnerv。

游荡时钟（Wandering clocks）（第98页）：Wandeluhren。施瑞伯要表达的意思不太清楚：Wandel也可以指改变，过世异教徒灵魂中的变化被禁锢在这些时钟里。

施瑞伯对皮尔森疗养院（“魔鬼厨房”）环境的描述（第102—107页），以及他对其他病人的敏锐观察，揭示了即使在严重疏离的情况下，病人也能观察到不少东西，也可能受到环境的很大影响。

关于那规定性的（With regard to the Determining）（第106页，脚注54）：Rücksichtlich des Bestimmenden。

光束库（Magazine of rays）（第112页）：Strahlenmagazin。

月光福乐（Moonshine-Blessedness）（第113页）：Mondscheinseligkeit，这个新词指女性的福乐状态，对此施瑞伯区分了两类：一种更平淡，一种更强劲。前者可以被看做儿童福乐，Kinderseligkeit，这个新词既可以指儿童的福乐，也可以指怀孕（being with child）的福乐。由于它仅适用于女性的福乐状态，且月亮可能暗指月经，因此这个词多半指怀孕状态。后文关于创造“一个新的人类世界”（“出自施瑞伯精神的新人类”）的联想进一步支持了这种说法。接着（第113页），他又谈到“使徒（民族圣徒）”的灵魂在他腹中。

民族圣徒（National Saint）（第113页）：Nationalheiliger，这个词多半取自波斯宗教，其中琐罗亚斯德既是民族英雄也是先知。顺带一提，在波斯宗教中，琐罗亚斯德将在三千年后生一个儿子，这个儿子将唤醒死者并创造一个新的不朽世界。

光束更新法则（Law for restoration of the rays）（第114页）：Strahlenerneuerungsgesetz。

捣蛋鬼（Rascals）（第118页）：Hundejungen，字面意思是“狗仔”，也有“遛狗男孩”的意思，指那些为了净化而必须干粗活的灵魂。（见脚注56）

“把自己撤走”（“To remove themselves”）（第118页）：sich wegzusetzen。

我们试图保留原文稚拙的民谣形式（第119—120页）。反复出现的“宁静的神圣和平”（“God’s still and silent peace”）原文是der stille Gottesfriede。

绑定到光束（Tying-to-rays）（第122页）：Anbinden an Strahlen。

绑定到天体（Tying-to-celestial-bodies）（第122页）：Anbinden an Erden。

写下系统（The writing-down-system）（第123页）：das Aufschreibesystem。

"施瑞伯小姐"（"Miss Schreber"）（第124页）可能是个双关语，同时指"错过施瑞伯"（miss Schreber），"miss"在英语和德语中都有略过的意思。施瑞伯可能暗指他被排除在繁育后代之外。同时，miss在英语和德语中也有"坏、错误"的意思，如"畸形"（misshapen），即怪胎。

"展现"这一概念（The notion of "representing"）（第124页，脚注62）：der Begriff des "Darstellens"。*

每"看一眼"（一眨眼间）（At every "sight"[twinkle of an eye]）（第124页，脚注62）：in jedem "Gesichte"(Augenblinke)。这个反复出现的短语也是个双关语：Gesicht既指视野，即看到的东西，也指脸。Augenblink的字面意思是"眼睛一瞥"，也有片刻、短暂的、立即或现在的意思。

"这个我们已经有了"，补上：写下了（"We have already got this", scilicet written-down）（第128页）："Das haben wir schon"（gesprochen;

* Darstellen 有生动地呈现、上演的意思。因此这里译作"展现"而非"再现"。——译者注

“Hammirschon”) scilicet aufgschrieben。我们省略了括号里的（念作：“Hammirschon”），因为它只是呈现了快速说出的词句的声音。*

背下（Learn by rote）（第132页，脚注64）：auswendig gelernt。**

“该死的心境操弄”（The “cursed creation-of-a-false-feeling”）（第137页）：die “verfluchte Stimmungsmache”。***

压缩胸腔奇迹（The compression-of-the-chest-miracle）（第143页）：Engbrüstigkeitswunder。

在这里（第144页，脚注69），施瑞伯解释了他拒绝进食的原因；韦伯医生在报告中说，有很长一段时间施瑞伯也完全拒绝吃肉。（第329页）

危险的肠梗阻（第145页，脚注72）：Darmverschlingung。

灵魂观点（Soul-conception）（第154页）：Seelenauffassung，灵魂看待事物的方式。

---

* 中译根据原文补上了括号中的内容，将“Hammirschon”勉强译作“我已有”。施瑞伯对他听到的声音中的语音变化（如省略、放慢）有详细的描述，对他来说，这些语音变化凸显了声音的荒谬和异己性。当施瑞伯在后文重新提到“这个我们已经有了”的话音，他写的往往是“Das Hammirschon”，表明他直接听到的是加速说出的压缩形式，中文译作“这个我已有”。——译者注

** 为了清楚地表明“说话的鸟”说话过程的机械、自动性，施瑞伯在脚注 92 中列举几个动词：植入（crammed in/eingepfropft）、背下（learn by rote/auswendig gelernt）和灌输（drummed in/eingebläut），他认为“植入”能更好地体现出说话的过程完全没有主体性的参与。Einpfopfen 的字面意思是“嫁接、移植”。——译者注

*** Stimmungs 是情绪、气氛的意思，Stimmungsmache 有“操纵舆论、煽动情绪”的意思。——译者注

没想什么思想（The not-thinking-of-anything-thought）（第158页）：der Nichtsdenkungsgedanke。

我没有对这个奇迹表示欣赏（用基础语说就是平息［pacify］它）（第159—160页）：das ich das Wunder nicht begünstigt habe (“begütigt habe”, wie der grundsprachlich Ausdruck lautete)。原文中begünstigt（欣赏）和begütigt（平息）的语音联想（clang association）无法呈现在英语中。

有灵性的女人（Spirited woman）（第165页）：Geistreiches Weib。字面意思是：充满精神/魂灵的女人。

那又怎样派（So-what-party）（第178页）：Je nun Partei。

施瑞伯讲到他必须剃掉胡子（第180页）；这是他的异装癖最初的外在表现。

一中的多或多中的一（Many in One or One in Many）（第181页，脚注83）：Vielheit in der Einheit oder Einheit in der Vielheit。

咆哮奇迹（The bellowing-miracle）（第188页）：das Brüllwunder。

发音的相似性（第192页）：Gleichklang der Laute。施瑞伯列举了几个头韵，即“语音联想”。这也是双关语在精神分裂病人那里格外常见的原因。

施瑞伯描述了一种常见现象——强迫性穷思竭虑（obsessional rumination）（第207页及以下）。这几页似乎证实了弗洛伊德的观察：归根结底，所有的强迫性的追问和怀疑都源于这第一个问题“我从哪里来。”正如施瑞伯直白地说：“在上帝创世……与生命的个别过程之间还存在无数的中间环节，这些环节是格外有趣且值得探究的。”（第208页）。

描画（To picture）（第210页）：Zeichen；也有画画的意思。

自生成（Spontaneous generation）（第217页）：Urzeugung。对此他举了昆虫的例子。（第218页）

施瑞伯明确表示，他与光束接触且希望吸引全部的光束，是对他繁衍后代的愿望的表达（第227—228页）。他说：“神圣光束有这样的潜能——能将自身转化为各种动物，甚至最终化为人类……光束可以从自身产生出这些造物来”；在第224页，他又说：“或许应把‘恐怖奇迹’看做神圣创造的最初开端，在某些情况下，这些创造会进一步凝结为‘被草率捏造的人’，进而引向对真实人类和持久存在的事物的创造。”*

一段对牵连观念（ideas of reference）的相当有趣的描述。（第233页及以下）**

* 或许，关于恐怖奇迹说法记述了他的幻觉和妄想系统的开端：在具体有形的幻觉以及关于光束造物的复杂体系形成之前，先出现的是一种弥散在环境中的、形态不明确的怪怖感（“各种庞大、古怪、龙一般的形状，紧挨着我的床”“如果我把手放到白色的表面，比如我房间的白漆门或者炉灶的白釉上，我就会看到奇形怪状的扭曲的影子”）；这种怪怖感“凝结”为周遭他人的不真实感（“被草率捏造的人”），继而获得妄想的确定性。——译者注

** “发生的一切都涉及到我。……我在某种意义上变成了对上帝来说的唯一一个人类，或者说是一切都要围着他转的人、发生的一切都一定和他有关，因此从他本人的角度看，他也必须把一切都联系到自己。”——译者注

要注意到，施瑞伯并没有像弗洛伊德认为的那样认同于耶稣基督，他只是把自己的苦难之深重与基督的殉难相比较（第257—258页）。

自动回忆思想（automatic-remembering-thought）（第272页）：der unwillkürliche Erinnerungsgedanke。

缺乏主旨思想（Essentially without thought）（第283页）：die Haupt-gedankenlosigkeit。*

其他脚注情况说明：

没有脚注17和18。

脚注24和91没有印出，因为它们提到了弗莱希格（第294页及以下，第382—383页）。

脚注28被略去了。施瑞伯又在第73、74、80页提到了这条脚注，它因为涉及到当政的国王而未能印出（第73页）。

有两个脚注74。

有脚注93和93B，但没有脚注94。

没有脚注102。

法律术语说明：

Str.G.B. Strafgesetzbuch：《刑法典》

C.P.O. Civil-Prozess-Ordnung：《民事诉讼法》

B.-G.-B. Bürgerliches Gesetzbuch：《民法典》

Str.-Pr.-O. Staf-Prozess-Ordnung：《刑事诉讼法》

G.u.V.Bl. Gesetz und Verordnungsblatt：登载新法律和条例的公报。**

* 这里根据德语的字面意思译作“缺乏主旨思想”，而不是“本质上没有思想”。——译者注

** 正文中简称“公报”。——译者注

Amtsgericht：地方法院

Landesgericht：地区法院

Oberlandesgericht：高级地区法院（上诉法院）

译后记

施瑞伯的礼物

一个人送出礼物。

但礼物只有被对方收下了，它才成为礼物。施瑞伯本来希望以这本“回忆录”为人类的“科学和宗教事业”做出贡献，他把这本书作为礼物献给了科学和宗教。但它们没有收下它。

可是精神分析接收了它。自从弗洛伊德和荣格以来，精神分析已经把它收下了。那么，收礼的人应该像对待礼物一样对待施瑞伯的回忆录，把它仔细地层层拆包，好好端详一番。

历史上的分析家们已经把施瑞伯的礼物拆开，端详一番之后放进了柜子里了——那种存放中药的、有好多贴满标签的小抽屉的柜子。

施瑞伯的礼物丰富了精神分析的思想和话语库存，他的反思和概念，也随着弗洛伊德和拉康等人的话语一起在市面上流转。人们还在享用施瑞伯的成果。但时间久了，人们很少再打开抽屉，也忘记了这些知识的增添最初是一份礼物带来的。

反思与确信

施瑞伯的回忆录最开始触动到我、让我起了要翻译的念头的段落，是公开信里对“灵魂谋杀”的解释。这时施瑞伯已经不在急性的发作状态，他清晰的理解力和反思力要怎么和一个超自然体系共存？他说（让我完整引用这段话）：

> 是不是可以把声音关于某人实施了灵魂谋杀的种种说法解释为：灵魂（光束）认为一个人的神经系统如此强烈地被另一个人影响，以至于前者自身的意志力被俘获的情况（如催眠时发生的），是不被允许的。为了强调其不合法性质，它被称为“灵魂谋杀”，因为灵魂找不到更好的词，就从现有的说法中挑选了一个；也因为灵魂有夸大地表达自己的内在倾向。

这段话让我一下子感受到了施瑞伯的主体性。精神病学家把妄想定义为一种和怀疑相对的确信，确实，我们可以从施瑞伯的语气里感受到某种笃定。但它不见得是单一层次、排除了反思的确信，而是一种囊括了层次丰富的反思与斟酌的确信。施瑞伯在回忆录的不同时期，围绕着他经历的某种不可理解的神秘，试探性地建立了许多不完全一致的解释。追溯这个演变历程比概括它的最终形态有趣得多。而在这个段落里，“超自然事物”的想象面纱已经被缩减到最低程度，被还原至一个简单朴素的内核：一种过强的、可以说是击穿了他的主体性的影响袭来，以至于他不再是作为一个自主的人面对这种影响（考虑是否接受、如何接受……），而是直接被对象化了。那么这个几乎剥离了超自然要素的内核仍然是超自然的吗？这个不可还原的内核仍然是一种疯狂吗？

我们也注意到，施瑞伯在这段话里没有说“我”；是“灵魂”

提出了“灵魂谋杀”的说法，而且它是在“找不到更好的词”的情况下，以一种“夸大”的倾向，选择了一个“现有的说法”。可以说，施瑞伯对“灵魂”行为动机的分析是朴实且不带任何“夸大”的。他也知道“灵魂谋杀”这个词出自他熟悉的文学作品和民间传说。在“夸大妄想”里进行夸大的究竟是谁？它至少不是施瑞伯认同为“我”的部分。他的“我”在这种冷静、客观的观察里，在他理解“灵魂”的所作所为并向我们讲述它的努力里。

或许，与其过分强调“精神病人的话语不可理解”，我们也需要把一段话里可理解和不可理解的部分区分开，或者说，把对病人本人来说不可理解的部分，与他试图理解它的努力区分开。精神病人的话并不是一整块不可理解的原料，当我们出于谨慎和距离感做出如此的判断，也是把他的话整个当成了物，这也就忽略了病人去理解和建构不可思议之物的过程中的主体性。不仅精神病专家们是病人的见证者，病人本人首先是“病”的第一个见证者。

施瑞伯见证着，他并非不加区分地“相信”他接收到的一切，而是对这个幻觉和妄想宇宙中的虚实层次做了详尽的观察。他像一个精神病学家一样，剖析着这些声音的动机。在这一点上，正如弗洛伊德所说，偏执狂和哲学家相似。

上帝领域的（非）二元性

一方面，表面上的二元性无处不在：施瑞伯与弗莱希格、上帝与“过验灵魂”、低阶和高阶上帝……；另一方面，这些对子并不总是能明确、稳定地区分出正反派。施瑞伯试图明确是谁造成了他的痛苦、谁是他可以依靠的，但这些定位的企图要么会被进一步的观察证伪（发现上帝对于“灵魂谋杀”事件并非没有责任），要么会被新的幻觉打乱（上帝企图把施瑞伯“展现”为“灵魂谋杀”的始作俑者，以便把他抛弃）。

如果上帝是“正派”，那么“反派”是谁？是犯下灵魂谋杀的弗莱希格，或者，是施瑞伯自己过度紧张的神经对上帝产生了足以危及其存在的过强吸引力？是“神经的病态兴奋”把施瑞伯送进了弗莱希格的精神病院，但这种兴奋的原因似乎是不明确的。对于施瑞伯、上帝、“过验灵魂”（以弗莱希格为代表）这三方的关系，施瑞伯有一个很特别的解释是：“过验灵魂”要利用施瑞伯的吸引力，拉拢上帝的神圣光束以获得力量——换句话说，施瑞伯过度紧张的神经被过验灵魂当成了“用来捕获神圣光束”的陷阱。过强的吸引力，让施瑞伯成为了上帝领域的黑洞。

上帝要想完全修好这个黑洞，就必须付出一定量的牺牲，但这对于受“自我保存本能”驱使的生物性上帝来说是做不到的。因此上帝和他的关系以“摇摆”为特征——上帝在修好施瑞伯（需要接近他）和抛弃施瑞伯（远离他）之间摇摆不定。周期性的摇摆在施瑞伯的经验中无处不在，上帝接近时的充沛时光和上帝远离时剧烈的痛苦交替出现，就连施瑞伯的女性乳房也会在几分钟之内变大变小。上帝的神经一会儿被施瑞伯强烈吸引、开始消融进他的身体，一会儿又因距离过近而发动紧急撤离，再过一会儿又重新被吸过来……就这样循环往复，像洞口的一呼一吸。似乎施瑞伯宇宙中的“二元性”不在于恒定的两极，而在于这种一来一去的摇摆过程。

稳定保持在一个让双方都能忍受的距离似乎是不可能的，因此只能在过近和过远之间来回摇摆。恰当的距离，就是“按照世界秩序，上帝只和死人接触”，一旦上帝和作为活人的施瑞伯建立了神经连附，恰当的距离就已经被打破。施瑞伯曾经试图凭着他的吸引力一口气清除所有的“过验灵魂”，但灵魂乃至上帝自身都发动了“绑定到天体”，把自己永久地固定在天上，从此施瑞伯和上帝就像皮筋的两个端点，在接近和退远之间反复拉伸。这种张力永远无法消除。

在施瑞伯死之前，“上帝只和死人接触”的世界秩序都无法得到完全恢复。

从“回忆录”里，我们不知道施瑞伯从什么时候开始产生了“世界秩序”的想法，这种“无人称的”、即便是上帝也无法长久违背的秩序，是施瑞伯“自保的绝对有效的武器”。它凌驾于上帝、施瑞伯和过验灵魂之上，是一道超出了“摇摆”的主体间性的恒定不变的法则。当然，施瑞伯是在发病之后，在世界秩序被违背之后才了解到它的，他寄希望于在遥远的未来它将得以恢复，届时他的痛苦和努力也将获得相应的“报偿”。

帷幕后的声音

1879 年，就在施瑞伯第一次发病住进莱比锡大学精神病院的五年前，冯特在莱比锡大学建立了第一所心理学“实验室”，用内省反思的方式观察心理活动。后来这种研究方式遭到了批判，比如威廉·詹姆斯有一个很有趣的比喻：内省就像“飞快地打开煤气灯，来看看黑暗的真面目”（引自查尔斯·费尼霍，《脑海中的声音》）。以意识之光窥探无意识的黑暗原貌，是否是自相矛盾的？

在施瑞伯这里呢？如果我们借用詹姆斯的比喻，把明确清晰的思维和感受比作精神舞台上上演的戏剧，那么在施瑞伯生病的近十年里，他（被迫）做出详尽观察的不仅有妄想舞台上的宏大情节，更是包括舞台背后漆黑的背景，帷幕的褶皱和肌理，以及从黑暗的幕布缝隙里透出来的含混、无形之物。也许他曾“被允许朝那向来隐匿于凡人目光之外的黑暗帷幕后窥探”？

施瑞伯说，“光束”为他的“内部神经系统提供了必要的照明”。向来照在世界舞台上的聚光灯，在他这里似乎从外部移向了内部，于是外面的世界暗淡了，好像表演已经落幕，世界已经终结，而帷幕背后却被打得透亮，那些原本登不上台面的混沌被反向投在现实的幕布上。施瑞伯看到了他内部的蹩脚戏剧，或者说看到了一场始终在排练中的、未定型的戏剧直接在眼前混乱地上演了。他的妄想剧目，似乎是一场“图型”和“背景”重叠交织、幕前和幕后不再区分的实验戏剧。

当思维反过来观察自己形成的过程，原本自动、自发的形成过程就被打断了。这体现为两个方面。首先，一种无时无刻不在进行的自动过程进入了意识，就像英译者在书末的注释中说的，出现了“一种对无意识心理过程的觉察”——雪花点似的背景、潜在的“基底”被激活，凸显为一种贫瘠的机械运动。在聚光灯下，每一种心理活动都被拎出来单独命名，“愿望思想、决心思想、三思思想”，哪怕什么都不想，也是一种“没想什么思想”。这些细碎而嘈杂的精神运动并非只存在于施瑞伯患病的头脑中，而是隐匿地活跃于每个人的思维背景里。为了方便读者理解，施瑞伯举了不少和语言学习有关的例子来解释这种内部言语：它就像小孩默背诗歌、家长旁听孩子考试时在心里自动回应老师的提问，是人们在日常生活中习焉不察的。另一方面，一旦这些不由自主的心理活动变得有意识，思考的主体就开始对自己的思维过程感到束手无策——毕竟它原本只是这些过程默默孕育出来的产物。施瑞伯无法靠意志力停下“神经语言”在头脑里的嗡鸣，他只能用更有意识的心理活动和行动暂时盖过它们——弹钢琴、下象棋、和别人对话；甚至他不得不边吃饭边说话、边弹钢琴边拉屎、在想要休息的时候默数“1234”……由此可见，自动思维的“一刻不停”似乎也导致了一种“一刻不能停”。

“必须不停思考……人通过偶尔什么也不想来让他心智的神经获得必要休息的自然权利，在我这里从一开始就被和我接触的光束剥夺了”。话语从思维沉默的缝隙里透出来，意识的间隙全部被意识填满了。一个过度关注自己的每一块肌肉该怎么摆的演员要怎么跳舞？一种对思考的要求、强制，像一根鞭子抽打着主体，驱使他思考、敲诈着思想。施瑞伯在精神病院里与世隔绝，他和世界仅有的联系只剩下和上帝的联系了——他以他的思维、以脑海中的声音、以这些内部机制和上帝维持着绝对的联系，以弥补和世界的绝对断联。这种联系绝不能中断，片刻的停歇也会被感受为上帝的远离，一旦他停止用思维向上帝发出能证明他的精神还存活的信号，“上帝就会假定我痴呆了”，并立刻企图从他这里“撤离”，把他抛弃；在这一瞬间即将敞开的绝对空洞中，他“用于呼吸的肌肉”被猛烈地扯动，咆哮的声音从他喉咙的空腔里爆发出来……

声音说话。它们有时以第三人称指代施瑞伯，有时也以施瑞伯自己的口吻说“我”。这个“我”究竟是谁？当施瑞伯转述内部声音的言语（上帝、光束、声音的话），他总是以不定代词“one”（“Man”）为主语，一个不是任何人的无人 / 人人。施瑞伯根据这些幕后声音的内容，区分出各式各样的发源地和立场，它们有的涉及到上帝领域的永恒秩序、有的讲述着德国现代史的余波（未竟的 1848 年革命）、有的透露了哪怕是精神病院围墙也无法隔绝的时代气息（“大部分灵魂倾向于日耳曼民族主义”）。1940 年，施瑞伯曾经居住过的松嫩施泰因疗养院被纳粹征用，改建为一座专用于屠杀精神病人和智力障碍者的“安乐死”基地——施瑞伯是否曾预感到这场席卷世界的“末日”？毕竟，“意识形态”也可以说是在某种“集体无意识”中孕育的，当施瑞伯向“黑暗的帷幕后窥探”，他是否也偷听到了时代的喑哑喧嚣？

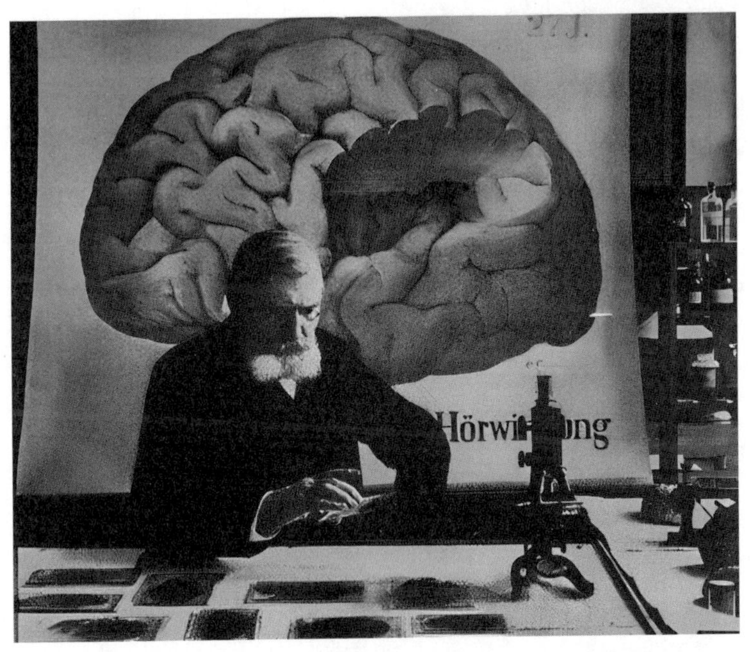

保罗·弗莱希格（1847—1929）

摘自保罗·弗莱希格纪念文集（*Mschr. Psychiat. Neurol.* 65［1927］）

丹尼尔·莫里茨·施瑞伯
（1808—1861）

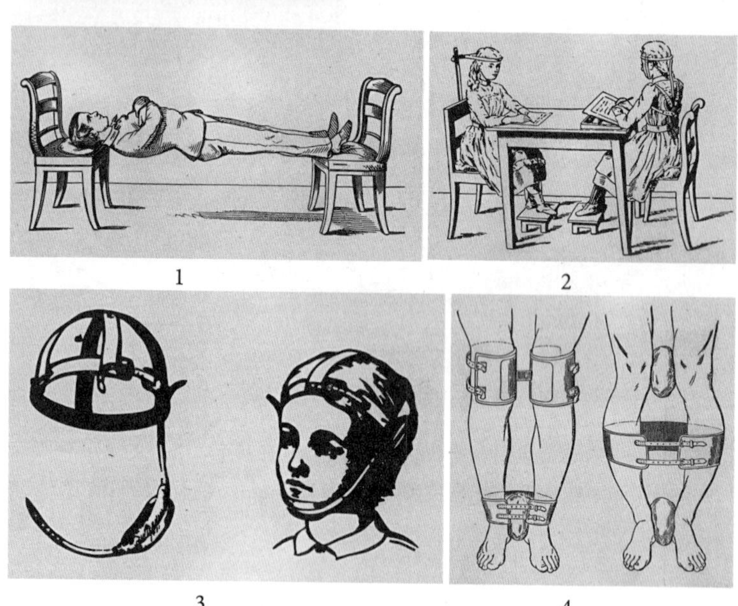

以上图片摘自丹尼尔·莫里茨·施瑞伯的出版物。这些图片之于丹尼尔·保罗·施瑞伯的幻想世界的意义经常为人所强调（特别是 W. Niederland: 参阅 Bibliographie）。例如，“绑头机”，很难否认其真正来源是他父亲的装置（图 3 和图 4）。施瑞伯认为上帝仅将人视为一具尸体，图 1 和图 2 揭示了这一观点的真正背景（第 75 页及以下各页）。

图书在版编目（CIP）数据

一名神经疾病患者的回忆录/(德)丹尼尔·保罗·施瑞伯著；苏子滢译. -- 上海：上海三联书店, 2025. 4.
-- ISBN 978-7-5426-8837-8

Ⅰ. B841

中国国家版本馆CIP数据核字第2025P93X75号

一名神经疾病患者的回忆录

［德］丹尼尔·保罗·施瑞伯（Daniel Paul Schreber） 著
苏子滢 译

责任编辑 / 苗苏以
特约编辑 / 王文婷
封面设计 / 闷 仔
内文制作 / 史英男
责任印制 / 姚 军
责任校对 / 王凌霄

出版发行 / 上海三联书店
（200041）中国上海市静安区威海路 755 号 30 楼
邮 箱 / sdxsanlian@sina.com
联系电话 / 编辑部：021-22895517
发行部：021-22895559
印 刷 / 山东临沂新华印刷物流集团有限责任公司

版 次 / 2025 年 4 月第 1 版
印 次 / 2025 年 4 月第 1 次印刷
开 本 / 889mm × 1194mm 1/32
字 数 / 311 千字
印 张 / 12.375
书 号 / ISBN 978-7-5426-8837-8/B · 952
定 价 / 78.00 元